힉스

한림SA **20**

SCIENTIFIC AMERICAN™

신의 입자를 찾아서

힉스

사이언티픽 아메리칸 편집부 엮음
김일선 옮김

Searching for the God Particle
The Higgs Boson

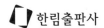
한림출판사

들어가며

바람직한 출발점

1846년 천문학자들이 새로운 행성인 해왕성을 발견하기 전부터, 천왕성 궤도에 뉴턴 역학을 적용해보면 천왕성 바깥쪽에 무언가 거대한 질량이 존재한다는 것은 공공연한 사실이었다. 이후 고성능 망원경이 개발되자 결국 해왕성의 존재가 확인되었다.

오늘날 이론에 따르면, 물질에 질량을 부여해주는 존재인 힉스 보손(Higgs boson)을 찾는 일도 이와 비슷하다. 물리학의 대표 이론 중 하나인 표준 모형에 따르면 입자가 질량을 갖도록 만들어주는 장(場, field)이 존재해야만 한다. 그러려면 그 장에 파동을 만들어내는 대응 입자가 있어야 한다. 이 이론을 에든버러 대학교의 물리학자인 피터 힉스가 1960년대에 정리했다.(힉스가 최초로 이 아이디어를 제안한 것은 아니지만, 이에 대한 상대론적 모형을 만든 사람은 힉스다.)

힉스 장에서 파동을 일으키려면 입자를 높은 에너지로 충돌시켜야 한다. 입자가속기에서 이를 재현하려면 양성자를 빛의 속도보다 불과 수 미터퍼세크(m/s) 정도 느린 수준으로 가속할 수 있는 수조 전자볼트(eV)의 에너지가 필요하다. 이미 존재를 확신하고 있던 해왕성을 발견하기 위해 고성능 망원경의 개발이 필요했듯이, 강입자 충돌기가 만들어지기 전까지는 힉스 입자의 존재를 확인할 방법이 없었다.

힉스 입자는 훌륭한 이론의 위력을 잘 보여준다. 무언가가 존재한다는 것이 수학적으로 분명하다. 그렇지 않다면 표준 모형에 뭔가 큰 문제가 있거나,

물리학이 놓친 부분이 있다는 뜻이다. 이 입자를 찾으려는 노력은 확신을 바탕으로 지속되었고, 2012년 7월에 비로소 힉스로 보이는 입자가 과학자들이 예상했던 에너지 수준에서 발견되었다.

이 책은 그 과정의 모습 일부를 보여준다. 우선은 관련된 물리학적 내용을 소개한다. 그러고는 입자물리학자들이 왜 힉스 입자(혹은 그런 것)가 존재해야 한다고 생각했었는지를 설명한다.

그다음 부분에서는 입자를 찾는 과정을 보여준다. 그 과정의 대부분은 수십억 달러짜리 프로젝트였다. 미국의 초전도 초대형 충돌기(Superconducting Supercollider, SSC) 계획이 취소되면서 힉스 입자 발견이 멀어지는 듯 보이던 때도 있었지만, 유럽의 대형 강입자 충돌기(Large Hadron Collider, LHC)가 그 공백을 훌륭하게 메워주었다.

힉스 입자의 발견은 우리를 둘러싼 세계를 이해하는 데 아주 중요하다. 새로운 행성을 찾는 것보다 훨씬 더 근본적인 질문에 대한 답을 주기 때문이다. 왜 모든 물질에는 질량이 있을까? '질량'이란 무엇인가? 한때는 이런 질문은 온전히 철학적이거나 형이상학적인 토론의 주제일 뿐이었다.

힉스 입자의 존재가 확인된다고 해서 그간 풀리지 않던 문제가 새롭게 풀리는 것은 아니다. 하지만 제대로 된 과학이 으레 그렇듯이, 힉스 입자를 연구함으로써 보다 올바른 질문을 제시할 수 있게 된다. 바람직한 출발점에 설 수 있는 것이다.

- 제시 엠스팍(Jesse Emspak), 편집자

CONTENTS

1

표준 모형

1-1 기본 입자와 힘

크리스 퀴그

복잡해 보이기만 하는 우주가 사실은 근본적으로 단순한 원리에 의해서 움직일 것이라는 인식은 오랫동안 물리학을 지배했다. 역사를 볼 때, 기본적으로 여기는 입자와 힘의 종류는 물질을 연구하고 여러 힘 사이 상호작용을 파고들수록 지속적으로 바뀌어왔다. 분자는 원자로, 원자는 핵과 전자로, 나아가 핵도 더 미세한 구조로 이루어져 있었다. 지난 10년간, 이론과 실험을 통해서 입자물리학은 자연의 진정한 기본 법칙을 머지않아 알게 되리라는 희망을 주기에 충분한 성과를 보여주었다.

가속기 출력이 커지면서 입자를 보다 강하게 충돌시킬 수 있으므로 이제는 원자 구조 내부에서 일어나는 일까지도 알 수 있는 수준에 이르렀다. 현재 실험을 통해서 확인할 수 있는 가장 작은 크기의 입자는 10^{-16}센티미터로, 양성자(陽性子, proton) 지름의 1,000분의 1에 불과한 수준이다. 10년 전만 해도 물리학적 관점에서 기본 입자는 수백 가지에 이르렀다. 그러나 오늘날은 이보다 훨씬 적은 수의 기본 구성 요소로 입자가 이루어져 있음을 알고 있다. 이런 구성 요소들 사이에서 상호작용하는 힘들을 살펴보면 공통점이 있다는 게 드러난다. 원자핵 붕괴에서 흔히 보이는 전자기력과 약력(弱力, weak force) 사이의 긴밀한 관계가 밝혀졌고, 원자핵들을 붙들어 두는 강력(強力, strong force)에 대해서도 곧 밝혀질 것으로 보인다.

지금까지의 지식으로 볼 때는 내부 구조도 없고, 더 이상 나눌 수 없어 보이는 기본 입자 중에서 강력의 영향을 받지 않는 것들을 경입자(輕粒子, lepton)라고 한다. 지금까지 6가지 경입자가 발견되었으며 각각의 특징을 맛 혹은 향이라는 멋진 표현으로 구분한다. 경입자 중 전자(電子, electron), 뮤온 (muon), 타우(tau)의 3가지는 동일하게 -1의 전하(電荷)를 갖지만 질량이 다 르다. 전자가 가장 가볍고 타우가 가장 무겁다. 중성미자(中性微子, neutrino)라 고 불리는 나머지 셋은 이름에서도 알 수 있듯이 전기적으로 중성을 띤다. 중 성미자 가운데 전자 중성미자와 뮤온 중성미자는 거의 질량이 없다. 6가지 경 입자는 질량이 모두 다름에도 불구하고 동일한 값의 회전 각운동량인 스핀 (spin)을 갖는다. 이 입자들의 스핀은 크기가 모두 1/2이고, 회전 방향은 오른 쪽 혹은 왼쪽 둘 중의 하나다. 주먹을 쥐고 오른손 엄지를 위로 향했을 때 손 가락 방향으로 회전하면 오른손 스핀, 왼손 엄지를 위로 향했을 때 손가락 방 향으로 회전하면 왼손 스핀을 갖는다고 표현한다.

각각의 경입자에는 대응하는 반(反)입자인 반경입자가 존재한다. 반입자 (antiparticle)는 원래의 입자와 질량과 스핀은 동일하지만 전하를 비롯한 다른 특성은 반대다. 반경입자에는 양(陽)의 전하를 갖는 양전자(positron)라고도 불리는 반전자, 반뮤온, 반타우의 3가지와 전기적으로 중성을 띠는 3가지의 반중성미자(antineutrino)가 있다.

경입자들은 서로 간의 상호작용에 따라 각각 전기를 띤 경입자와 이에 대 응하는 중성미자로 구성되는 3가지 쌍으로 나뉘는 것으로 보인다. 각각의 쌍은 수학적으로 경입자 수로 구분된다. 전자와 전자 중성미자가 이루는 쌍의 경입자 수는 전자 수 1, 뮤온 수 0, 타우 수 0이다. 반경입자에는 부호가 반대인 경입자 수가 주어진다. 일부 경입자는 붕괴해서 다른 경입자가 되지만, 붕괴가 일어나도 전체 경입자의 수는 변함이 없으므로 결국 각각의 족(family)은 유지된다.

뮤온은 불안정하다. 뮤온은 약력에 의한 붕괴를 통해서 평균 2.2마이크로 초* 만에 전자, 전자 반중성미자, 뮤온 중성미자로 변한다. 이 붕괴 과정에서 전체 경입자 수는 변하지 않는다. 뮤온 중성미자의 뮤온 수는 1, 전자

*마이크로초(μs)는 100만분의 1초를 가리킨다.

의 전자 수 1, 전자 반중성미자의 전자 수는 −1이다. 전자와 전자 반중성미자의 경입자 수가 상쇄되므로 최초 뮤온 수 1이라는 값은 그대로 유지된다. 평균수명이 3×10^{-13}초인 타우가 붕괴할 때의 경입자 수도 보존된다.

반면에 전자는 아주 안정적이다. 모든 작용에 있어서 전하는 보존되고, 전자가 붕괴해서 만들어질 정도로 크면서 전기를 띤 입자는 없다. 중성미자의 붕괴는 아직까지 관측된 바가 없다. 중성미자는 질량이 작으므로 중성미자가 붕괴한다면 쌍으로 묶여 있는 경계를 뛰어넘어야 하기 때문이다.

중성미자는 어디에서 관측될까? 전자는 금속이나 반도체에서 전하를 운반하는 친숙한 존재다. 전자 반중성미자는 중성미자가 양성자로 변하는 베타 붕괴에서 방출된다. 불안정한 자유 중성자를 대량으로 만들어내는 원자로는 반중성미자를 엄청나게 만들어내는 곳이다. 경입자 중에서 나머지 종류는 입자

가속기의 통제된 조건, 자연적으로는 우주선(cosmic ray)이 대기와 상호작용하면서 일어나는 고에너지 소립자 충돌 상황 같은 때 만들어진다. 타우 중성미자만이 아직까지 직접 관측되지 않았지만, 타우 중성미자가 존재한다는 간접적인 증거는 확실하게 존재한다.

쿼크

그다음으로 많이 연구되는 대상은 강력이 작용하는 원자핵 내부의 입자들이다. 양성자, 중성자(中性子, neutron), 중간자(中間子, meson) 등으로 구성되는 강입자(强粒子, hadron)가 주인공이다. 강입자 중에서 흔치 않은 것은 아주 무겁고 불안정한 입자들을 고에너지로 충돌시킬 때 순간적으로만 존재한다. 지금까지 질량, 스핀, 전하 등 여러 가지 성질이 다른 수백 가지 강입자가 발견되었다.

강입자는 내부 구조를 갖추었으므로 기본 입자는 아니다. 1964년 캘리포니아 공과대학교의 머리 겔만(Murray Gell-Mann)과 스위스 제네바에 있는 유럽 입자물리 연구소(CERN)에 근무하던 게오르크 츠바이크(George Zweig)는 서로 독립적인 연구를 통해서, 강입자의 혼란스런 특성은 강입자가 더 작은 입자로 구성되었기 때문이라는 주장을 내놓았다. 이들은 각각 서로 다른 기본 구성 요소의 조합을 제시했다. 겔만은 이 입자를 쿼크(quark)라고 불렀다. 스탠퍼드 선형가속기 센터(Stanford Linear Accerlator Center, 이하 SLAC)에서 1960년대 후반에 행한 연구에서는 이 가설을 검증하기 위해 고(高)에너지의 전자를 양성자와 중성자에 쏘았다. 실험 결과에 나타난 에너지의 분포와 분산된 전자의 각도를 보면 일부 전자가 마치 점 같은, 양성자와 중성자 내부에 전기를 띤 존재와 충돌했음을 보여주고 있었다.

입자물리학에서는 지금까지 알려진 모든 강입자가 이런 기본 요소들의 조합으로 이루어졌다고 본다. 맛 혹은 향(flavor)이라고도 불리는 다섯 이름의 쿼크, 즉 위(up)·아래(down)·맵시(charm)·기묘(strange)·바닥(bottom) 쿼크가 확인되었고, 여섯 번째 쿼크인 꼭대기(top) 쿼크는* 분명히 존재하는 것으로 보인다. 경입자와 마찬가지로 쿼크도 스핀은 1/2이며 왼손 스핀 혹

*꼭대기 쿼크는 이 글을 쓴 시점 이후인 1994년에 확인되었다.

은 오른손 스핀 상태로 존재할 수 있다. 또한 전자의 전하 크기 대비 특정 비율의 전하를 띨 수 있다. 아래·기묘·바닥 쿼크는 -1/3 전하를, 위·맵시·꼭대기 쿼크는 +2/3의 전하를 갖는다. 각각에 대응하는 반(反)쿼크는 크기는 같고 부호가 반대인 전하를 갖는다.

강입자는 전하의 합이 정수인 쿼크로 이루어지므로 이런 크기의 전하를 보이지 않는다. 중간자는 쿼크 1개와 반쿼크 1개로 이루어져 전하의 합은 -1, 0, +1 중 하나가 된다. 양성자는 위 쿼크 1개와 아래 쿼크 1개로 이루어져 +1, 중성자는 위 쿼크 1개와 아래 쿼크 2개로 이루어져 전체 전하의 합은 0이 된다.

경입자와 마찬가지로 쿼크도 약한 상호작용에 의해 원래의 맛이 다른 맛으로 변한다. 예를 들어 중성자가 양성자로 변하는 베타 붕괴에서는 중성자를 구성하는 아래 쿼크 중 하나가 위 쿼크로 변하는 과정에서 전자 1개와 반중성

미자 1개를 방출한다. 맵시 쿼크가 기묘 쿼크로 변하는 과정에서도 유사한 현상이 관측되었다. 붕괴의 형태를 보면 두 종류로 나눌 수 있는데, 한쪽은 위와 아래 쿼크가 또 다른 한쪽에는 맵시와 기묘 쿼크가 있는 것으로 여겨진다. 그런데 경입자의 특성과는 확실히 대조적으로, 일부 쿼크는 붕괴 과정에서 쌍으로 이루어진 족의 경계를 넘어선다. 위 쿼크가 기묘 쿼크가 되는 것과, 맵시 쿼크가 아래 쿼크로 변하는 것이 관측된 적 있다. 알려진 두 쿼크의 족과 경입자 족 사이에는 세 번째 족에서 바닥 쿼크의 짝이 될 꼭대기 쿼크의 존재가 먼저 알려졌다는 점에서 유사점이 있다.

경입자와는 달리 독립적으로 존재하는 쿼크가 관측된 적은 없다. 그러나 존재 가능성을 보여주는 정황 증거는 점점 늘어나는 중이다. 쿼크 모형의 타당성을 보여주는 하나의 예는, 이 모형을 이용해 전자와 양전자가 고에너지 충돌을 했을 경우 결과를 예측할 수 있었던 것이다. 전자와 양전자는 각각 물질과 반(反)물질을 의미하므로, 이들은 서로를 파괴하면서 광자(光子, photon)의 형태로 에너지를 방출한다. 쿼크 모형에 따르면 광자의 에너지가 쿼크 1개와 반쿼크 1개로 나타난다. 전자와 양전자가 충돌할 때의 순(純)운동량은 0이므로 쿼크-반쿼크 쌍은 같은 속도로 반대 방향으로 움직여야만 한다. 이때 이들의 에너지는 원래 쌍과 결합해서 2개의 강입자 분출을 만들어내는 추가적인 쿼크와 반쿼크로 변환되므로 이들은 관측되지 않는다. 이때 강입자 대부분은 중간자의 한 종류인 파이온(pion)으로, 이런 분출은 관측이 가능하여 면밀히 살펴보면 강입자는 입자의 충돌에서 곧바로 만들어지는 것이 아니라 분출

궤적을 만들어내는, 더 이상 나눌 수 없는 입자들로 이루어졌음을 알 수 있다.

쿼크가 실재하리라는 점은 가속기 실험에서 다양한 에너지 수준 혹은 질량을 가진 특정 종류의 강입자들, 특히 프시(psi, ψ) 중간자와 입실론(upsilon, r) 중간자가 관측된다는 사실로도 뒷받침된다. 이처럼 에너지 분포가 다양하다는 사실은 원자와도 비슷하다. 에너지 분포는 2개의 더 작은 구성 요소로 결합된 시스템의 양자 상태를 보여준다. 각각의 양자 상태는 다른 들뜸 상태, 구성 요소의 스핀과 궤도 운동의 조합이 다르다는 사실을 나타낸다. 이런 결과를 설명하려면 어느 물리학자라도 쿼크를 이용할 수밖에 없다. 프시 중간자는 맵시 쿼크 1개와 이 쿼크의 반쿼크로, 입실론 중간자는 바닥 쿼크와 바닥 쿼크의 반쿼크로 이루어졌다고 일반적으로 믿는다.

강입자를 구성하는 쿼크 조합은 어떤 법칙을 따를까? 중간자는 쿼크와 반쿼크로 이루어진다. 각각 쿼크의 스핀은 1/2이므로, 중간자의 순(純)스핀은 구성 쿼크의 스핀이 반대 방향이면 0이고, 같은 방향이면 1이지만, 들뜬 상태의 중간자는 쿼크의 궤도 운동에 따라 스핀 값이 더 클 수도 있다. 다른 종류의 강입자인 중입자(重粒子, baryon)는 3개의 쿼크로 이루어진다. 중입자를 구성하는 쿼크의 스핀과 방향에 따라 가장 에너지가 낮은 중입자는 1/2과 3/2의 2가지 스핀 값을 가질 수 있다. 다른 종류의 쿼크 조합은 아직까지 알려지지 않았다. 2개나 4개의 쿼크로 이루어진 강입자는 존재하지 않을 것으로 보인다.

이는 다른 문제의 해답과 관련이 있다. 볼프강 파울리의 배타(排他) 원리에

*분자, 원자, 원자핵, 소립자 따위의 양자 역학적인 계(系)의 정상 상태를 특징짓는 정수(整數)나 반정수(半整數)를 이르는 말.

따르면, 반(半)정수 스핀 값을 갖는 두 입자가 하나의 양자 궤도에 있으면 같은 양자수,* 즉 같은 운동량·전하·스핀을 가질 수 없다. 이 법칙은 주기율표상에서 원소의 배치에 따른 전자의 조합을 말끔하게 설명해준다. 강입자에서도 마찬가지일 것이다. 이 법칙에 따르면 고에너지 충돌 뒤에 순간적으로 존재하는 델타(Δ)++와 오메가(Ω)- 입자 같은 아주 특이한 강입자들은 존재할 수 없다는 점을 예상할 수 있다. 이들은 각각 위 쿼크 3개와 기묘 쿼크 3개로 이루어져 있고 스핀은 3/2다. 각 강입자를 구성하는 3개의 쿼크는 스핀과 다른 특성이 동일해야만 하므로 동일한 양자 상태에 있어야 한다.

쿼크의 색깔

이런 관측 결과를 설명하기 위해 도입된 것이 쿼크의 색깔 개념이다. 강력에 적용되는 색깔이란 명칭은 좀 어색하긴 하지만 새로운 특성을 설명하는 데 요긴하게 쓰인다. 각각의 맛에 해당하는 쿼크는 적색, 녹색, 청색 3가지 색 중 하나를 띨 수 있다. 적색 쿼크에는 반(反)적색, 즉 보통 사이언(cyan)이라고 하는 반쿼크가 대응하며, 다른 반쿼크들은 반녹색인 마젠타(magenta)와 반파랑인 노랑을 띤다.

색깔 개념을 도입함으로써 쿼크의 결합 규칙을 설명하기가 쉬워진다. 강입자는 색을 띠지 않는다. 쿼크의 색을 합치면 흰색이 되고 색깔 중립적이라고도 표현한다. 그러므로 쿼크와 반쿼크가 중간자(meson)가 되는 가능한 조합은 적색, 녹색, 청색 쿼크가 결합해서 중입자가 되는 것뿐이다.

쿼크는 독립적으로 색을 띤 상태는 절대 관측되지 않는다. 이는 하나의 색을 띤 자유 쿼크가 관측되지 않았다는 사실과 맥을 같이한다. 색을 띤 쿼크 사이 강력의 작용은 엄청나게 강해야 하고, 아마도 쿼크를 색깔 중립적인 강입자 속에 영원히 가둬놓을 정도가 되어야 할 것이다. 그러나 전자-양전자의 격렬한 충돌을 쿼크 모형을 이용해서 설명하려면, 강입자의 분출을 만들어내는 쿼크가 충돌 이후 순식간에 자유롭게 발산한다고 가정해야만 한다. 아주 가까운 거리에서 쿼크가 독립적이라는 분명한 사실은 점근적(漸近的) 자유성(asymptotic freedom)이라고 일컫는다. 이 현상은 프린스턴 대학교의 데이비드 그로스(David J. Gross)와 프랭크 윌첵(Frank Wilczek), 그리고 당시 하버드 대학교에 있던 데이비드 폴리처(David Politzer)가 1973년에 처음으로 설명했다.

이런 모순적 현상은 쿼크들이 충분히 가까운 거리에서는 상호작용이 약하지만 분리되지는 않는다는 말로 표현할 수 있다. 강입자를 쿼크들이 들어 있는 비눗방울이라고 생각하면 될 것이다. 비눗방울 안에서 쿼크는 자유롭게 움직일 수 있지만, 밖으로 나가지는 못한다. 물론 이런 비눗방울 개념은 쿼크들 사이에서 작용하는 힘을 설명하기 위한 비유일 뿐이고, 쿼크 가둠(quark confinement) 현상을 제대로 설명하려면 입자들 사이에서 작용하는 힘을 상세하게 분석해야만 한다.

기본 상호작용

자연의 복잡한 구조와 역학은 물질을 구성하는 기본 입자인 여섯 경입자와 여섯 쿼크에 의해서 이루어진다고 본다. 이들 사이의 관계를 지배하는 힘은 전자기력, 중력, 강력, 약력 4가지다. 우리 눈에 보이는 거시적 세계에서 힘은 물체의 속력과 방향을 바꾸는, 즉 속도를 바꾸는 요소라고 정의할 수 있다. 거시적 세계에서 통용되는 뉴턴 역학이 양자 역학과* 상대성 이론에게** 자리를 내어주는 기본 입자 수준의 영역에서는 힘이 보다 복잡하게 규정되고, 보다 광범위하게는 상호작용이라는 말로 표현된다. 상호작용은 입자들이 충돌할 때 에너지나 운동량의 변환과 같은 현상이 일어나도록 한다. 또한 자발적 붕괴(spontaneous decay)가 일어날 때 입자를 고립시키기도 한다.

*입자 및 입자 집단을 다루는 현대 물리학의 기초 이론. 입자가 가지는 파동과 입자의 이중성, 측정에서의 불확정 관계 따위를 설명한다.
**뉴턴 역학의 절대 공간과 절대 시간을 부정하고, 1905년에 아인슈타인이 처음으로 세운 특수 상대성 이론과 일반 상대성 이론을 통틀어 이르는 말.

기본 입자 수준에서 지금까지 설명되지 못한 힘은 중력뿐이다. 기본 입자처럼 질량이 작은 입자는 중력을 적용하기엔 크기가 너무 작아서 무시해도 되는 수준이다. 물리학자들은 게이지 이론(guage theory)으로 알려진 수학적 방법을 통해서 나머지 세 힘 사이의 상호작용을 설명하는 데 노력을 기울여 왔고, 그 성과는 상당히 성공적이었다.

게이지 이론의 핵심은 대칭성 개념이다. 수학적 관점에서 대칭성이란 대상이 되는 계(system)에 대한 수학적 묘사가 달라져도 이들 방정식의 해가 변하지 않는다는 의미다. 대상의 특성에 대한 수학적 표현 방법이 달라져도 공간의 모든 점에서 그에 대한 변화량이 동일하다면 방정식이 그 특성에 대해서 전역적 대칭성(global symmetry)을 갖고 있다고 말한다. 또한 공간의 모든 점마다 특성이 독립적으로 변화하면서도 이론은 여전히 타당하다면, 방정식은 그 특성에 대해서 국지적 대칭성(local symmetry)을 갖고 있다고 한다.

오늘날 기본이 되는 4가지 힘은 공간의 모든 점에서 특정한 변수가 독립적으로 변경될 때 국지적 대칭성이 유지되는 조건 하에서 에너지 혹은 전하의 보존과 같은 자연의 불변성에서 기인한다고 여긴다. 이 개념을 이해하려면 이상적인 고무 원판을 떠올려보는 것이 도움이 된다. 고무 원판의 모양이 자연 법칙이라고 한다면 원판 위 임의적 점들의 위치 변화를 국지적 대칭 작용이라고 비유할 수 있다. 원판이 회전할 때 원판 내부 점들의 위치는 원판의 변형에 따라 처음과 달라질 수 있으나 원판 자체의 형태는 변화가 없어야 한다. 마찬가지로, 게이지 이론에서 4가지 기본 힘들은 국지적 대칭성 작용의 당연한 결과물이다. 대칭성이 유지되려면 반드시 있어야 하는 존재들인 것이다.

기본 입자 영역에서 연구된 3가지 상호작용 중에서 일상에서 접할 수 있는 것은 햇빛 혹은 정전기 방전 때 튀는 불꽃을 만들어내는 전자기력뿐이다. 원자보다도 작은 수준에서 전자기력은 다른 모습을 띤다. 물질과 에너지를 연결하는 이론인 상대론적 양자론에 따르면 전자기력에 의한 상호작용의 매개체는 광자다. 광자는 질량이 없는 '힘의 입자'로서, 에너지 양을 정확하게 전달한다. 광자에 의해 양자 역학적으로 매개되는 전기를 띤 입자 사이의 상호작용으로서 전자기력을 서술한 이론이 양자 전기역학(quantum electrodynamics, 이하 QED)이다.

기본적인 상호작용을 설명하는 다른 이론과 마찬가지로, QED도 게이지 이론에 속한다. QED에서 전자기력은 대전된 입자의 운동 방정식이 국지적 대칭 작용을 거치더라도 변하지 않아야 한다. 특히 양자론적으로 표현된 대전된 입자에 의해 파동 방정식의 위상이 공간의 모든 점에서 독립적으로 변경될 때, QED에 따르면 대칭성을 유지하기 위해 전자기력에 의한 상호작용과 이의 매개체인 광자가 존재해야 한다.

QED는 물리학 이론 중에서도 가장 성공적인 이론이다. 리처드 파인먼(Richard P. Feynman) 등이 1940년대에 고안한 계산 방법을 이용해서, 전자의 태생적 회전에 의해 만들어지는 자기(magnetic) 모멘트에 전자로 흡수되거나 방출된 광자가 미치는 아주 미세한 영향을 굉장히 높은 정확도로 계산할 수 있다. 또한 10^{-18}미터에서 10^8미터에 이르는 아주 큰 범위의 거리 내에서 전자기력의 상호작용을 QED에 의해 설명하는 것도 입증된 바 있다.

가리기

거리에 따라 유효 전자기 전하량이 감소하는 현상은 QED를 이용해서 잘 설명된다. 어떤 물체에 의해서 전달되는 전하는 일정한 값을 갖는 물리량이다. 그러나 전하가 자유 운동을 하는 다른 전하들에게 둘러싸이면 전하의 효과는 달라질 수 있다. 예를 들어 전자가 양 끝단이 각각 양과 음으로 대전된 분자로 이루어진 매질에 들어가면 분자를 편향한다(polarize). 전자는 분자의 음극을 띤 쪽을 밀어내고 양극 쪽을 당기므로, 사실상 양전하로 막을 친 것처럼 둘러싸이게 된다. 그러므로 전자의 유효 전하량은 거리가 늘어남에 따라 줄어드는 결과가 만들어진다. 전자를 아주 가까이에서, 즉 분자의 크기보다 작은 거리나 양전하로 가려진 막 안쪽에서 관측할 때에만 전자의 전체 전하량을 파악할 수 있는 것이다.

이런 차단 효과는 언뜻 생각하기에 편향될 분자 자체가 존재하지 않는 진공에서는 일어나지 않아야 한다. 그러나 하이젠베르크의 불확정성 원리에 따르면 진공은 아무것도 없는 상태가 아니다. 이 원리에 의하면 어떤 계를 점점 더 짧은 시간 단위에서 관측할수록 이 계가 지니는 에너지의 불확실성이 증가한다. 관측할 수 없을 정도로 짧은 시간 동안에는 입자들이 에너지 보존 법칙에 위배되는 모습을 보일 가능성도 있다. 사실상 무(無)에서 무엇인가가 만들어질 수도 있다. QED 이론에서는 진공을 '가상의' 대전된 입자 쌍들, 특히 전자와 양전자가 순간적으로 존재하며 득실대는, 아주 복잡한 매질로 바라본다. 이런 짧은 순간의 요동도 마치 가스나 액체 분자처럼 편향이 가능하다. QED 이론은 진공에서도 전하의 차단 현상이 있고, 거리가 멀어지면 실질적으로 효과가 감소할 것으로 예상한다.

색전하(色電荷, color charge)에 의해서 쿼크에게 영향을 미치는 강력한 상호작용도 거리에 따라서 달라지긴 하는데, 이 경우엔 그 특성이 반대다. 색전하의 거리가 멀어지면 효과가 줄어드는 게 아니라 오히려 강해지는 것이다.

색전하의 힘은 양성자의 지름인 10^{-13}센티미터 이내에서만 쿼크들이 서로 결합될 정도로 충분히 감소한다. 이 신기한 현상은 QED에 근거한 다른 이론에서도 찾아볼 수 있다. 양자 색역학(quantum chromodynamics, 이하 QCD)이라고 불리는 이 이론 또한 강력의 상호작용에 대한 게이지 이론이다.

QED와 마찬가지로 QCD도 상호작용을 매개하는 입자가 존재한다고 본다. 색을 띤 쿼크의 상호작용은 전하를 띤 입자들이 광자를 주고받는 것처럼 글루온(glouon)을 교환하며 이루어진다. 그러나 QED에서는 단 하나의 광자만이 존재한다고 보는 반면, QCD에서는 글루온의 종류가 8가지다. 상호작용하는 입자들의 대전 상태를 바꾸지 못하는 광자와 달리, 쿼크에서 글루온이 방출되거나 흡수되면 쿼크의 색이 바뀐다. 8가지 글루온은 각각 다른 종류의 변환을 매개하는 것이다. 이때 매개체가 되는 글루온 자체도 색과 반색(anticolor)을 띤다.

QED에서 광자가 전기적으로 중성을 띠는 데 반해, 글루온은 색전하를 지니는 사실은 전자기력과 강력에 의한 상호작용이 거리에 따라 다른 모습을 보이는 이유를 설명해준다. QCD에서는 2가지 경쟁하는 효과인 가리기(screening)와 위장(camouflage)이라는 새로 알려진 효과가 작용해서 유효 전하(effective charge)를 결정한다. 이때 가리기는 QED에서의 효과와 유사하다. 진공 편향(vacuum polarization)이라고도 불리는 가리기는 전자기 상호작용을 닮았다. QCD에서의 진공에서는 가상의 쿼크와 반쿼크 쌍들이 순간적으로 존재하다가 사라진다. 진공에 어떤 쿼크 하나가 있다면 이에 대비되는 색전하를

띠는 가상의 입자들이 이 쿼크에 끌려온다. 같은 색전하를 띤 입자는 밀려난
다. 그러므로 쿼크의 색전하는 다른 색깔 구름에 가려지고, 이는 먼 거리에서
쿼크의 유효 전하를 줄이는 역할을 한다.

위장

편향된(polarized) 진공 상태에서는 쿼크가 지속적으로 글루온을 방출하고 다
시 흡수하면서 스스로 색을 바꾼다. 색전하를 띤 글루온들은 상당한 거리로
퍼진다. 사실상 모든 공간에 색전하를 전파하는 셈이므로, 이 전하의 원천인
쿼크를 숨겨주는 효과를 만들어낸다. 쿼크를 중심으로 한 공간이 작을수록,
그 공간에 퍼져 있는 쿼크의 색전하는 작다. 그러므로 다른 색을 띤 쿼크가 느
끼는 색전하는 이 쿼크에 다가갈수록 작아지고, 먼 거리에서만 색전하의 전체
크기가 파악된다.

　QCD 이론에 따르면 강력은 가리기와 위장에 의한 효과가 서로 상쇄되어
남은 결과에 따른 것이다. QCD 방정식은 쿼크가 관측될 때 보여주는 역설,
즉 영구히 갇혀 있으면서도 가깝게는 자유로운 모습을 잘 보여준다. 강한 상
호작용은 어떤 거리에서는 극단적으로 강하게 나타나서 쿼크 가둠 현상을 일
으키지만, 아주 가까운 거리에서는 약해지면서 쿼크를 자유롭게 만든다.

　고에너지 충돌 실험에서 밝혀졌듯, 강력은 가까운 거리에서는 약화되고 이
때는 QED에서 만들어진, 훨씬 약한 전자기 상호작용을 설명하는 이론을 이
용해서 설명이 가능해진다. 결과적으로 QED의 일부가 QCD에 적용되는 것

＊소립자의 반응에서, 어떤 입자와 그 반입자의 쌍이 서로 충돌하여 소멸된 뒤 다른 종류의 입자가 생기는 현상. 예를 들면, 전자·양전자 쌍이 없어지고 대신에 빛·파이 중간자 따위가 되는 것을 이른다.

이다. 예를 들어 전자-양전자 쌍소멸에＊ 의해 만들어지는 쿼크와 반쿼크로 인해 강입자 제트(jet)가 만들어지는 현상은 강한 상호작용이다. QCD에 의하면, 충돌 에너지가 충분히 크다면 서로 반대 방향으로 향하는 쿼크와 반쿼크는 둘이 아니라 세 개의 강입자를 생성할 수 있다. 그중 한 입자가 글루온을 방출하면서 제삼의 방향으로 향한다. 이 또한 강입자가 될 수 있는 세 번째 제트가 뚜렷이 관측되는데, 고에너지 충돌에서 흔히 볼 수 있다.

이 3개의 제트는 극단적으로 가둬진(confined) 공간 내에서 움직이는 쿼크와 글루온이 만들어낸, 10^{-13}센티미터 이하의 경로를 따라간다. 쿼크-반쿼크 쌍은 이 거리, 즉 가까워서 자유로운 한계 거리 밖의 고립된 입자들처럼 움직일 수가 없다. 그러나 쿼크 가둠과 쿼크들 사이 상호작용은 절대적인 것이 아니다. 강입자가 색전하를 띠지는 않지만, 강입자를 구성하는 개별 쿼크들은 이웃한 강입자 내부 쿼크의 색전하에 반응한다. 이 상호작용은 강입자 내부의 색력(色力, color force)에 비하면 미미하지만, 여전히 양성자와 중성자를 핵 안에서 묶어두는 힘을 만들어낸다.

또한 강입자 물질이 압축되어 아주 높은 온도로 가열되면 각각의 강입자는 고유의 특성을 상실하는 것으로 짐작된다. 강입자 거품들은 서로 합치면서 아마도 각각의 거품 알갱이를 구성하는 쿼크와 글루온들이 먼 거리까지 자유롭게 움직일 수 있도록 만드는 것일 수도 있다. 그 결과로 만들어진 '쿼크-글루온 플라즈마' 상태가 붕괴하는 초신성과 중성자별 중심부에 존재할 가능성이 있다. 과학자들은 아주 고에너지 상태의 무거운 핵을 충돌시켜 쿼크-글루온 플라즈마를 만들어낼 수 있는지 연구 중이다.

전기약 대칭성

기본 입자를 다루는 데 필요한 세 번째 상호작용인 약한 상호작용에 대한 이해는 QED의 발전과 궤를 같이했다. 1933년 엔리코 페르미(Enrico Fermi)는 베타 방사능이라고 알려진, QED와 유사한 약한 상호작용을 수학적으로 나타내는 데 성공한다. 이어진 연구에서 약한 상호작용과 전자기 상호작용의 중요한 차이점 몇 가지가 드러났다. 약력은 10^{-16}센티미터 이내의 거리에서만 작용했고(대조적으로 전자기력은 먼 거리까지 작용한다), 상호작용하는 입자들의 스핀과 밀접하게 연관되어 있었다. 왼손 스핀 입자들만이 약한 상호작용의 영향을 받았고, 오른손 스핀 입자들은 영향을 받지 않았다.

이런 차이에도 불구하고 과학자들은 이를 더욱 발전시켜 약한 상호작용도 전자기력처럼 매개 보손 혹은 W 입자라고 불리는 힘 매개 입자에 의해서 이루어진다는 이론을 만들어냈다. 전하량의 변화가 일어나는 붕괴를 매개하려면, W 보손이 전하를 운반해야 한다. 어떤 힘이 영향을 미치는 범위는 그 힘을 전달하는 입자의 질량에 반비례한다. 광자는 질량이 없으므로 전자기 상호작용은 무한한 거리까지 작용한다. 약력이 매우 좁은 범위에서만 미친다는 사실은 질량이 아주 큰 보손이 존재한다는 사실을 암시한다.

약한 상호작용 전달 입자가 전기적으로 전하를 띤다는 사실을 포함해서, 전자기 상호작용과 약한 상호작용 사이에 연관이 있음을 보여주는 뚜렷한 근거를 기반으로 일부 과학자들이 이론을 만들어냈다. 여기서 두 상호작용이 실제로는 하나의 현상일 뿐이라는 결과를 곧 얻어냈고, 이를 이용해서 W 보손의 질량을 추정하고자 했다. 이 둘을 통합하는 제안은 아주 가까운 거리이면서 굉장히 높은 에너지 상태에서는 약력이 전자기력과 같음을 의미했다. 낮은 에너지 상태에서 수행된 실험에서는 이 힘이 약하게 나타났고, 이는 단지 이 힘이 미치는 거리가 짧음을 보여주는 것에 불과했다. 그러므로 두 상호작용이 충분히 힘을 보여줄 때의 차이는 W 보손의 질량 때문이어야 한다. 이 가정을 받아들이면, W 보손의 질량은 양성자보다 100배 정도 무거워야 한다.

약한 상호작용과 전자기 상호작용을 하나로 합치는 이론이 개념에서 시작해서 설득력 있는 수준에 이르기까지에는 반세기에 걸친 이론적 통찰과 실험이 필요했고, 이 과정은 하버드 대학교의 셸던 리 글래쇼(Sheldon Lee Glashow)와 스티븐 와인버그(Steven Weinberg), 런던 임페리얼 과학기술대학과 트리에스테의 국제 이론물리 센터에 적을 두었던 압두스 살람(Abdus Salam)이 1979년 노벨 물리학상을 받음으로써 막을 내렸다. QED와 마찬가지로 전기약 이론(電氣弱 理論, electroweak theory)도 쿼크와 경입자를 활용해서 구성한 전자기력과 약력의 통일이론으로서, 대칭 원리에 근거한 게이지 이론이다.

1가지가 아니라 3가지 보손이 광자와 함께 전기약 상호작용에서 힘 매개 입자 역할을 한다. 이들은 양전하를 띤 W^+와 음전하를 띤 W^-, 그리고 Z^0 입자다. W^+와 W^-는 약한 상호작용에서 양전하와 음전하의 교환을 매개하며, Z^0는 중성 흐름(neutral current process)이라고 불리는 약한 상호작용을 매개한다. 양성자에서 중간자가 분출되는 탄성 산란(elastic scattering) 같은 중성 흐름 현상은 약한 상호작용의 하나로서 전하 교환이 이루어지지 않으며, 전기약 이론에서 예견되었고 1973년 CERN에서 최초로 관측되었다. 이는 전자기 상호작용이 이에 관여하는 매개 입자의 전하를 변경시키지 않고, 전자기력과 약한 상호작용이 궁극적으로 통합될 수 있다는 암시이기도 하다.

전자기력과 약한 상호작용이 밀접히 연관되어 있음에도 다른 형태를 띠는 이유를 설명하기 위해, 전기약 이론은 이들을 묶어주는 대칭성이 고에너지 상태에서만 두드러진다고 본다. 저에너지 상태에서는 드러나지 않는다. 유사한 접근 방법을 자기장에서의 철의 특성에도 적용할 수 있다. 온도가 높은 상태에서 철 분자는 불규칙한 방향으로 배치된 아주 작은 크기의 자석들이 빽빽하게 들어차서 열운동(熱運動)을 하는 상태라고 생각할 수 있다. 거시적 관점에서 보자면, 전자기력의 회전 대칭성 법칙에 따라 철의 자기적 특성은 모든 방향에서 동일하다. 그러나 철이 일정 온도 이하로 냉각되면, 분자들이 임의의 방향으로 고정되며 철이 한 축을 따라 자화한다. 대칭성이 숨겨지는 것이다.

고에너지 상태에서 전자기력과 약한 상호작용을 묶어주는 대칭성을 파괴하는 주범은 힉스 보손이라고 불리는 가상의 입자다. 물질의 대칭성이 감춰지는 것은 매개 입자인 힉스 보손에 의한 상호작용 때문이다. 힉스 보손은 또한 같은 족에 속하는 쿼크와 경입자가 다른 질량을 갖는 이유를 설명하는 데도 쓰인다. 아주 높은 에너지 상태에서는 쿼크와 경입자가 모두 질량이 없다고 본다. 낮은 에너지 상태에서는 힉스 입자가 관여해서 쿼크와 경입자가 질량을 갖는다. 힉스 보손은 아직까지는 가상의 입자이고 매개 보손들보다 훨씬 질량이 클 수도 있으므로, 힉스 보손을 찾아내려면 오늘날의 입자가속기보다 훨씬 높은 에너지가 필요할 것이다.

전기약 이론에 필요한 3가지 매개 보손은 이미 발견되었다. 이들 입자가 발견되는 데 필요한 수준의 에너지는 양성자와 반양성자를 충돌시키면 얻을 수 있다. 대략 500만 번 충돌에 한 번꼴로 양성자에서 방출된 쿼크와 반양성자에서 방출된 반쿼크가 결합하며 매개 보손이 만들어진다. 이 보손은 형성된 뒤 10^{-24}초 이내에 분리된다. 짧은 시간 동안만 존재하지만, 붕괴 과정에서의 생성물을 통해 이를 확인할 수 있다.

최신의 입자가속기 기술과 실험 기술, 이론적 연구가 합쳐진 국제 연구팀이 CERN에서 하버드 대학교의 카를로 루비아(Carlo Rubbia)와 피에르 다리우라(Pierre Darriulat)가 고안한 실험을 통해서 1983년에 W 보손과 Z^0 입자를 발견했다. 이 가속기는 양성자와 반양성자가 격렬하게 충돌하며 남긴 흔적을 찾아내어 기록하는 데 성공했다. 기록된 전자의 궤적은 W^- 입자의 붕괴에서 예측된 내용과 일치했다. 또한 기록에는 정확히 반대 방향으로 진행하는 전자와 양전자가 나타나 있었고 이는 Z^0 입자의 존재를 보여주는 명확한 증거였다. 이 실험을 고안하고, 양성자-반양성자 충돌기를 건설하여 검출기를 개발한 업적을 인정받아 루비아와 CERN의 시몬 판 데르 메이르(Simon van der Meer)는 1984년 노벨 물리학상을 수상한다.

통합

QCD와 전기약 이론에서 남은 과제는 무엇일까? 만약 이 두 이론이 모두 옳다면, 완성은 가능할까? 많은 학자들 연구는 대체로 강력과 전기약 상호작용에 대한 부분적인 것이었다. 일부 이론은 강력, 약력, 전자기력을 통합할 필요가 있어 보였다.

심증을 굳히는 요소 가운데 하나는 쿼크와 경입자의 유사성이다. 이 둘은 현재 실험으로서 알아낼 수 있는 수준에서는 특별한 내부 구조가 없다. 쿼크에는 색전하가 있고 경입자에는 없지만, 둘 다 1/2 스핀을 가질 수 있고 전자기력과 약한 상호작용에 관여한다. 게다가 전기약 작용 이론 자체가 쿼크와 경입자 사이의 연관성을 내포한다. 3가지 경입자 족 각각(예를 들어 전자와 중성미자)이 대응하는 쿼크 족(3가지 색전하를 띤 위 쿼크와 아래 쿼크)과 연결되지 않는다면 전기약 이론은 수학적 일관성을 상실하고 만다.

기본 힘들에 대해 알려진 내용도 통합의 가능성을 암시한다. 3가지 모두 게이지 이론으로 표현할 수 있고, 이때 수학적으로 구조가 유사하다. 게다가 이 3가지 힘의 크기는 극단적으로 큰 에너지에서 뚜렷하게 나타나듯이, 아주 가까운 거리에서는 비슷한 값으로 수렴한다. 전자기 전하가 가까운 거리에서는 커지는 반면, 강력 또는 색전하는 점점 약해지는 것이 관찰되었다. 어쩌면 모든 상호작용이 어떤 거대한 에너지와 비슷한 건 아닐까?

모든 상호작용이 본질적으로 같은 것이라면, 강력에 반응하는 쿼크들과 그렇지 않은 경입자 사이의 차이는 사라진다. 이런 통합 이론의 가장 단순한 예는 1974년에 하버드 대학교의 글래쇼와 하워드 게오르기(Howard Georgi)가 보여주었다. 이들은 쿼크와 경입자 모두가 입자 각각의 모든 전하와 스핀 상태를 가진 다른 족으로 확장된다는 아이디어를 제안했다.

제안된 구조가 갖는 수학적 일관성은 주목할 만하다. 게다가 전하가 기본 입자들 사이에서 1/3의 배수로 배분되어야 한다는 규칙성으로 인해, 안정된 물질이 전기적으로 중성임을 설명할 수 있다. 원자가 중성인 것은 쿼크가 3개로 묶여 있기 때문으로, 쿼크는 원자핵 안에 있으므로 쿼크 전하의 합은 전자의 수와 크기가 같고 부호가 반대인 정수가 된다. 만약 쿼크와 경입자가 관계가 없다면, 이들의 전하 값 사이의 정교한 연관성은 오로지 우연이어야만 한다.

이런 통합 이론에서는 물질의 모든 상호작용을 설명하는 데 단 하나의 게이지만이 필요하다. 게이지 이론에 의하면, 한 세트 안에 있는 모든 입자는 다른 입자로 변환이 가능하다. 글루온과 보손에 의해서 쿼크가 다른 쿼크로, 경입자가 다른 경입자로 변환되는 내용은 이미 익숙하다. 통합 이론에 의하면 쿼크가 경입자로 혹은 그 반대로 변환이 가능하다. 게이지 이론에서는 당연한 일이지만, 이런 변환은 (X 혹은 Y 보손이라고 제안된) 힘 입자에 의해 매개된다. 다른 게이지 이론과 마찬가지로, 통합 이론은 상호작용의 강도가 거리에 따라 달라지는 현상을 잘 설명한다. 통합 이론의 가장 단순한 형태에 따르면, 강력과 전자기 상호작용은 10^{-29}센티미터의 거리에서는 같아져서 10^{24}전자볼트의 에너지를 갖는 하나의 상호작용이 된다.

이 정도 에너지는 가속기에서는 얻기 힘들 정도로 큰 수준이지만, 현실 세계처럼 에너지 수준이 낮은 곳에서도 이런 통합의 결과가 명확하게 드러나는 경우가 있다. 쿼크와 경입자를 오가는 변환이 가능하다는 추론은 (대부분의 질량이 쿼크로 이루어진) 물질이 붕괴할 수 있음을 의미한다. 예를 들어 만약 양성자에 들어 있는 2개의 위 쿼크가 10^{-29}센티미터 이내의 거리로 가까워진다면 결합해서 X 보손이 되어 양전자와 반아래 쿼크로 분열될 수 있다. 이 반쿼크가 양성자에 남아 있는 하나의 쿼크인 반아래 쿼크와 결합해서 중성 파이온이 되고, 짧은 시간 안에 2개의 광자로 붕괴하는 것이다. 이 과정에서 양성자의 질량 대부분은 에너지로 변한다.

양성자 붕괴를 관찰할 수 있다면 통합 이론이 상당히 설득력을 갖게 된다. 그렇게 되면 우주론적 관점에서도 흥미로운 결론에 도달한다. 우주에는 반물질보다 물질이 훨씬 많다. 사실 물질과 반물질은 거의 모든 면에서 동등한 존재이므로, 우주가 태초에 같은 양의 물질과 반물질에서 출발했다고 보는 것이 논리적이다. 양성자 붕괴에서 보듯 만약 중입자의 수가 변한다면,(중입자는 양성자나 중성자처럼 3개의 쿼크로 이루어진 입자로, 우주에 존재하는 물질의 대부분을 차지한다.) 우주에 물질의 양이 훨씬 많은 현재 상태는 태초의 상태와 다를 수 있다는 뜻이다. 어쩌면 태초에는 물질과 반물질의 양이 같았으나, 대폭발(big bang) 이후 우주가 아주 고에너지 상태에 있던 초기에 중입자 수가 변하면서 둘 사이의 균형이 깨진 것일 수도 있다.

양성자 붕괴를 발견하려는 몇 가지 실험이 이미 시도된 바 있다. 거대한 통일 에너지가 존재했다면 양성자의 평균수명이 10^{30}년 이상일 정도로 엄청나게 길어야 함을 의미한다. 현실적으로 붕괴를 발견할 가능성이 있으려면 굉장히 많은 수의 양성자를 관찰해야 한다. 결과적으로 양성자 붕괴 실험은 대규모일 수밖에 없다. 지금껏 시도된 것 중에서 가장 규모가 큰 것은 클리블랜드 근처 모턴(Morton) 소금 광산 옆에 설치된 21미터 높이의 증류수 탱크다. 거의 3년에 이르는 관측 기간 동안 10^{33}개 이상의 양성자를 관찰했지만 양성자 붕괴는 전혀 발견되지 않았고, 이는 양성자의 수명이 통일 이론의 추론보다 더 길다는 의미를 내포한다. 몇 가지 다른 이론에 의하면, 양성자의 수명은 훨씬 길며 현실적으로 양성자 붕괴를 발견할 수 없다는 주장도 있다. 그러나 다른 실험에 의하면 양성자가 실제로 붕괴할 가능성이 보이기도 하였다.

남은 의문

통일 이론을 만들어낼 가능성을 찾아보려는 노력 이외에도, 양자 색역학과 전기약 이론으로 이루어진 표준 모형은 오늘날과 향후의 가속기에 수많은 질문을 던져놓았다. 현재 운용되는 가속기 중 많은 것은 QCD에서 예측된 결과를 실험을 통해서 확인하는 데 그 목표를 둔다. 향후 무거운 W 보손과 Z^0 보손을 충분히 발견하려면 10년간 더 고출력의 가속기가 필요하고, 전기약 작용 이론도 더욱 다듬어질 것이다. 이러한 연구 결과가 놀라울 바 없는 일이라고 이야기하는 것은 주제넘은 행동일 수도 있다. 지금까지의 실험에서 표준 모형이 보여준 성공과 일관성에 비추어 보면, 근본적 문제들의 답을 구하기 위해서는 지금 건설 중인 수천 테라전자볼트에 달하는 에너지의 가속기가 반드시 필요함을 잘 보여준다.

표준 모형은 일관성이 굉장히 높긴 하지만 그렇다고 완벽하진 않다. 아직도 설명이 필요한 부분이 있다. 표준 모형에서는 쿼크의 패턴이나 경입자의 질량, 약한 전이가 대부분 족 내부에서 일어나지만 가끔은 그렇지 않다는 사실을 설명하지 못한다. 족 패턴 자체에 대한 설명도 부족하다. 왜 쿼크와 경입자에 3가지 족이 있어야 하는가? 더 많으면 안 될 이유라도 있는 것일까?

표준 모형을 완성하려면 아직 적절히 설명되지 않는 적어도 20개 이상의 변수와 상수의 값을 찾아야 한다. 강력·약력·전자기력의 결합력을 표현하는 값, 쿼크와 경입자의 질량, 힉스 보손의 상호작용을 결정하는 변수 같은 것들 말이다. 물질의 기본적 구성 요소와 힘 매개 입자의 개수는 적어도 34개에 달한다. 15개의 쿼크(5가지 맛, 각각 3가지 색), 6개의 경입자, 광자, 8개의 글루온, 3개의 매개 보손, 그리고 아직 발견되지 않은 힉스 보손 등이다. 단순화라는 측면에서 볼 때 표준 모형은 물질이 흙·공기·불·물의 다양한 결합으로 이루어져 있다는 고대의 관점보다 발전했다고 보기 어렵다. 이런 역사적 배경을 의식해서인지, 많은 물리학자들은 물질의 다양성에 대해 이런 기본 입자들이 더 작은 입자의 조합으로 만들어졌으리라는 설명을 내놓고 있다.

실은 표준 모형의 문제점으로 지적할 수 있는 부분이 두 곳 있다. 강력과 전기약력(電氣弱力, electroweak force)에 관한 각각의 이론과, 두 힘을 합친 이론 모두에서 중력에 대한 설명이 빠진 점이다. 중력을 양자 역학을 이용해서 다른 힘과 함께 설명할 수 있을지는 여전히 불투명하다. 표준 모형의 근본적 문제점 가운데 하나는 힉스 보손과 관련된 부분이다. 전기약 이론이 성립하려면 힉스 보손이 존재해야 하지만 이 입자가 다른 입자들과 정확히 어떻게 상호작용해야 하는지, 심지어 질량은 어느 정도여야 하는지에 대해서 대체적인 설명밖에 내놓지 못하고 있다.

초전도 초대형 충돌기

이런 근본적 문제의 답을 구하려면 어떤 장비가 필요하고, 어느 수준의 에너지를 만들어내야 할까? 힉스 보손과 관련된 의문점들이 유일한 문제는 아니지만, 여러 문제 가운데 가장 잘 정리되어 있고 통일 이론을 만드는 데 중요함은 분명하다. 이 문제는 장비 개발에 있어서 적절한 목표를 설정할 수 있도록 해준다.

지금까지의 이론에 의하면 힉스 보손은 쿼크나 경입자와 유사한 기본 구성 요소로 이루어진 물질로, 기본 입자가 아니라 10^{-17}센티미터 이내의 거리에서 작용하는, 테크니컬러(technicolor)라고 불리는 새로운 종류의 강한 상호작용의 영향을 받는 것으로 보인다. 이 현상을 관측하려면 대략 1조 전자볼트(=1 테라전자볼트) 수준의 에너지가 필요하다. 힉스 보손의 질량과 움직임에 관한 의문을 푸는 데 적용할 두 번째 방법은 스핀 값이 다른 입자를 이용하는 것으로, 소위 초대칭(超對稱, supersymmetry)이라고 불리는 원리를 이용하는 방법이다. 초대칭은 가상의, 아주 질량이 큰 새로운 입자들의 존재를 가정한다. 이 새로운 입자들은 쿼크, 경입자, 보손처럼 이미 알려진 것에 대응하지만 스핀 값이 다르다. 이런 초대칭 입자는 질량이 크므로 아주 고에너지 상태, 아마도 1테라전자볼트 정도에서만 상호작용할 것으로 보인다.

이 정도 수준을 만들어내려면 초전도 초대형 충돌기(Superconducting Super collider, 이하 SSC)라고 불리는 시설이 만들어져야 한다. 공식적으로는 1983년 미국 에너지부의 고에너지 물리학 자문위원회의 제안으로 시작된 이 사업은 지금까지 입증된 모든 기술을 여태까지 시도되지 않은 대규모로 쏟아붓는다. 몇 가지 설계안이 제시되었는데 모두 양성자-양성자 또는 양성자-반양성자 충돌 방식이었다. 양성자는 입자 복합체이므로 양성자끼리의 충돌은 전자와 양전자의 충돌보다 훨씬 다양한 상호작용을 일으킨다. 일반적으로 결과를 분석하기에는 전자와 양전자의 충돌이 더 쉽지만, 현재 기술로는 고에너지의 양성자 빔을 만들어내는 것이 전자나 양전자 빔을 만들기보다 용이하다. 설계안의 공통적 특징 중 또 하나는 일리노이 주 바타비아에 있는 페르미 국립 가속기 연구소의 테바트론(Tevatron) 충돌기에서 처음으로 대규모 실용화에 성공한 초전도 자석을 이용하는 점이다. 이 기술을 이용하면 빔을 가두고 휘게 만드는 자기장의 세기를 증가시키면서도 자석의 전력 소모를 줄일 수 있다.

나이오븀-타이타늄 합금 자석을 이용하는 방법을 이용하면 절대온도보다 불과 4.4도 높은 수준까지 자석의 온도를 낮출 수 있으면서 가속기의 규모도 줄일 수 있다. 이렇게 해서 5테슬라(T)의* 자기

*자기력선속(磁氣力線束, magnetic flux)의 밀도를 나타내는 국제단위. 1테슬라는 1 평방미터당 1웨버(weber)의 자기력선속이 통과할 때의 밀도이다.

장(지구 자기장보다 10만 배 강한 수준이다)을 만들어 낼 수 있다면, 지름 30킬로미터의 원형가속기에서 서로 마주보는 방향으로 향하는 양성자 빔은 20테라전자볼트(양성자 내부의 쿼크와 글루온이 상호

작용하도록 만들려면 1테라전자볼트가 필요하다)의 에너지를 갖는 수준으로 가속할 수 있다. 다른 설계들은 자기장 강도는 이보다 낮은데 가속기 규모는 오히려 크다.

새 가속기는 1994년부터 사용할 수 있을 것으로 보이며 건설에 필요한 예산은 30억 달러에 달한다. 에너지부는 센트럴디자인그룹(Central Design Group)에게 건설 제안서를 3년 안에 준비하도록 요구했고, 다양한 연구소에게 자석 개발 비용을 지원하고 있다.

초전도 초대형 충돌기는 사상 최대 규모와 비용이 투입되는 사업이다. 하지만 결과물 또한 그에 걸맞을 것이다. 지난 10여 년 간의 발전은 물질의 근본적 구성과 상호작용에 대한 심오한 이해를 높여주었다. 지금 제시되고 있는 이론은 1테라전자볼트의 에너지를 요구한다. 자연의 기본적 힘과 물질의 구성 요소를 통일하는 이론의 실마리를 초전도 초대형 충돌기가 밝혀주리라 기대한다.

1-2 힘과 기본 입자 사이의 게이지 이론

헤라르트 엇호프트

세상이 어떻게 이루어졌는지를 알려면 물질을 구성하는 기본 입자들이 서로 어떤 식으로 작용하는지를 알아야 한다. 한마디로 자연을 움직이는 힘에 대한 이론이 필요하다는 의미다. 지금까지 4가지 기본 힘이 발견되었고, 최근까지만 해도 각각의 힘을 설명하는 데 별도의 이론이 필요했다. 그중 2가지, 중력과 전자기력은 작용 범위가 무한하다. 이런 특성으로 인해 일반인에게도 이 힘은 낯설지 않다. 물체를 밀거나 무엇인가 이 힘에 의해 밀리면 느낄 수 있다. 약력과 강력이라고 불리는 나머지 두 힘은 원자핵 반지름 정도 이내에서의 짧은 거리에서만 작용하므로 직접 느낄 수가 없다. 강력은 원자핵 내부에서 양성자와 중성자를 묶어준다. 달리 말하자면 양성자와 중성자의 구성 물질이라고 여겨지는 입자인 쿼크를 묶어주는 역할을 한다. 약력은 주로 특정한 입자의 붕괴에 관련된 역할을 한다.

　알려진 모든 힘을 하나의 이론으로 설명하는 것은 물리학자들의 오랜 꿈이다. 이것이 가능하다면 다양한 힘들 사이의 심오한 연계를 밝혀내면서 동시에 각각의 힘을 명쾌하게 설명할 수 있다. 아직 이런 이론은 만들어지지 않았지만, 최근 어느 정도 이에 다가간 것도 사실이다. 약력과 전자기력은 이제 하나의 이론으로 설명할 수 있다. 여전히 두 힘은 별개로 다루지만, 수학적으로는 하나로 다룬다. 물론 궁극적 목표는 4가지 힘 모두가 일반적 형태로 표현되는 하나의 힘으로 다뤄지는 이론을 만드는 것이다. 물리학자들이 4가지 자물쇠에 다 들어맞는 하나의 열쇠를 찾아낸다면, 적어도 같은 쇳조각으로 각각의 열쇠를 만들어낼 수 있다면 말이다. 이처럼 모든 힘을 틀 하나로 설명하는 이론을, 국소 대칭성을 갖는 비아벨(non-Abelian) 게이지 이론이라고 부른다. 이 글은 이 말의 의미를 알아보려 한다. 아직까지는 그저 힘들의 특성을 자연의 대칭성을 이용해서 설명하는 이론이라고 알아두면 된다.

자연의 법칙에서 나타나는 대칭성과 명백한 대칭은 갈릴레오와 뉴턴 이후 물리학 이론에서 한 축을 담당했다. 가장 익숙한 대칭성은 공간적 혹은 기하학적인 것이다. 예를 들어 눈꽃을 보면 대칭성이 한눈에 보인다. 대칭이란 대상에 어떤 변환을 적용해도 나타나는 패턴이 변하지 않는 것이라고 정의할 수 있다. 눈꽃의 예를 보자면 눈꽃을 60도 회전해도 모양이 변하지 않는다. 처음 눈꽃을 보았을 때 위치와, 60도(혹은 60도의 정수배) 회전했을 때의 모양은 구분이 불가능하다. 눈꽃은 60도 회전 변환에 대해서 불변인 것이다. 같은 원리로, 정사각형은 90도 회전에 대해서, 원은 임의의 회전에 대해서 연속적으로 대칭이라고 말할 수 있다.

대칭이란 개념의 기원은 물론 기하학이지만, 이 개념은 모든 종류의 변환에 대해 불변인 특성을 의미할 때 어디나 적용할 수 있다. 비(非)기하학적 대칭의 예로 전자기력에서 전하 대칭성을 들 수 있다. 전기를 띤 입자들이 특정한 배열로 놓여 있고 입자들 사이에 작용하는 모든 종류의 힘이 측정되었다고 해보자. 이 상태에서 모든 입자의 극성을 바꾼다면, 입자들 사이에서 작용하는 힘은 변하지 않는다.

비기하학적 대칭의 다른 예로 양성자와 중성자, 강력에 반응하는 유일한 입자인 강입자에 관련된 성질인 등방성 스핀 (isotopic spin)이* 있다. 대칭 개념은 양성자와 중성자가 굉장히 비슷한 입자라는 데서 출발한다. 이들의 질량은 거의 비슷하고, 전기적 극성이 다른 것 외의 다른 특성은 모두 동일하다. 그러므로 양성자와 중성자는 서로 대체가 가능하고, 둘 사

> *아이소스핀(isospin)이라고도 한다. 강한 상호작용에 관여하는 소립자가 공통으로 지니는 성질에 대응하는 물리량이다. 아이소스핀의 보존법칙은 강한 상호작용의 특성으로 꼽을 수 있다.

이의 강한 상호작용은 매우 일관된 모습을 보인다. 만약 (전하에 의존하는) 전자기력의 영향이 사라진다면, 등방성 스핀 대칭이 완벽하게 이루어진다. 현실에서는 거의 대칭이지만.

양성자와 중성자가 별개 입자로 보이고, 둘 사이의 중간 상태를 상상하기 어렵긴 해도, 등방성 스핀에 대한 대칭성이 눈꽃이 아니라 원의 경우처럼 연속적 대칭이라는 점은 밝혀졌다. 왜 그래야 하는지 간단하게 설명을 해보자. 각각의 입자 내부에 한 쌍의 화살이 서로 십자 형태로 놓여 있고, 하나는 양성자를 다른 하나는 중성자를 의미한다고 가정하자. 양성자 화살이 위를 향하면 (어느 쪽을 위라고 정의하건 관계는 없다) 이 입자는 양성자가 된다. 중성자 화살이 위로 향하면 중성자가 된다. 중간의 위치는 양자 역학적으로 두 상태가 중첩인 상태이고 이럴 경우 이 입자는 어떤 때는 양성자로, 또 어떤 때는 중성자처럼 보인다. 등방성 스핀 대칭 변환은 우주에 있는 모든 양성자와 중성자

의 화살을 동시에 같은 방향으로 같은 각도로 회전시킨다. 만약 정확히 90도를 회전했다면 모든 양성자는 중성자가 되고, 모든 중성자는 양성자가 된다. 정확하게 이루어지기만 한다면 등방성 스핀은 그 대칭성에 의해 변환 전후의 차이가 전혀 없다.

지금까지 언급한 모든 대칭은 '전역적(global)' 대칭에 속한다. 여기서 전역적이란 '어디에서든 동시에 일어남'을 의미한다. 등방성 스핀 대칭에서는 이 특성이 분명하게 드러난다. 양성자가 중성자로, 중성자가 양성자로 변하는 변환은 우주 어디에서건 동시에 일어나야 한다. 거의 모든 물리학 이론에 등장하는 전역적 대칭에 더해서, '국지적(local)' 대칭을 생각할 수 있다. 국지적 대칭은 공간의 모든 곳과 모든 시간에 독립적으로 일어날 수 있는 대칭이다. '국지적'이란 어휘가 전역적 대칭보다 범위가 좁은 인상을 주긴 하지만, 실제로는 어떤 이론을 세우는 데 있어서 국지적 대칭이 성립할 조건은 전역적 대칭보다 훨씬 까다롭다. 전역적 대칭은 어떤 종류의 변환이 동시에 모든 곳에서 일어날 때 물리 법칙이 변하지 않음을 의미한다. 반면 국지적 대칭이 유지되려면 변환이 공간의 다른 점에서 다른 시각에 일어났어도 물리 법칙이 유지되어야 한다.

게이지 이론은 국지적 대칭 혹은 전역적 대칭(또는 둘 다)을 토대로 구성되지만, 오늘날 주된 관심사는 국지적 대칭과 관련된 게이지 이론들이다. 국지적 대칭에 대해서 불변인 이론을 만들려면 무언가 새로운 것이 더해져야 한다. 바로 힘이다. 이에 대한 설명을 하기 전에, 기본 입자들의 상호작용을 설명하는 현대 물리학 이론에서의 힘에 대해 조금 더 이야기할 필요가 있다.

오늘날 입자물리 이론의 기본 구성 요소는 입자와 힘, 그리고 장(field)이다. 장이란 간단하게 말하자면 시공간 어떤 구역의 모든 점에서 정의된 요소라고 할 수 있다. 예를 들어 프라이팬의 표면을 구역, 온도를 해당 요소로 보는 식이다. 그러면 프라이팬 표면의 모든 점에서의 온도 값으로 구성된 것이 장이 된다.

온도는 스칼라(scalar)* 양이므로 선을 따라, 혹은 척도로서 정의될 수 있다. 그러므로 이때 온도 장은 스칼라 장(scalar field)이고, 이 장의 모든 점은 특정한 수, 즉 크기를 갖는다. 각각의 점이 벡터(vector) 값(화살이라고 생각하자)을 갖는 장들도 물론 존재한다. 벡터는 크기(화살의 길이)와 방향(화살의 방향)을 갖고, 방향은 3차원 공간에서는 2개 각도로 나타낼 수 있다. 즉 벡터의 값은 3가지 숫자로 표현이 가능하다. 벡터 장의 예로 들 수 있는 것은 유체(fluid)의 속도 장이다. 유체의 모든 점에 그 부분의 유체가 움직이는 속도를 나타내는 화살표를 그린 그림을 떠올리면 된다.

전기적으로 대전된 물체를 물리학적으로 바라볼 때 장은 전자기력을 표현하는 아주 편리한 도구다. 대전된 입자는 전자기장(electromagnetic field)을 만들어낸다. 각각의 입자는 다른 입자와 직접적으로 상호작용하는 것이 아니라, 각각의 입자들이 만들어낸 모든 장의 합으로 이루어진 장과 상호작용을 한다.

> *하나의 수치만으로 완전히 표시되는 양. 벡터, 텐서 따위의 방향 성분과 크기를 가진 값과는 달리 크기만 있는 값이다. 예를 들면, 질량·에너지·밀도·전하량 따위를 나타내는 수이다.

양자 역학에서는 입자를 장으로 표현한다. 예를 들어 전자는 공간에서 유한한 크기를 갖는, 파동의 묶음으로 생각할 수 있다. 이와 반대로 양자 역학적 장을 입자로 표현하는 것이 편리할 때도 있다. 두 입자가 서로 영향을 주고받는 장을 통해서 일어나는 상호작용을 두 입자가 그 장의 양자라 불리는 제삼의 입자를 교환하는 것으로 표현하는 식이다. 가령 각각 전자기장으로 둘러싸인 두 전자가 가까워지다가 서로 밀어낼 때, 이들이 전자기장의 양자인 광자를 교환한다고 표현하는 것이다.

교환된 양자의 수명은 아주 짧다. 일단 방출되면 유한한 시간 내에 동일한 입자나 다른 입자에 의해서 흡수된다. 어떤 양자는 독자적으로 계속 존재할 수 없으므로 실험에서 발견되지 않는다. 이런 종류의 양자를 가상 입자라고 부른다. 가상 입자의 에너지가 클수록 존재하는 시간은 짧다. 실질적으로 가상 입자는 에너지를 빌리거나 훔치는 셈이지만, 이것이 들통 나기 전에 갚는다고 할 수 있다.

상호작용이 이루어지는 범위는 교환되는 양자의 질량과 관련이 있다. 질량이 클수록 많은 에너지를 어디선가 빌려와야 하고, 빌린 것이 문제가 되기 전에 더 빨리 갚아야 한다. 그러므로 교환되는 양자가 다시 흡수되기 전까지 이동할 수 있는 거리는 줄어들고 힘이 미치는 범위도 짧아진다. 교환되는 양자의 질량이 없는 것은 특수한 경우로, 영향을 미치는 범위가 무한대가 된다.

어떤 장을 구성하는 요소의 수는 해당 장 양자(field quantum)의 양자 역학적 상태의 수와 같다. 가능한 상태의 수는 다시 그 양자의 고유한 스핀 각운동량(spin angular momentum)과 관련이 있다. 스핀 각운동량은 특정한 값만 갖는다. 스핀 크기를 기본 단위로 측정하면 항상 정수(整數) 혹은 반(半)정수 값을 갖는다. 또한 스핀의 크기뿐 아니라 방향도 마찬가지다.(보다 정확히 이야기하자면, 스핀은 스핀 축에 평행한 벡터이고, 공간에서 이 벡터와 나란하게 투영된 성분은 정수 혹은 반정수여야 한다.) 가능한 스핀의 상태 혹은 방향의 수는 스핀 크기의 2배 더하기 1이다. 그러므로 전자처럼 스핀 값이 0.5인 입자는 2가지 스핀 상태를 갖는다. 스핀은 입자의 운동 방향과 평행한 방향 혹은 반대 방향을 가리킬 수 있다. 스핀 값이 1인 입자는 3개의 방향(평행, 이와 반대 방향, 가로지르는 방향)을 갖는다. 스핀 값이 0인 입자는 스핀 축이 없다. 이때는 모든 방향이 동일하므로 하나의 스핀 상태만을 갖는다고 이야기한다.

하나의 성분(크기)만이 존재하는 스칼라 장은 성분이 하나뿐인, 즉 스핀 값이 0인 양자로 표현되어야 한다. 이런 입자를 스칼라 입자라고 부른다. 마찬가지로 3개 성분으로 이루어진 벡터 장은 스핀 값이 1이어서 3개의 스핀 상태를 갖는 장 양자(벡터 입자)여야 표현이 가능하다. 전자기장은 벡터 장이고, 이 규칙에 따라 벡터 장의 장 양자인 광자의 스핀 값은 1이 된다. 중력장은 좀 더 복잡해서 텐서(tensor)로 표현되며 이의 구성 요소는 10개에 이른다. 하지만 각각의 성분들이 모두 독립적이지는 않고, 중력장의 장 양자인 중력자(中力子, graviton)의 스핀 값은 2이고 5개의 스핀 상태를 가진다.

전자기력과 중력의 경우 하나 더 고려할 것이 있다. 광자와 중력자는 질량이 없으므로 항상 빛의 속도로 움직인다. 이 속도로 인해 이 두 입자는 질량을 가진 다른 입자들과는 다른 특성을 보인다. 가로지르는 스핀 상태가 없는 것이다. 보통 광자가 3개, 중력자가 5개의 스핀 상태를 갖는다고 이야기되지만, 실제로는 2가지의 스핀 상태만이 관측 가능하다.

국지적 대칭성을 가진 최초의 게이지 이론은 1868년에 제임스 클러크 맥스웰(James Clerk Maxwell)이 내놓은 전기장과 자기장 이론이었다. 맥스웰의 이론은 전하가 무한히 펼쳐진 전기장으로 둘러싸여 있고, 전하의 움직임이 마찬가지로 무한한 자기장을 만들어낸다는 가정에 기반하고 있었다. 그리고 두 장 모두 공간에서 크기와 방향을 갖는 벡터 값을 갖고 있었다.

맥스웰의 이론에 의하면 임의의 점에서 전기장 값은 궁극적으로 그 점을 둘러싼 전하의 분포에 의해 결정된다. 그런데 마찬가지로 전하의 분포에 따라 결정되는 퍼텐셜(potential)* 전압을 이용하는 것이 편리한 때가 많다. 어떤 구역에서 전하의 밀도가 높을수록 퍼텐셜도 높아진다. 그러면 두 점 사이의 전기장은 이들 사이 전압의 차이에 의해 만들어지는 셈이다.

*물리학 이론에서 장을 기술하는 데 중요한 구실을 하는 개념이다. 잠재적이라는 의미로서 운동의 힘으로 나타나는 운동 에너지에 대응한다.

맥스웰의 이론이 게이지 이론의 한 종류임을 보여주는 대칭성은 가상의 실험을 통해서 설명할 수 있다. 실험실 안에 전하로 이루어진 시스템이 있고 이 전하에 의해서 만들어진 전자기장을 측정해서 기록한다고 가정해보자. 자기장은 전하의 움직임에 의해 형성되므로 전하의 움직임이 없다면 자기장도 만들어지지 않는다. 그러므로 이 장은 순수한 전기장(electric field)이다. 이 가상의 상황에서는 전역적 대칭이 유지되리라 어렵지 않게 상상할 수 있다. 실험실 전체 전압을 높이는, 즉 퍼텐셜을 높이는 방식의 변환은 대칭이다. 측정해 보아도 전기장에 아무런 변화도 일어나지 않았을 것이다. 이는 맥스웰이 정의했듯, 장은 퍼텐셜의 절댓값이 아니라 퍼텐셜 차이에 의해 결정되기 때문이다. 다람쥐가 고압선 위를 아무렇지도 않게 걸어 다닐 수 있는 것도 같은 이유 때문이다.

맥스웰 이론의 성질은 대칭에까지 이른다. 전기장은 전체적 퍼텐셜이 동일한 값으로 변하는 한 불변이다. 그런데 위에서 이야기했듯, 이 실험은 퍼텐셜의 변화가 실험실 전체에서 동시에 이루어질 때만 타당하므로 이 대칭은 전역적이다. 실험실의 어떤 곳에서만 퍼텐셜이 올라간다면 그 경계를 넘는 곳과는 퍼텐셜 차이가 생기고, 이는 마치 고압선 위의 다람쥐가 고압선과 땅을 동시에 밟는 것과 마찬가지가 된다.

완성된 형태의 전자기장 이론은 정적(靜的) 전하뿐 아니라 동적(動的) 전하도 설명해야 한다. 그러려면 전역적 대칭을 국지적 대칭으로 변환해야 한다. 대전된 입자 사이에 전기장만 존재한다면 국지적 대칭을 가질 수 없다. 실제로 전하가 움직일 때(그리고 그때만), 전기장만 존재하지는 않는다. 움직임 자체가 전기장에 이어 두 번째 장인 자기장을 만들어낸다. 국지적 대칭성을 회복하는 것이 바로 자기장의 효과에 의해서다.

전기장이 궁극적으로 전하의 분포에 의해 결정되지만 전기 퍼텐셜로부터 손쉽게 유도될 수 있듯, 전하의 움직임에 의해 결정되는 자기장도 자기 퍼텐셜의 결과로 나타내는 쪽이 쉽다. 퍼텐셜 장 안에서는 본래의 전기와 자기장이 변하지 않으면서 국지적 변환을 수행할 수 있는 것이다. 전기장만으로는 그렇지 않지만, 이처럼 2개의 서로 연결된 장으로 이루어진 계는 완전한 국지적 대칭성을 갖고 있다. 전기적 퍼텐셜이 국지적으로 변하면 이를 상쇄하는 자기적 퍼텐셜의 변화가 일어나면서 결과적으로는 전기장과 자기장이 변하지 않기 때문이다.

맥스웰의 전자기 이론은 양자 역학에 의존하지 않는 고전 이론이지만, 이 이론이 갖는 대칭성은 양자론적 전자기 상호작용으로도 설명이 가능하다. 그러려면 양자 역학에서 물질 입자를 다룰 때 흔히 그렇듯 전자를 파동 혹은 장으로 묘사해야 한다. 양자 역학적으로 전기적 퍼텐셜의 변화는 전자의 파동 위상 변화로 나타난다.

전자의 스핀은 0.5이므로 2개의 스핀 상태(평행한 방향과 반대 방향)를 가질 수 있다. 이로 인해 만들어지는 장은 2개 성분이 있어야 한다. 각 성분은 실수부와 허수부로 이루어진 복소수로 표현된다. 전자장(electron field)은 파동의 덩어리가 움직이는 것으로, 수학적으로 표현하면 실수부의 값과 허수부의 값이 진동하는 것으로 나타난다. 중요한 점은 이 장이 전자의 전기장이 아니라 물질장(matter field)이라는 것이다. 게다가 전자가 없어도 존재할 수 있다. 이 장이 규정하는 것은 특정 위치와 시간에 특정 스핀 상태의 전자를 발견할 수 있는 확률이다. 그리고 이 확률 값은 실수부의 제곱과 허수부의 제곱의 합으로 표현된다.

전자기장이 없을 때 전자장의 진동 주파수는 전자의 에너지에 비례하고, 진동의 파장은 운동량에 비례한다. 이 진동을 정의하려면 하나 더 필요한 값이 있다. 바로 위상(位相, phase)이다. 위상은 파동의 임의 지점에서부터의 위치를 의미하고 보통 각도로 표시한다. 예를 들어 어떤 점에서 진동의 실수부가 양의 최대치를 나타낼 때, 그 순간을 위상 0도라고 정할 수 있다. 실수부의 값이 0이 되는 점의 위상이 90도이고, 180도일 때 음의 최대치를 갖는다. 일반적으로 허수부의 위상은 실수부와 90도 어긋나 있으므로, 한쪽이 최대치를 보일 때 다른 한쪽의 값은 0이 된다.

전자장의 위상을 결정하는 유일한 방법은 실수부와 허수부가 진폭에 미치는 영향을 분리하는 것이다. 하지만 이는 원리적으로 불가능하다. 실수부와 허수부의 제곱의 합은 알 수 있지만, 임의의 위치 혹은 시간에서 실수부와 허수부의 값을 따로 알아낼 방법은 없다. 사실 이 이론에서 완전 대칭성은 이들 두 성분을 구분할 수 없음을 암시한다. 장에서 임의의 두 점 혹은 두 순간 사이의 위상 차이를 알아낼 수는 있으나 절대적 위상 값을 알 수는 없는 것이다.

전자파의 위상을 측정할 수 없다는 사실의 자연스런 결과로, 위상은 실험적으로 가능한 어떤 결과에도 영향을 주지 못한다. 만약 영향을 준다면 그 실험으로 위상을 측정할 수 있어야 할 것이다. 그러므로 전자장은 임의의 위상 변화에 대해 대칭이다. 전자장에 어떤 각도의 위상을 더하거나 빼도 실험에서는 이를 알아낼 재간이 없는 것이다.

예를 보면 이 내용이 더 분명해진다. 물질의 파동성을 보여주는 실험으로

유명한 것이 전자와 2개 슬릿을 이용한 회절 실험
이다.* 이 실험에서는 전자의 빔(beam)을 스크린
에 뚫린 두 가느다란 슬릿에 통과시켜, 두 번째 스크린에 도달한 전자의 수를
센다. 이때 두 번째 스크린에 도달한 전자의 분포는 회절에 의해 짙어졌다 흐
려졌다를 반복하는 동심원 모양으로 보인다.

양자 역학적으로 이 실험 결과를 설명하면, 첫 번째 스크린에 부딪히는 전
자파는 둘로 갈라지며, 회절된 2개 파동이 서로 간섭하기 때문이다. 두 파동
의 위상이 같으면 간섭에 의해 진폭이 커지고, 두 번째 스크린에서 많은 수의
전자를 셀 수 있다. 위상이 다를 때는 두 파동의 차가 도달하므로 전자의 수가
줄어든다. 스크린에 나타나는 형상은 오로지 위상차 때문임을 분명히 알 수
있다. 만약 두 파동의 위상이 같은 값만큼 달라진다면, 각각의 점에서 위상차
는 변화가 없을 것이고, 결과적으로 두 번째 스크린에 나타나는 형상에는 변
화가 없다. 양자장(量子場, quantum field)의 위상을 바꿀 때 나타나는 이런 종
류의 대칭이 바로 게이지 대칭이다. 비록 위상의 절댓값이 실험 결과에는 아
무런 영향을 미치지 않지만, 전자 자체에 대한 이론을 세우려면 위상을 알아
야 한다. 이때 특정 값을 선택하는 것을 게이지 규약(gauge convention)이라고
한다.

게이지 대칭이란 표현은 이런 불변성을 표현하는 데 그다지 적합하진 않지
만, 용어 자체는 역사가 오래되었으며 이제는 없어서는 안 되는 지경에 이르
렀다. 이 어휘는 1920년, 전자기력과 일반 상대성 이론을 통합하려고 노력하

던 헤르만 바일(Hermann Weyl)이 처음으로 사용했다. 바일은 우주가 임의의 크기로 확장이나 수축해도 변하지 않는 이론을 만들고자 했다. 그의 이론에 따르면 시공간의 모든 점에서 각각 길이와 시간의 표준이 있어야 했다. 그는 시공간에서의 기준을 정밀하게 가공된 다양한 기준 길이의 블록으로 이루어진 측정 도구인 게이지 블록에서 블록 고르는 일에 비유했다. 이 이론에서 "길이 기준 블록"을 "위상 각"으로 바꾸면 거의 정확하다. 원래 바일은 독일어로 "Eich Invarianz"라는 표현을 썼고 이는 "교정(calibration)에 대해서 불변"이라는 의미였는데, "calibration"과 유사한 의미인 게이지(gauge)가 이후에 보편적으로 통용된 것이다.

앞에서 언급한 전자로 이루어진 장의 대칭성은 전역적이다. 즉 위상은 장의 모든 점에서 동시에 같은 값만큼 변경되어야 한다. 다른 물질의 존재나 영향이 없이 오로지 전자만으로 이루어진 장에서는 국지적 게이지 변환에 대해서 불변성이 유지되지 않는다는 사실을 보이기는 어렵지 않다. 전자를 이용하는 이중 슬릿 회절 실험을 다시 떠올려보자. 우선 앞에서처럼 실험을 수행하고 전자의 회절 패턴을 기록한다. 그리고 실험을 반복하는데 이번에는 한쪽 슬릿에 파동의 위상을 180도 바꾸는 장치를 장착하고 진행한다. 두 슬릿에서 나온 파동이 이제 서로 간섭하는데, 두 파동 사이의 위상은 이전과는 180도 차이가 난다. 그러므로 앞 실험에서 두 파동이 서로 더해지던 부분과 빼지던 부분이 반대가 된다. 그러나 회절의 결과로 스크린에 나타난 형상은 변화가 없다. 다만 파동이 더해진 곳과 빼진 부분이 기록된 부분이 서로 바뀌었을 뿐이다.

이 현상을 국지적 게이지 대칭에 적합하도록 설명하려는 경우를 생각해보자. 아마도 약간의 수정이 필요할 것이다. 특히 전자의 위상 변화를 보상하는 새로운 장을 도입할 필요가 있다. 새 장은 이 실험 결과를 설명하는 데 쓰이는 것으로 그치지 않는다. 전자장의 위상이 모든 점, 모든 시간에 대해서 바뀌었을 때 관측 가능한 모든 값이 변하지 않도록 유지해줘야 할 것이다. 수학적으로 이야기하자면, 임의의 점과 시간에서 모든 함수에 대해 위상 변화가 가능해야 한다.

언뜻 생각하기에 이런 일은 불가능할 것 같지만, 이런 조건을 만족하는 장이 존재할 수 있다. 장 양자의 스핀이 1인 벡터 장(vector field)은 이 조건을 만족한다. 또한 전자장의 위상이 맞춰져야 하는 거리에 제한이 없으므로 이런 장은 크기가 무한하다. 크기가 무한하다는 것은 장 양자의 질량이 0이어야 한다는 의미다. 누구나 익숙한 장 중에 이런 것이 있다. 바로 전자기장이고, 전자기장의 장 양자는 광자다.

전자기장은 어떻게 전자장의 게이지 불변성을 확보할까? 전자기장의 효과는 대전된 입자들 사이 주고받는 힘에서 비롯된다는 사실을 생각해야 한다. 이 힘들은 입자의 운동 상태를 변화시킨다. 여기서 핵심은, 이 힘이 위상을 바꿀 수 있다는 데 있다. 전자가 광자를 방출하거나 흡수할 때, 전자장의 위상이 변화한다. 위에서 전자기장 자체가 완전 대칭성을 갖는다. 두 장을 함께 묶으면 국지적 대칭성을 양쪽 모두에 확대 적용할 수 있다.

 두 장 사이의 관계는 전자의 전하와 전자기장의 상호작용에 따라 결정된다. 이 상호작용 때문에 전자장에서 전자파의 전달은 전기 퍼텐셜의 값을 알아야만 정확하게 나타낼 수 있다. 마찬가지로 자기장에서 전자의 움직임을 표현하려면 자기 벡터의 퍼텐셜을 알아야 한다. 이 두 퍼텐셜의 값이 지정되면 전자파의 위상이 어디에서든 고정된다. 전자기력의 국지적 대칭성에 의해 전기적 퍼텐셜은 모든 점, 모든 순간에 어떤 값이라도 가질 수 있게 된다. 이 때문에 전자장의 위상도 모든 점에서 어떤 값이라도 가질 수 있으나, 취해진 전기적 퍼텐셜과 자기적 퍼텐셜에 대해 항상 일정하게 유지된다.

 이 의미를 이중 슬릿 실험의 결과에 적용하면, 전자기장을 이용해 전자파의 위상을 임의로 변경할 수 있다는 뜻이 된다. 예를 들어 한쪽 슬릿 앞에 위상을 180도 바꾸는 판을 놓는 대신 두 슬릿을 자석 막대기 사이에 두어도 같은 결과를 얻을 수 있다. 스크린에 맺힌 형상만 봐서는 어떤 방식으로 전자파의 위상을 바꾼 것인지 구분이 불가능하다. 전기 퍼텐셜과 자기 퍼텐셜에 적용할 게이지를 국지적으로 선택할 수 있듯, 전자장의 위상도 마찬가지다.

 전자장과 전자기장을 결합한 이론이 양자 전기역학(QED)이다. 이 이론은 1920년대 폴 에이드리언 모리스 디랙(P. A. M. Dirac)에 의해서 시작되어 1948년에 리처드 파인먼, 줄리언 슈윙거(Julian Schwinger), 도모나가 신이치로(朝永振一郎) 등이 완성하기까지 20년 넘는 시간이 필요했다.

 양자 전기역학의 대칭성은 의심의 여지없이 매력적이지만, 이것이 의미가 있으려면 실제 실험에서 입증이 되어야 한다. 사실 어떤 예측이 실험으로 입증되려면, 실험 이전에 이론이 논리적으로 타당해야 한다. 예를 들어 양자 역학 이론은 사건이 일어날 확률을 알려주는데, 확률은 음수여서는 안 되고, 모든 가능한 확률을 더하면 1이어야 한다. 또한 에너지는 양의 값이어야 하지만 무한대여서는 안 되는 식이다.

처음에는 QED가 현실적인 물리학 이론으로 받아들여질 수 있을지가 불분명했다. 두 전자 사이의 상호작용처럼 가장 단순한 전자기 상호작용의 결과를 계산하는 데 있어서도 지속적으로 문제가 생겼다. 이런 경우에는 한 전자가 가상의 광자를 한 개 방출하고 다른 전자가 이를 흡수할 가능성이 가장 크다. 물론 이보다 훨씬 복잡한 형태의 광자 교환도 가능하다. 사실상 경우의 수는 무한대라고 할 수 있다. 예를 들어 전자들끼리 둘, 셋 혹은 그 이상의 광자를 교환하는 것도 가능하다. 가능한 상호작용이 일어날 확률을 모두 더하면 상호작용이 일어날 확률이 결정된다.

파인먼은 이 조건들을 공간이라는 차원과 시간이라는 차원에서 그림으로 표현하는 방법을 고안했다.* 이 그림에서 골치 아픈 부분은 시공간에서 가상의 광자가 방출되고 다시 이 광자를 방출했던 전자에 흡수될 때 그려지는, '루프(loops, 닫힌 궤적)'로 나타나는 곳들이다. 앞서 말했듯 가상 입자의 최대 에너지는 이 입자가 최종 목적지에 도달할 때까지 걸리는 시간에 의해서 그 값이 결정된다. 가상의 광자가 같은 입자에 의해 방출되었다가 흡수되는 경우에는, 필요한 거리와 시간이 0이 될 수 있으

*소립자들 사이 상호작용을 나타내기 위해 파인먼이 만든 도표로서, 파인먼 다이어그램이라고 일컫는다.

므로 최대 에너지가 무한대가 되는 것도 가능하다. 이런 이유로 루프가 나타
나는 그림에서는 상호작용의 강도가 무한대가 될 수 있다.

QED에서 나타나는 무한대 값들은 현실적 의미를 부여하기가 불가능하다
고 여겨왔다. 전자와 광자 사이의 모든 상호작용에는 무한대의 확률이 부여되
었다. 이런 무한대 값들 때문에, 즉 전자가 무한대 에너지와 무한대 전하를 가
진 가상의 전자를 방출하고 다시 흡수하는 셈이어서 전자 1개의 움직임을 설
명하는 것조차 어려워졌다.

무한대로 인해 일어나는 이런 문제를 해결한 것이 되맞춤 혹은 재규격화
(renormalization)라는 방법이다. 대략적으로 설명하자면, 각각 양의 무한대에
대해 음의 무한대를 찾아 전체적으로 무한대로 인해 일어나는 효과를 상쇄시
키는 것이다. 슈윙거를 비롯해 이 문제를 푸는 데 기여한 학자들은 이 방법을
이용해서 유한한 크기의 값만을 남기는 데 성공했다. 이렇게 남은 값이 이 이
론의 예측치다. 모든 상호작용의 확률은 유한하고 양수라는 조건에 따라 하나
의 답이 얻어진다.

이 방법의 근거는 이렇다. 전자 1개를 관측할 때 얻어지는 값은 이론에서
가정하듯 점에 가까운 입자의 질량이나 전하가 아니라, 전자와 전자를 둘러싼
가상 입자들의 특성이다. 계산을 하려면 입자의 실제 질량과 전하량 같은 측
정 가능한 양이 관측되어야 한다. 그러나 이들 점과 같은 물체의 맨 질량(bare
mass), 맨 전하(bare charge)와 같은 특성은 명확하게 정의되어 있지가 않다.

처음에는 맨 질량이 음의 무한대 값을 가져야 하는 것으로 보였고 많은 물

리학자들이 재규격화 이론에 의심의 눈초리를 보낼 수밖에 없었다. 그러나 좀 더 면밀히 살펴본 결과, 맨 질량이 유한한 값을 가지면 0이 되어야 했다. 어떤 경우이건, 타당해 보이지 않는 값을 갖는 물리량을 관측하는 일은 이론적으로도 불가능하다. 이 이론의 문제점 또 하나는 보다 심각했다. 수학적으로 QED가 완벽하지가 않았던 것이다. 이론에서 필요한 예측을 하는 데 반드시 필요한 방법의 한계로 인해 예측값은 소수점 두 자리 정도의 유한한 정확도밖에 갖지 못했던 것이다.

재규격화 기법에는 논리적 구성이나 일관성 측면에서 분명 개선의 여지가 있다. 이 방법의 타당성을 뒷받침하는 가장 강력한 근거는 아마도 이것이 잘 동작한다는 점일 터다. 실험 결과와 10억분의 1 정도 차이로 일치하며, 그 결과 QED는 이제껏 만들어진 이론 중에 가장 정확한 이론으로 등극했다. 또한 다른 기본 힘을 설명하는 이론을 세우고 평가하는 기준이 된다.

QED가 완성된 시기는 국지적 게이지 대칭에 기반을 둔 다른 이론이 만들어진 지 이미 30년 가까이 지난 때였다. 바로 아인슈타인의 일반 상대성 이론이다. 중요한 점은 대칭성이 시공간에 분포한 장에서가 아니라 시공간 자체에 존재했다는 데 있다.

시공간의 모든 점은 공간에서의 위치를 지정하는 3개와 시간을 지정하는 1개, 즉 4개의 숫자로 지정할 수 있다. 이 숫자는 사건의 좌표가 되고, 이 값을 할당하는 방법이 좌표계가 된다. 예를 들어 지구에서는 보통 경도·위도·고도로 공간상의 한 점을 지정할 수 있다. 시간은 정오를 기준으로 지난 시간을 표시하면 된다. 이 좌표계에서 모든 값이 0인 원점은, 적도와 본초자오선이 만나는 점에서의 해수면 높이에서 정오일 때가 된다.

이때 어떤 좌표계를 선택할지는 어느 것이 편한가의 문제일 뿐이다. 바다를 항해하는 선박 입장에서 보자면, 좌표의 원점이 네덜란드 위트레흐트라고 해서 특별히 문제될 것은 없기 때문이다. 지구상 모든 점과 역사상 모든 사건의 날짜를 새로 정의해야겠지만, 어떤 기준에 따르든지 계산 결과는 마찬가지다. 특히 두 점 사이의 거리를 계산하는 경우에는 완벽하게 똑같은 값을 얻게 된다.

좌표계의 원점을 임의로 옮길 수 있다는 사실에서 대칭성이 성립된다. 이런 대칭에는 3가지가 있다. 좌표계를 평행 이동, 회전, 거울 대칭하는 경우에 모든 자연법칙은 변하지 않는다. 그런데 이런 대칭성이 얻어지려면 좌표 변환이 전역적이어야 한다. 각각의 대칭 변환은 모든 점에 대해 새로운 좌표계에서의 위치를 부여한다. 이 변환은 모든 점에서 동시에 적용되어야만 한다.

일반 상대성 이론은 시공간의 기본적 구조가 좌표축이 직각으로 만나는 직교 좌표계로 규정될 필요가 없다는 데서 출발한다. 곡선 좌표계여도 아무런 문제가 없다. 지구 표면을 따라 정의되는 경도와 위도로 이루어진 좌표계가 바로 이런 식이다.

이런 체계에서 국지적인 좌표계 변환을 생각해볼 수 있다. 고도가 해수면이 아니라 지표면에서부터의 수직 거리로 정의되어 있다고 해보자. 만약 구덩이를 판다면 구덩이 바로 위쪽에서는 좌표계를 변경하는 셈이 된다. 이때 땅을 파는 행동이 바로 국지적 좌표 변환이다. 이런 변환이 일어나면 적용되는 물리 법칙(혹은 항해 방법)이 변하게 되는데, 중력의 영향이 없는 우주 공간이 바로 그런 경우다. 일정한 고도로 비행하도록 되어 있는 항공기는 이 구덩이 상공을 지날 때 갑자기 고도를 낮춰야 하고, 새로 만들어진 지표면의 형상을 따르려면 이전과는 다른 가속도로 비행해야 한다.

전기역학에서와 마찬가지로, 국지적 대칭성은 새로운 장을 부여하는 방법을 통해서만 회복될 수 있다. 일반 상대성 이론에서 이 장은 물론 중력장이다. 중력장의 존재는 구덩이 상공에서 항공기가 감지한 가속도를 설명해준다. 국지 좌표계의 변형이 아니라 중력장의 변형 때문에 항공기에 추가적인 가속도가 생기는 것이다. 이런 변형의 원인이 무엇인지는 중요하지 않다. 지구 내부에 질량이 모여 있어서 그럴 수도 있고, 우주 어딘가에 존재하는 질량 때문일 수도 있다. 핵심은 좌표계의 국지적 변환을 중력장의 변형으로 볼 수 있다는 점이다. 항공기 조종사의 입장에서 보면, 가속도가 생기는 원인이 어느 것 때문인지 구분이 불가능하다.

맥스웰의 전자기 이론과 아인슈타인의 중력 이론이 보여주는 우아함은 모두 국지적 게이지 대칭에서 비롯된다. 덕분에 많은 물리학자들이 이들의 방법을 따르고자 했다. 최근까지도 전자기력과 중력을 제외한 나머지 두 힘에*
대한 이론적 설명은 충분하지가 못했다. 약력에
*강력과 약력을 가리킨다.　　　대한 이론은 1930년대 엔리코 페르미가 약력의
몇 가지 기본적 특징을 밝혀내면서 시작되었지만, 이 이론에선 국지적 대칭성

이 여전히 결여된 상태였다. 강력은 정체를 알 수 없는 장과 입자로 이루어진 정글이나 다름없는 상태였다. 이 힘들을 이해하는 일이 왜 이렇게 어려웠는지 이제는 분명히 드러났다. 적절한 이론을 세우는 데 필요했던 국지적 대칭성에 대한 이해가 없었던 것이다.

첫 발자국은 1954년 브룩헤이븐 국립연구소에 재직 중이던 양첸닝(C. N. Yang)과 로버트 밀스(Robert L. Mills)가 제시한 이론이었다. 같은 시기에 비슷한 아이디어가 케임브리지 대학교의 로널드 쇼(Ronald Shaw)에 의해서도 발표되었다. 다른 게이지 이론들의 성공에 힘입어, 이 이론들은 전역적 대칭성을 기반으로 만들어졌고, 국지적 대칭이 이루어진다면 어떤 결과가 얻어질지를 살펴보았다.

양-밀스 이론에서 문제가 된 대칭은 양성자와 중성자의 구성 요소가 맞교환되어도 물질 사이의 강력은 (거의) 불변임을 말해주는 법칙인 등방성 스핀 대칭이었다. 전역적 대칭성이 유지되려면 등방성 스핀의 상태를 가리키는 화살은 어떤 종류의 회전 변환에 대해서도 어느 곳에서든 동시에 변환이 이루어져야 한다. 국지적 대칭을 가정한다면 화살의 방향이 위치에 따라, 때에 따라 각각 독립적으로 변한다. 화살의 회전은 임의의 위치와 시간에 대한 함수일 수 있다. 이처럼 서로 다른 장소에 있는 입자를 따로 취급할 수 있다는 데서 국지적 게이지 대칭이 성립한다.

전역적 대칭이 국지적 대칭으로 변환되는 다른 경우와 마찬가지로, 이 이론에서도 무언가 더 추가되어야 불변성이 유지된다. 양-밀스 이론은 이전의 게이지 이론보다 복잡하기 때문에, 그만큼 추가해야 할 것도 많았다. 등방성 스핀 회전이 임의의 장소에서 이루어지면, 6개의 새로운 장을 도입해야 물리 법칙이 유지되었다. 이 6개 장은 모두 벡터 장이고, 영향을 미치는 범위가 무한대다.

이 양-밀스 장들은 전자기력 모형을 기반으로 구성되어 있고, 둘만이 통상의 전기장과 자기장에서 파악된다. 달리 말하자면, 이들이 광자장을 설명하고 있다는 뜻이다. 나머지 장들도 쌍으로 다뤄지며 전자기장으로 표현이 되지만, 이들 장에서 설명하는 광자는 일반적으로 알려진 광자의 특성과는 근본적으로 다른 면이 있다. 이들 광자도 여전히 질량이 없고 스핀이 1인 입자이지만 전하를 운반한다. 어떤 광자는 음의 전하를 띠고 다른 광자는 양의 전하를 띠는 것이다.

광자에 전하를 도입하면 놀라운 결과가 얻어진다. 광자는 전자기력을 한 입자에서 다른 입자로 전해주는 장 양자다. 그런데 광자가 전하를 갖는다면 광자들 사이에서도 직접적인 전자기 상호작용이 일어난다. 한 예를 들자면, 서로 다른 전하를 띤 두 광자가 묶여서 빛 '원자'를 형성할 수 있다. 통상적으로 생각하던 중성의 광자는 이런 식으로 상호작용하는 것이 불가능하다.

광자가 전하를 가지면서 얻는 놀라운 효과는 국지적 대칭 변환이 같은 입자에 대해 한 번 이상 적용될 때 가장 적나라하게 드러난다. 앞에서 언급되었듯, QED에서의 대칭 변환은 전자장의 국지적 위상 변화이고, 이런 위상 이동은 모두 전자기장과의 상호작용을 수반한다. 전자 한 개가 두 번 위상 이동을 하는 경우는 광자를 방출했다가 흡수하는 경우처럼 어렵지 않게 상상해볼 수 있다. 만약 이 위상 이동의 순서가 뒤바뀐다면, 즉 광자를 흡수했다가 방출한다고 해도 결과가 동일해야 함은 직관적으로 보아도 당연하다. 실제로도 그렇다. 위상 이동은 지속적으로 일어날 수 있으며, 최종 결과는 위상 이동의 순서에 관계없이 이들의 값을 합한 결과여야 한다.

대칭 조작이 등방성 스핀 화살의 국지적 회전인 양-밀스 이론에서는, 변환을 여러 번 수행하면 상당히 다른 결과가 나올 수 있다. 강입자를 A라는 게이지 변환을 거쳐 1초 뒤에 B라는 변환을 한다고 해보자. 변환이 끝나면 등방성 스핀 화살은 대응하는 양성자의 방향을 가리킨다. 이제 같은 변환을 같은 강입자에 적용하는데 이번에는 변환 B를 먼저, 변환 A를 나중에 해서 앞서와는 순서를 바꿔서 진행한다. 이렇게 하면 일반적으로 결과가 달라진다. 입자가 양성자가 아니라 중성자일 수 있다. 두 변환에 의한 최종 효과는 변환의 순서에 따라 결정되는 것이다.

이런 차이 때문에 QED는 아벨 이론에, 양-밀스 이론은 비아벨 이론에 속한다. 아벨 이론이란 명칭은 19세기 초반 집합론을 연구한 노르웨이의 수학자 닐스 헨리크 아벨(Niels Henrik Abel)의 이름에서 딴 것이다. 아벨 군(群, group)은 차례대로 적용될 때 순서를 바꿔도 결과가 같은 가능한 변환으로 이루어져 있다. 비아벨 군에 속하는 변환은 변환의 순서에 따라 결과가 다르다.

교환 법칙은 더하기나 곱하기 같은 연산으로 익숙한 특성이다. A+B와 B+A, A×B와 B×A의 결과는 같다. 여러 번의 변환을 적용할 때 이 법칙이

적용되는 사례는 여러 번의 회전 변환을 어떤 순서로 하건 결과는 마찬가지
인 경우에서 쉽게 볼 수 있다. 2차원 물체의 회전 변환은 어떤 경우에건 순
서에 관계가 없고, 이런 회전 변환은 모두 아벨 군에 속한다. 예를 들어 +60
도 회전하는 변환과 -90도 회전하는 변환은 두 변환의 적용 순서에 관계없이
-30도 회전한 결과를 만들어낸다. 그러나 3차원 공간에서 물체를 3개의 축에
대해 회전하는 변환은 적용 순서에 따라 결과가 달라지므로 비아벨 군에 속
한다. 비행기가 북쪽을 향해 수평으로 비행하는 경우를 생각해보자. 수평면에
서 90도 왼쪽으로 회전한 뒤에 동체를 축으로 90도 왼쪽으로 회전하면 비행
기는 왼쪽 날개를 지면으로 향하면서 서쪽으로 향하는 상태가 된다. 이 순서
를 바꾸어 적용하면 비행기는 기수를 지면으로 향하고 날개는 북쪽과 남쪽을
가리키게 된다.

양-밀스 이론과 마찬가지로 일반 상대성 이론도 비아벨 군에 속한다. 두 번
의 좌표 변환을 연속적으로 수행할 때 순서에 따라 결과가 달라지는 것이다.
지난 10여 년 간 여러 비아벨 군 이론이 제시되었고, 심지어 전자기력도 비아
벨 군에 속하는 이론으로 설명되기에 이르렀다. 적어도 현재로서는 자연의 모
든 힘들이 비아벨 군에 속하는 게이지 이론으로 설명된다고 여겨진다.

양-밀스 이론은 기념비적인 업적이지만, 태생적으로 현실 세계에 적용하기
에는 무리가 따른다. 첫 번째 문제는 등방성 스핀 대칭이 성립하면 양성자와
중성자를 구분할 수 없다는 점이다. 이는 실제와 분명히 배치된다. 더 큰 문제
는 전하를 가진 광자에 대한 부분이다. 광자는 작용 범위가 무한대이므로 기

본적으로 질량이 없다. 전하를 띠면서 전자보다 가벼운 입자가 존재한다면 세상은 우리가 알고 있는 모습과는 전혀 다를 것이다. 물론 이런 입자는 발견되지 않았다. 이런 문제점에도 불구하고 이 이론은 아름다우며, 철학적 매력까지 지닌다. 이론의 문제점을 보완하려는 시도 중 하나는 질량을 가졌으면서 전하를 띤 장 양자를 도입하는 것이었다.

이런 입자를 도입한다고 해서 장이 사라지지는 않으나, 장의 크기가 유한해진다. 질량이 충분히 크다면, 장의 크기를 원하는 만큼 줄일 수 있다. 이로인해 이제 원거리에서는 효과가 나타나지 않으므로 장을 실험 결과와 연결시킬 수 있다. 게다가 중성 양-밀스 장을 거리 범위가 무한한 유일한 장으로 가정한다면 양성자와 중성자는 자동적으로 구분된다. 이 장은 전자기장이므로 양성자와 중성자는 서로간의 상호작용을 통해, 즉 전하에 의해 구분된다.

이런 수정을 가하면 등방성 스핀 화살을 회전시킨 결과를 볼 수 있으므로 양-밀스 이론의 국지적 대칭성은 이제 확실하지 않고 대략적으로만 이야기할 수 있게 된다. 대략적 대칭성은 자연에서 흔하게 발견되므로 이것이 근본적인 문제는 아니다.(인체의 좌우 대칭도 대략적 대칭일 뿐이다.) 또한 양-밀스 이론이 적용되는 범위보다 훨씬 작은 범위 이내에서는 국지적 대칭이 점점 뚜렷해진다. 결과적으로 이 이론은 미시적 관점에서는 국지적 대칭성을 보이지만 거시적이고 관측 가능한 사건의 수준에서는 그렇지가 않다.

이 수정 양-밀스 이론은 이해하기엔 쉬웠지만 여전히 양자 역학적 해석을 필요로 했다. 무한대 개념은 QED에서의 경우보다 그 영향이 심각했고, 표준

적인 재규격화 기법으로는 이 문제를 해결할 수 없었다. 무언가 새로운 돌파구가 필요한 상황이었다.

1963년에 파인먼이 중요한 아이디어를 내놓았다. 계산 과정 중에는 존재하지만 계산이 끝나면 사라지는 "유령" 입자의 도입이었다. 처음에 유령 입자는 가상의 입자였고 최종 결과에 이것이 나타나지 않는다면 상당히 유용할 터였다. 유령 입자가 만들어질 전체적 확률이 0이 된다면 문제될 것이 없었다.

양-밀스 이론을 연구하던 이론물리학자들 사이에서는 당시 필자가 학생이던 위트레흐트 대학교의 연구진만이 유령 입자 기법을 진지하게 받아들였다. 필자의 석사학위 논문 지도교수였던 마르티뉘스 펠트만(Martinus J. G. Veltman)은 제네바에 있는 유럽 입자물리 연구소(CERN)의 존 스튜어트 벨(John S. Bell)과 함께 양력을 양-밀스 이론을 이용해 설명할 수 있다는 결론에 도달했다. 그는 수정 양-밀스 이론에서 (거대한 대전된 장에서의) 재규격화 문제를 체계적으로 분석하고, 파인먼 다이어그램의 모든 계층을 하나씩 살펴봤다. 다이어그램에 닫힌 고리 형태가 없으면 전체 상호작용 확률에 유한한 영향밖에 없음을 쉽게 알 수 있었다. 고리 모양이 1개 있는 다이어그램에서는 무한대 값이 들어 있지만, 유령 입자의 특성을 좀 더 연구한 결과 양의 무한대와 음의 무한대를 서로 상쇄할 수 있음이 드러났다.

닫힌 고리의 수가 늘어남에 따라, 다이어그램의 수도 급격하게 증가한다. 또한 각 다이어그램에 필요한 계산도 더 복잡해진다. 2개 고리를 가진 다이어그램을 모두 확인하는 데 필요한 어마어마한 계산을 처리하는 컴퓨터 프로그램이 만들어졌고 이를 이용해서 확률을 계산했다. 이 프로그램의 결과물은 다이어그램의 모든 요소가 더해지고 남은 무한한 수의 항의 계수들이다. 이론에서 무한이라는 요소가 삭제된다면 계수들의 값은 모두 0이어야 한다. 1970년이 되자 정확한 결과를 얻을 수 있었다. 여전히 일부 무한대가 남아 있었다.

수정 양-밀스 이론이 실패한 이유는 양-밀스 이론 자체 때문이 절대 아니라 '수정'에 있었다. 대전된 장에서 질량을 갖는 존재들은 "손으로" 입력되어야 했고, 그 결과 국지적 등방성 스핀 회전에 대한 불변성이 보장되지 않았다. 당시 러시아의 파데예프(L. D. Faddeev), 포포프(V. N. Popov), 프래드킨(E. S. Fradkin), 튜틴(I. V. Tyutin)은 순수 질량이 없는 장으로만 이루어진 양-밀스 이론은 재규격화가 가능하다고 주장했다. 이 이론의 문제는 이론 자체가 비현실적일 뿐 아니라 영향을 미치는 범위가 너무 커서 다루기 어렵다는 점에 있었다.

한편 브뤼셀 대학교의 프랑수아 앙글레르(F. Englert)와 로버트 브라우트(Robert H. Brout), 에든버러 대학교의 피터 힉스(Peter Higgs)가 게이지 이론에 추가할 새로운 요소를 제안했다. 이들은 양-밀스 장에 질량을 부여하면서 완벽한 게이지 대칭을 유지할 수 있는 방법을 찾아냈다. 힉스 메커니즘(Higgs mechanism)이라고 불리는 기법이다.

힉스 메커니즘의 기본 아이디어는 진공에서도 사라지지 않는 특이한 성질을 지닌 추가적인 장을 포함시키는 것이다. 보통 진공이라고 하면 아무것도 존재하지 않는 공간을 떠올리는데, 물리학에서는 모든 장이 가질 수 있는 가장 낮은 에너지를 가진 공간이라고 보다 정교하게 정의한다. 대부분의 장에서 에너지가 어디서나 0으로 최소인 상태를 장이 "꺼져 있다"라고 한다. 일례로 전자장은 아무 곳에도 전자가 없을 때 에너지가 최소다. 힉스 장은 이런 면에서 특이한 존재다. 값을 0으로 만드는 데 에너지가 드는 것이다. 이 장의 에너지는 0보다 큰 값이 균일하게 분포할 때 최소가 된다.

힉스 장의 효과는 등방성 스핀 화살의 방향을 결정할 수 있는 기준 좌표를 제공하는 것이다. 힉스 장은 강입자 내부 가상의 공간에 다른 등방성 스핀 표시 화살들 위에 겹쳐진 화살로 표현된다. 힉스 장의 화살은 진공의 값에 의해 길이가 일정하다는 점에서 구분된다. 다른 등방성 스핀 화살의 방향은 힉스 장에 의해 정의된 축에 대해서 정의된다. 이를 이용해서 양성자와 중성자가 구분된다.

힉스 장의 도입이 게이지 대칭을 무너뜨리고 무한대 문제를 풀 수 없는 상태로 만들어버린다고 볼 수도 있다. 그러나 실제로는 게이지 대칭이 무너지는 것이 아니라 숨겨진다. 대칭성이 유지되면 등방성 스핀 화살이 각각의 위치에서 임의로 회전해도 모든 물리 법칙은 변함이 없다. 이 말은 화살 방향을 측정하려는 어떤 시도도 화살이 회전될 때의 물리량 변화가 반영되므로 결국 화살의 절대적 방향을 알 수 없다는 뜻이다. 힉스 장을 포함해도 화살의 절대적 방향은 여전히 알 수가 없는데, 이는 힉스 장을 표시하는 화살도 게이지 변환에 의해 함께 회전하기 때문이다. 측정이 되는 값은 힉스 장의 화살과 다른 등방성 스핀 화살 사이의 각도, 즉 상대적 방향뿐이다.

힉스 메커니즘은 물리학의 다른 분야에서는 이미 잘 정립된, 자발성 대칭 깨짐(spontaneous symmetry breaking)이라고 불리는 과정의 한 예다. 이 개념은 베르너 하이젠베르크(Werner Heisenberg)가 강자성(强磁性) 물질을 설명하면서 처음 도입하였다. 그는 강자성을 설명하는 이론이 공간의 어떤 방향도 특정할 수 없는 완벽한 기하학적 대칭을 갖는다고 지적했다. 어떤 물질이 자화(磁化)되면 하나의 축(자화 축)이 만들어진다. 이론은 대칭성을 지니지만 물체는 그렇지 않다. 마찬가지로 양-밀스 이론도 등방성 스핀 화살의 회전에 대해 대칭성을 유지하지만, 이 이론이 설명하는 대상(양성자와 중성자)은 대칭성을 보여주지 않는다.

힉스 메커니즘을 이용해서 어떻게 양-밀스 장 양자에게 질량을 부여할까? 그건 이렇다. 힉스 장은 스칼라 양이어서 크기 값만을 지니므로 이 장의 양자는 스핀이 0이어야 한다. 양-밀스 장은 전자기장처럼 벡터 장이고 스핀 값이 1인 양자로 표현된다. 보통 스핀이 1인 입자는 3개의 스핀 상태(같은 방향으로 평향, 반대 방향으로 평향, 운동 방향과 직각)를 지니나, 양-밀스 입자는 질량이 없고 빛의 속도로 움직이므로 특별한 경우에 해당한다. 직각 방향 상태가 없는 것이다. 이 입자에 질량이 있다면 이런 특수한 성질이 사라지고 3개의 스핀 상태가 모두 관측 가능해진다. 양자 역학에서 스핀 상태는 명확하게 정의되며, 다른 상태가 있다면 무언가 또 다른 원인이 있어야 한다. 이 경우엔 원인이 힉스 장이다. 각각의 양-밀스 양자는 1개의 힉스 입자와 합쳐진다. 그 결과 양-밀스 입자는 질량과 스핀 상태를 얻는 반면 힉스 입자는 사라진다. 압두스 살람이 이탈리아 트리에스테에 있는 국제 이론물리 센터에서 이 내용을 알기 쉽게 설명한 바 있다. 질량이 없는 양-밀스 입자들이 힉스 입자들을 "먹어서" 무거워지고, 먹힌 힉스 입자들은 유령이 된다고.

1971년, 펠트만이 필자에게 순수 양-밀스 이론의 재규격화 문제를 살펴보라고 권했다. 파인먼 다이어그램을 그리는 데 필요한 규칙은 이미 파데예프, 포포프, 프래드킨, 튜틴에 의해, 그리고 텍사스 대학교 오스틴 캠퍼스의 브라이스 디윗(Bryce S. DeWitt)과 캘리포니아 주립대학교 버클리 캠퍼스의 스탠리 만델스탐(Stanley Mandelstam)도 이들과는 독립적으로 같은 결과를 얻은 상태였다. 필자는 펠트만의 재규격화 연구 결과에 이 방법들을 적용하기로 했다.

이론적인 연구 결과는 매우 만족스러웠지만, 실제 현상에 적용하려면 양-밀스 장을 유한한 범위로 제한하는 방법이 무언가 필요했다. 당시 필자는 여름 학기에 독일 전자 싱크로트론 연구소(Deutsches Elektronen-SYnchrotron, 이하 DESY)의* 쿠르트 시만치크(Kurt Symanzik)와 페르미 국립 가속기 연구소의 벤저민 리(Benjamin W. Lee)가 전역 대칭성이 자발적으로 깨지는 이론적 모형의 재규격화를 어떻게 성공적으로 다루었는지를 배운 상태였다. 당연히 국지적 대칭이 무너지는 양-밀스 이론에 힉스 메커니즘을 적용해보는 것이 자연스러운 일이었다.

*독일을 대표하는 입자가속기 연구소다.

몇 가지 단순한 모형을 이용해 상당히 고무적인 결과가 나왔다. 교환된 게이지 입자가 몇 개이건, 파인먼 다이어그램의 닫힌 고리 수에 관계없이 모든 무한대 성분이 상쇄되었다. 확실한 입증은 닫힌 고리가 2개인 모든 가능한 다이어그램에 대해서 무한대가 어떻게 처리되는지를 컴퓨터 프로그램으로 확인한 후에 가능할 터다. 결과는 1971년 7월에 나왔다. 프로그램이 내어준 출력은 0의 연속이었다. 모든 무한대 값이 정확하게 상쇄되었다. 계속 살펴보자 매우 복잡한 파인먼 다이어그램에도 무한대 성분이 있었던 것이 드러났다. 필자의 연구 결과는 리와 파리 근교 사클레 핵연구 센터의 장 진쥐스틴(Jean Zinn-Justin)을 비롯한 다른 학자들에 의해 면밀하게 검토되었다.

양-밀스 이론은 강한 상호작용을 설명하려는 목적에서 시작되었지만, 재규격화가 적용된 후에는 주 관심 적용 분야가 약한 상호작용으로 옮겨갔다. 1967년 하버드 대학교의 스티븐 와인버그 그리고 (이후 독립적으로) 존스 홉킨스 대학교의 살람과 존 워드(John C. Ward)가 양-밀스 이론에 기반해 약한 상호작용을 설명하는 모형을 제안했다. 이 모형에서는 게이지 양자가 힉스 메커니즘을 이용해서 질량을 획득한다. 이들은 이 이론이 재규격화될 수 있다고 생각했지만 이를 보여주진 않았다. 이후 4년에 걸쳐 이들의 아이디어는 아직 실험되지 않은 여러 이론과 합쳐졌고, 필자의 연구 결과도 재규격화가 가능한 힉스 메커니즘을 이용하는 양-밀스 이론의 한 부류임이 드러났다. 약력에서 가장 의아한 특성은 작용 범위가 매우 짧다는 점이다. 약력은 양성자 반지름의 100분의 1 정도에 불과한 고작 10^{-15}센티미터 거리까지만 영향을 미친다. 기본적으로 약력은 작용 범위가 짧아서 힘의 강도가 낮다. 보통 입자들은 서로 작용할 만큼 충분히 가까이 접근하지 않는다. 작용 범위가 짧다는 것은 약한 상호작용에서 교환되는 가상의 입자가 굉장히 무거워야 한다는 의미다. 현재로서는 이 입자의 질량이 양성자의 80배에서 100배 사이여야 할 것으로 보인다.

사실 와인버그-살람-워드 모형은 약력과 전자기력을 포함한다. 이 모형을 떠받치는 기본 가정은 등방성 스핀에 대한 국지적 불변성이 유지된다는 것이다. 그러려면 원래 양-밀스 이론의 3개와 달리 4개의 광자와 비슷한 장이 필요해진다. 네 번째 광자는 전자기력의 태초의 형태일 가능성이 있다. 이 광자는 별다른 설명이 없는 채 이론에 포함되어야 했던 별개의 힘에 대응한다. 이런 이유로 이 이론은 통일장 이론이라고 불리지 못한다. 힘들은 여전히 하나의 이론으로 설명되지 못했다. 힘들이 서로 엮인 것 때문에 모형은 기이할 수밖에 없었다.

처음엔 와인버그-살람-워드 모형에 들어 있는 4개의 장 모두 작용 범위가 무한대이고 그 결과 장 양자는 질량이 없었다. 한 장은 장 양자가 음의 전하를 옮겼고, 또 한 장은 양의 전하, 나머지 두 장은 장 양자가 중성이었다. 자발적 대칭 붕괴는 힉스 장을 도입하게 만들었고, 각각의 장은 스칼라 입자로 표현되었다. 힉스 장 중 3개는 양-밀스 입자에 의해 흡수되었고 대전된 양-밀스 입자 2개와 1개의 중성 입자는 큰 질량을 지닌다. 이 입자들은 무거운 매개 벡터 보손이라고 불리며, 이름은 W^+, W^-, Z^0이다. 중성을 띠는 네 번째 양-밀스 입자는 질량이 없다. 바로 전자기력의 매개 입자인 광자다. 3가지 양-밀스 입자에게 질량을 부여하는 힉스 입자는 흡수되어 사라지므로 관측이 안 되지만, 마지막 힉스 입자는 흡수되지 않으므로 이를 생성할 정도로 충분한 에너지가 있다면 관측이 가능하다.

이 모형에서 가장 흥미로운 예측은 질량을 제외하곤 광자와 동일하고, 약력에 관한 이전의 어떤 이론에서도 나타나지 않던 Z^0의 존재다. Z^0가 없다면 어떤 약한 상호작용이라도 전하의 교환을 수반해야 한다. 이런 현상은 대전된 약작용 흐름(charged-weak-current)이라고 한다. Z^0는 중성 약작용 흐름(neutral-weak-current)이라는 새로운 종류의 약한 상호작용을 만들어냈다. 입자들은 전하를 전달하지 않으면서도 Z^0를 교환하여 상호작용을 하고 원래의 특성을 유지하는 것이 가능해진다. 중성 약작용 흐름은 1973년 CERN에서 처음으로 발견되었다.

강입자와 연관된 강한 상호작용에 대한 게이지 이론을 완성하려면 강입자에 대한 기본적 사실을 알아야 했다. 이들은 물질을 구성하는 기본 입자가 아니다. 강입자가 다른 입자의 결합체라는 아이디어는 1963년 캘리포니아 공과대학교의 머리 겔만이 처음으로 제시하였다. 비슷한 시기에 텔아비브 대학교의 유발 니이먼(Yuval Ne'eman)과 캘리포니아 대학교의 게오르크 츠바이크도 유사한 모형을 제안했다. 겔만은 강입자가 더 작은 입자로 구성되어 있다며 이 입자를 쿼크라고 이름 붙였다. 강입자는 쿼크의 결합 방식에 따라 2가지 형태로 만들어진다. 3개의 쿼크가 결합한 강입자를 중입자라고 하며, 양성자와 중성자가 여기에 속한다. 쿼크 1개와 반(反)쿼크 1개가 결합한 경우는 메손(meson)이라고 하며 파이온이 그 경우다. 지금까지 알려진 모든 강입자는 이 둘 중 하나다.

　모형이 처음 만들어졌을 때에는 '위(up)' '아래(down)' '기묘(strange)'의 3 가지 쿼크만 있었다. 이후 스탠퍼드 선형가속기 센터(SLAC)의 제임스 뵤르켄(James D. Bjorken)과 하버드 대학교의 셸던 리 글래쇼가 맵시(charm) 쿼크를 추가했다. 1971년에는 글래쇼와 파리 대학교의 장 일리오풀로스(John Iliopoulos), 로마 대학교의 루치아노 마이아니(Luciano Maiani)가 약한 상호작용 게이지 이론의 문제점을 해결하려면 기묘 쿼크가 필요하다는 것을 밝혀냈다. 결론적으로 게이지 이론과 쿼크 이론 모두가 성립하려면 기묘 쿼크가 존재해야 했다. 1974년 맵시 쿼크와 맵시 반쿼크로 이루어진 J 혹은 Ψ(프시)라고 불리는 입자가 발견되며 와인버그-살람-워드 모형이 더욱 설득력을 얻었고, 많은 물리학자들이 쿼크 모형을 진지하게 받아들인다. 현재는 마지막 2가지 쿼크인 '꼭대기(top)'와 '바닥(bottom)' 쿼크가 추가적으로 필요해 보인다.

　강한 상호작용에 관한 어떤 이론이건 목적은 쿼크가 결합해서 강입자가 되는 난해한 현상을 설명하려는 것이다. 메손은 쿼크와 반쿼크로 이루어졌고, 메손의 구조는 설명하기 어렵지 않다. 메손은 쿼크가 전하와 유사한 성질을 전달한다고 가정하려면 필요한 것이다. 쿼크와 반쿼크의 결합은 수소 원자에서 보듯 서로 다른 전하가 끌어당기는 것으로 설명할 수 있다. 반면 중입자의 구조는 수수께끼에 가깝다. 3개의 쿼크가 결합하는 상태를 설명하려면 3가지 전하가 서로 끌어당겨야 한다.

　강력을 설명하는 이론은 이를 잘 설명한다. 전하에 해당하는 성질은 색(비

록 눈에 보이는 색깔과는 아무 관련이 없지만)이라고 불린다. 색(color)이라는 어휘
가 선택된 이유는 강입자를 구성하는 규칙을, 가능한 쿼크의 조합이 '흰색'이
되거나 색이 없어지게 하면 간결하게 설명할 수 있어서다. 쿼크에는 기본적으
로 적색, 녹색, 청색이 할당된다. 반쿼크는 이에 대응하는 반색(反色)으로* 사
이언, 마젠타, 노란색이 할당된다. 각각의 쿼크
맛은 3가지 색을 띨 수 있으므로, 색 개념을 추
가하면 쿼크가 9가지가 된다.

　쿼크의 색을 섞어서 흰색을 만드는 방법은
2가지다. 모든 기본색을 섞거나, 기본색 하나를 이에 대응하는 반색으로 섞는
것이다. 중입자는 첫 번째 방법으로 만들어진다. 중입자를 구성하는 3개의 쿼
크는 색이 달라야 하므로 기본색 3가지가 모두 들어 있어야 한다. 메손에서는
항상 기본색과 이에 대응하는 반색이 결합한다.

　이런 당황스런 상호작용을 QED에 직접적으로 적용한 것이 양자 색역학
(QCD)이다. QCD는 비아벨 게이지 이론이다. 게이지 대칭은 쿼크 색의 국지
적 변환에 대해 불변이다.

　전역적 색 대칭은 이해하기 쉽다. 강입자의 등방성 스핀 상태와 마찬가지
로 쿼크의 색은 가상의 내부 공간에서의 화살의 방향으로 표시할 수 있다. 3
분의 1회전을 계속하면 적색 쿼크를 녹색으로, 청색으로, 다시 적색으로 바꿀
수 있다. 중입자의 경우에는 3개의 화살이 있고 각각 3개의 색을 가리킨다.
전역 대칭 변환은, 정의에 따라, 세 화살 모두에 같은 방식으로 동시에 영향을

미친다. 예를 들어 세 화살이 시계 방향으로 3분의 1씩 회전하는 식이다. 이런 변환을 하면 3개의 쿼크 색이 모두 바뀌지만, 이들 쿼크로 구성된 강입자의 특성에는 변화가 없다. 여전히 3개의 색을 지니는 쿼크가 있고, 중입자의 경우에는 여전히 색이 없는 상태가 유지된다.

QED에서는 대칭 변환이 국지적일 때도 이 불변성이 유지되어야 한다. 힘이나 상호작용이 없으면 불변성은 명백하게 사라진다. 국지적 변환에 의해 한 쿼크의 색이 바뀔 수 있지만, 나머지 쿼크의 색은 그대로일 수 있고, 이렇게 되면 강입자는 색깔을 띤다. 다른 게이지 이론에서와 마찬가지로 국지적 대칭 변환에서 불변성을 회복하는 방법은 새로운 장을 도입하는 것이다. 이 경우 QED에서 필요로 하는 장은 전자기장과 비슷하지만 그보다 8배나 많은 구성 요소가 있으므로 훨씬 복잡하다. 강력이 만들어지는 것이 바로 이 장에 의해서다.

색장(色場, color field)의 양자는 글루온(gluon)이라고 부른다. 이들이 쿼크를 붙여(glue)놓기 때문이다. 글루온은 8가지가 있고, 모두 질량이 없으며 스핀 각운동량이 1이다. 즉 글루온은 광자처럼 질량이 없고 벡터 보손이다. 또한 광자와 마찬가지로 전기적으로 중성이지만 색은 중성이 아니다. 각각의 글루온은 1가지 색과 1가지 반색을 띤다. 색과 반색의 조합은 9가지가 가능하지만, 조합해서 흰색이 되는 경우는 제외되어 8개의 글루온 장이 존재한다.

글루온은 다음과 같은 방법으로 국지적 대칭을 유지한다. 한 쿼크는 다른 쿼크와 관계없이 독립적으로 색을 자유롭게 바꿀 수 있으나, 전자가 위상을 바꿀 때 광자를 방출하듯 쿼크의 색이 변할 때는 항상 글루온이 방출된다. 글루온은 빛의 속도로 움직이고 다른 쿼크에 흡수되는데, 글루온을 흡수한 쿼크는 글루온을 방출한 쿼크의 색이 변한 것을 보상하는 쪽으로 색이 변한다. 예를 들어 적색 쿼크가 녹색이 되는 과정에서 방출된 글루온에는 녹색과 반녹색이 들어 있다. 이 글루온은 녹색 쿼크에 흡수되어 녹색과 반녹색이 모두 사라지고 녹색 쿼크가 적색으로 변한다. 그리하여 처음과 마찬가지로 녹색 쿼크와 적색 쿼크가 하나씩 존재한다. 글루온의 역할 덕분에 쿼크 색이 수시로 바뀌어도 강입자의 색은 언제나 변함이 없다. 모든 강입자는 흰색이고, 강력은 결국 이 상태를 유지하기 위한 움직임에 다름 아니다.

글루온 장의 복잡성에도 불구하고, QED와 QCD는 굉장히 비슷한 형태를 지닌다. 특히 광자와 글루온은 스핀 값, 질량과 전하가 없다는 점에서 동일하다. 그럼에도 쿼크들끼리의 상호작용은 전자의 상호작용과 상당히 다르다는 점은 주목할 만하다.

전자와 쿼크는 각각 묶여서 원자와 강입자가 된다. 전자는 독립된 입자로서 관측이 된다. 원자에서 전자를 분리시키는 데는 그리 많은 에너지가 필요하지 않다. 그러나 독립된 입자로서의 쿼크는 발견된 적이 없다. 강입자를 분리하는 일은 아무리 많은 에너지를 가한다고 해도 불가능해 보인다. 쿼크는 너무나 강하게 묶여 있어 분리가 불가능하다. 그러나 역설적이게도, 강입자의 내부 구조를 살펴보면 쿼크가 아무것에도 묶이지 않은 듯 자유롭게 움직이고 있다.

글루온도 실험에서 직접 관측된 적은 없다. 이론적으로는 분명히 존재하므로 질량이 없는 입자를 가정한 순수 양-밀스 이론에 반대하는 의견도 있다. 광자와 아주 유사한 질량 없는 입자가 존재한다면, 관측이 손쉬울 터이고 이미 오래전에 발견되었어야 한다는 것이다. 물론 힉스 메커니즘을 이용해서 글루온에게 질량을 부여할 수도 있다. 하지만 그러려면 무려 8개의 글루온이 겉으로 드러나지 않도록 이론이 만들어져야 하므로 훨씬 힘든 일이다. 또한 질량이 더 크거나 고에너지 가속기 실험에서 글루온이 관측되었어야 한다. 그러나 만약 질량이 크다면 쿼크를 묶는 힘이 미치는 범위가 너무 작아진다.

이 진퇴양난이라고 할 만한 문제를 푸는 또 다른 방법이 색장을 변경하는 대신 그 특징을 면밀히 관찰한 끝에 발견되었다. QED의 재규격화 논의 중, 필자는 고립된 전자조차도 지속적으로 방출과 흡수를 반복하는 가상의 입자 구름으로 둘러싸인 점을 지적하였다. 가상의 입자는 광자처럼 중성을 띤 것뿐 아니라 전자와 양전자처럼 서로 반대 전하를 띤 입자 쌍들로 이루어져 있다. 이 구름 안에 있는 대전된 가상의 입자들은 통상적으로 전자가 원래 지닌 '무한한' 음 전하를 숨긴다. 전자 원래의 전하 부근에서는 전자-양전자 쌍이 약간 극성을 띤다. 가상의 양전자는 원래 전하의 영향 아래서는 가상의 전자보다 평균적으로 약간 음의 성질을 가지므로 밀려난다. 그 결과 원래의 전하는 부분적으로 중성화된다. 먼 거리에서 보면 원래의 전하와 가상의 양전자가 가리는 전하의 차이가 보이는 것이다. 이 가림 효과를 들춰내고 보려면 10^{-10}센티미터 이하의 거리에서 관측해야만 한다.

색전하에 대해서도 마찬가지 방식이 적용될 거라고 생각하는 편이 타당하고, 실제로도 그렇다. 적색 쿼크는 쿼크와 반쿼크 쌍으로 둘러싸여 있으며 이 구름의 반적색 전하는 중심 쿼크에게 끌리며 쿼크의 전하를 가린다. 그런데 QCD에는 QED에는 없는, 이 현상과 함께 나타나는 효과가 있다. 광자가 전하를 운반하지 않으므로 전하를 가리는 직접적 효과가 없는 반면, 글루온은 색전하를 갖고 있다.(이 차이로 인해서 QED는 아벨 군 이론이고 QCD는 비아벨 군 이론이 된다.) 가상의 글루온 쌍도 색을 띤 쿼크 주변에 구름을 만들지만, 글루온 구름은 색을 완화하기보다 오히려 강화한다. 마치 글루온의 적색 성분이 적색 쿼크에 끌리며 전체적으로 이를 더 강하게 만드는 셈이다. 만약 쿼크의 맛이 17개 이하라면(현재까지 6개만이 알려져 있다), 글루온에 의한 "반가림(antiscreening)"의 영향이 가장 크게 된다.

글루온의 이런 이상한 특성은 계산에 의해서 얻어진 것이며, 그 결과의 의미는 계산이 어떤 식으로 이루어졌느냐에 따라 달라진다. 필자가 계산했을 때는 글루온의 자기장과 유사하게 색이 원인인 것으로 나타났다. 가상의 쿼크가 항상 반쿼크와의 쌍으로 나타나는 반면 가상의 글루온은 1개만 방출될 수도 있음은 중요한 면이다. 색전하를 띠는 글루온 1개는 다른 두 색전하 사이에서 작용하는 힘을 강화하는 역할을 한다.

이 "반가림"효과의 결과, 단일 쿼크의 실질적 색전하는 거리가 멀어질수록 더 강하게 나타난다. 멀리 떨어진 쿼크는 쿼크와 글루온의 상승 작용에 의해 더 강해진 색전하의 영향을 받는다. 일단 글루온 구름을 통과한 후의 가까운 거리에서는 이보다 작은 원래의 색전하가 영향을 미친다. 그러므로 강입자를 구성하는 쿼크는 마치 고무줄로 묶인 것과 비슷하다고 보면 된다. 아주 가까운 거리에서는 고무줄의 효과가 거의 없어서 쿼크가 거의 자유롭게 움직이지만, 멀리서 보면 쿼크들이 고무줄에 묶여 있어 옴짝달싹 못하는 것이다.

가상의 글루온들이 극을 띤다고 보면 가까운 거리에서 쿼크의 움직임을 상당히 정확하게 설명할 수 있다. 묶는 힘이 약해지는 거리에서는 입자의 움직임이 잘 계산된다. 먼 거리에서의 상호작용 그리고 특히 쿼크와 글루온이 자유 입자가 되지 못하는 이유는 글루온 반가림의 동일한 메커니즘 때문으로 보인다. 두 색전하가 서로 떨어질 때 이들 사이에 작용하는 힘은 무한히 강해지는 듯하며, 결국 미시적으로 이들을 분리하려면 무한한 에너지가 필요해 보인다. 결과적으로 쿼크 가둠 현상은 게이지 이론의 특수한 수학적 성질과 관련된 것일 수 있다. 쿼크 가둠 현상이 아주 단순화된 이론에서 발견된 점은 매우 고무적이다. 정교한 이론에서는 힘이 아주 커지는 상황에서의 계산은 어떤 방법으로도 성공하지 못했지만, 여전히 이론은 타당해 보인다. 쿼크와 글루온은 아마도 강입자 내부에 영원히 갇혀있다고 보면 된다.

QCD의 주된 이론이 맞다면, 색 대칭은 완벽하게 대칭이고 입자의 색은 구분이 불가능하다. 결국 이 이론은 최초에 양과 밀스가 제안했던 종류의 순수 게이지 이론이다. 게이지 장은 태생적으로 작용 범위가 크고 광자장과 상당히 흡사하다. 그러나 이들 장에서는 양자 역학적 제약이 아주 강하므로 관측 결과는 전자기력의 경우와는 아주 다를 것이고 모든 종류의 입자가 가둬진다는 결론에 도달할 수도 있다.

게이지 이론이 타당하다고 해도 항상 유용한 것은 아니다. 실험 결과를 예측하기 위한 계산은 지루하고, QED를 제외하고는 정확도도 높지 않다. 쿼크 가둠 문제가 아직 풀리지 않은 것은 주로 실질적이고 기술적인 이유 때문이다. 양성자를 쿼크와 글루온으로 묘사하는 방정식은 중간 크기의 핵을 양성자와 중성자로 표현하는 것과 비슷하게 복잡하다. 양쪽 방정식 모두 완벽하게 풀리지 않는다.

이런 한계에도 불구하고 게이지 이론은 기본 입자와 입자들 사이 상호작용을 이해하는 데 지대한 공헌을 했다. 중요한 지점은 국지적 대칭 원리가 보여주는 철학적 매력도 개별 이론들의 설득력도 아니다. 그보다는 현재 상호작용이 아주 강하지 않은 입자들에 관해 진행 중인 모든 이론에 대한 확신이 점차 깊어지고 있다는 점이다. 실험에 의하면 입자 사이의 거리가 10^{-14}센티미터 이내가 되면 알려진 힘이건 아니건 모든 힘의 전체 상호작용 크기가 아주 작아지는 것으로 나타난다.(쿼크는 특별한 경우다. 쿼크 사이의 상호작용은 작지 않지만, 이 상호작용은 가상 입자에 의한 것으로 볼 수 있고, 가상 입자들 사이의 상호작용은 크지도 작지도 않다.) 그러므로 기존 게이지 이론들을 실험 결과에 적용하는 체계적인 방법을 찾아보는 일은 합리적으로 보인다.

게이지 이론은 수학적으로 아주 탄탄하지만, 다소 조절할 여지가 있다. 즉 입자들 사이 예측된 상호작용의 크기는 이론의 구조뿐 아니라, 자유롭게 값을 지정하지만 분명히 자연의 상수임에 분명한 특정 변수에 할당된 값에 따라서 결정된다. 이 상수들의 값을 얼마로 보건 이론 자체의 타당성은 확고하게 유지되지만, 실험 결과는 예측 값에 어떤 값을 부여했느냐에 크게 영향을 받는다. 실험을 통해 이 상수들 값을 측정할 수는 있지만, 이론에서는 알 방법이 없다. 전자의 전하량이나 전자와 쿼크 같은 기본 입자의 질량 등이 이런 경우다.

게이지 이론의 강점은 알아내야 하는 이런 변수 값이 상대적으로 적다는 것이다. 알려진 모든 힘을 설명하는 데 대략 18개의 상수 값을 알면 된다. 15년 전까지도 이해 불가였던, 서로 강하게 작용하는 입자들 사이의 얽히고설킨 관계가 불과 몇 개의 변수만 포함한 이론을 통해서 밝혀지는 것이다. 이 값들 중 3개는 무시해도 될 만큼 작다.

임의로 값을 지정할 수 있는 변수가 다룰 수 있을 정도로 줄어든다고 해도 여전히 그 역할은 핵심적이다. 이들 변수의 값이 왜 각각의 값을 갖는지를 설명할 방법은 없다. 게이지 이론에서 밝혀지지 않은 근본적 질문들은 결국 이들 자연 상수의 값으로 향한다. 쿼크와 다른 기본 입자들은 왜 그런 질량을 가졌는가? 힉스 입자의 질량을 결정하는 것은 무엇인가? 전하의 기본 값과 색력의 크기를 정하는 것은 무엇인가? 이런 질문에 대한 답은 기존의 게이지 이론이 아니라 훨씬 복잡한 이론에 의존해야 한다.

보다 포괄적인 이론을 만들려면 이미 입증된 이론을 활용할 필요가 있다. 전역적 대칭이 유지되는 이론에 국지적 대칭을 적용하는 방법이 자연스럽다. 꼭 그래야 하는 것은 아니지만 효과적이기 때문이다. 전기와 자기에 대한 맥스웰의 이론과 와인버그-살람-워드 이론이 전자기력과 약력을 합친 것을 생각해보면, 와인버그-살람-워드 이론과 QCD를 합한 무언가 더 포괄적인 이론도 가능하다. 이런 이론은 원칙적으로 기존 게이지 이론을 토대로 만들어져야 한다. 자연의 보다 광범위한 대칭성이 발견되어야 한다. 이 대칭성이 국지적인 것이 되면 강력, 약력, 전자기력을 만들어낸다. 덤으로 극단적으로 약해서 아직까지 발견되지 않은 새로운 힘이 나타날 수도 있다.

이런 이론에 대한 연구가 지속되고 있고, 최근 쿼크와 강입자 사이, 전자를 포함한 유사 입자 사이의 변환이 가능한 대칭성에 연구가 집중되고 있다. 필자의 의견으로는 지금까지 제안된 이론들은 그다지 설득력이 있어 보이지 않는다. 힘들 사이에서 관측된 차이를 설명하려면 이런 이론에서 가정하는 전체적 대칭성이 무너져야 하고, 그러려면 여러 개의 힉스 장이 있어야 된다. 결과적으로 이런 이론은 이 이론들이 대치하려는 더 단순한 이론만큼의 임의의 상수를 포함한다.

최근 통일 이론을 만들려는 보다 원대한 목적으로 상당히 다른 접근이 이루어졌고 여기에는 '초대칭(supersymmetry)'과 '초중력(supergravity)' 개념이 쓰인다. 이 이론은 다양한 값의 각운동량을 갖는 한 종류의 입자만 도입한다. 지금까지는 스핀 값이 다르면 다른 종류로 분류된다. 초대칭 이론의 타당성은 아직 입증되지 않았지만, 상당히 고무적인 것은 사실이다. 초대칭 이론에서는 중력자를 포함한 수백 개 입자에 각각 조절 가능한 변수가 불과 몇 개로 제한된다. 지금까지의 연구 결과는 현실과 그리 비슷하진 않지만, 1954년의 시점에서는 양-밀스 이론도 마찬가지였다.

*좁은 의미에서는 양자 역학과 특수 상대성이론을 결합한 이론이다. 양자 전기역학이나 표준 모형이 대표적인 예다. 넓은 의미에서는 비상대적이지만 양자화된 장을 다루는 이론도 포함한다. 응집물질물리학에서 다루는 양자장론이 이 경우에 속한다.

오랜 세월 동안 가장 심혈을 기울여 찾으려 했던 통일된 형태는 다양한 양자장 이론과* 일반 상대성 이론을 조화롭게 합치는 것이었다. 중력장은 재규격화가 불가능한 양자론으로 표현할 수밖에 없어 보인다. 극단적으로 가까운 거리(10^{-33}센티미터)와 짧은 시간(10^{-44}초)에서는 시공간 자체의 양자적 출렁임이 중요해지고, 시공간의 연속성이란 무엇인가라는 근본적 질문을 야기한다. 오늘날 게이지 이론뿐 아니라 기존의 모든 물리학 이론이 갖는 한계가 바로 여기에서 비롯한다.

1-3 물질은 몇 가지 족으로 나뉠까

게리 펠드먼 · 잭 스타인버거

우리가 사는 우주는 3개의 기본 입자로 이루어져 있다. 위 쿼크와 아래 쿼크 그리고 전자다. 별, 행성, 분자, 원자(그리고 우리 인간도) 모두 이 3가지 조합으로 이루어진 셈이다. 이 입자들이 전자의 짝이면서 중성이고 질량이 없는 중성미자와 어우러져 물질의 제1족(族, family)을* 형성한다.

* 물리학회 공식 용어집에는 원문 'family'에 해당하는 내용이 없고, 학계에서 가족, 세대 등이 혼용되고 있으나 적절치 않아 보여서, 가장 의미가 가까운 단어인 '족'으로 통일해 옮겼다.

자연이 이렇게 단순할 리만은 없다. 자연에는 질량이 있다는 점만 빼면 제1족과 똑같은 족이 2가지 존재한다. 왜 자연에는 같은 패턴의 물질이 3가지나 있는 것일까? 그 이유는 아직 모른다. 이에 대한 답을 제시하는 이론은 없다. 3가지 이상일 수는 있을까? 최근의 연구에 따르면 그럴 가능성은 없다.

1989년 봄, 스탠퍼드 선형가속기 센터(SLAC)와 제네바 근교에 위치한 유럽 입자물리 연구소(CERN)가 공동 실험을 진행했다. 연구팀은 전자(e-)와 양전자(e+)를 충돌시켜 Z 입자를** 생성하기 위해 서로 다르게 설계된 설비를 이용했다.

** Z^0라고도 하며, 제트 제로 혹은 제트 노트(naught)라고 발음한다.

지금껏 관측된 가장 무거운 입자인 Z는 질량이 양성자의 100배 또는 은 원자와 거의 같은 수준에 이른다. 앞으로 더 살펴보겠지만, 이 질량은 사실 평균값이다. Z 입자는 수명이 아주 짧아서 Z 입자의 질량은 약간씩 다르다. 이런 질량의 범위를 질량 폭이라고 부르며, 이 값은 물질의 족 수에 의해 결정된다. 질량 폭은 실험을 통해 측정 가능하므로, 물질의 족이 몇 가지인지 추론이 가능하다. 이 글은 이와 관련한 실험에 대한 내용을 담았다.

이 실험 결과가 어떤 방향을 가리키는지 생각해보자. 지난 25년간 기본 입자와 이들 사이 상호작용에 대한 체계적 지식은 주목할 만한 진전을 보여준 바 있다. 지금까지 알려진 입자들은 페르미온(fermion)과 게이지 보손(gauge boson)으로 나뉜다. 페르미온은 스핀이 1/2로, 각운동량이 1/2h이다. 여기서 h는 운동에서의 플랑크 단위로 10^{-27}에르그초(ergsecond)이다. 페르미온 입자들은 물질의 구성 요소로 봐도 무방하다. 스핀이 1인, 즉 각운동량 1h 입자들은 게이지 보손이라고 불린다. 이 입자들은 페르미온들 사이에서 힘을 교환하는 매개 역할을 한다. 입자들은 스핀 값 이외에 전하, 질량이나 입자들끼리 가능한 조합 등의 특성에서도 차이를 보인다.

이들 입자 사이에서 알려져 있는 상호작용은 모두 3가지 종류로, 전자기력·약력·강력이다.(네 번째 상호작용인 중력은 기본 입자 수준의 세계에서는 무시할 정도로 작으므로 여기서는 고려하지 않는다.) 이 3가지 상호작용이 다르게 보이긴 해도, 어느 것이나 페르미온이 게이지 보손을 교환하면서 일어나는 현상이라는 점에서 수학적으로는 상당히 비슷하다.

전자와 원자핵이 결합해서 원자를 구성하는 것과 같은 전자기 상호작용은 전자기력의 게이지 보손인 광자를 교환하며 이루어진다. 약한 상호작용은 무거운 보손들인 W^+, W^-, Z 보손에 의해 매개되고, 강한 상호작용은 8개의 질량이 없는 보손인 '글루온'에 의해 매개된다. 예를 들어 양성자는 페르미온에 속하는 3개의 쿼크가 글루온을 교환하면서 묶인 것이다.

이 상호작용들은 고에너지 충돌에 의해 입자가 만들어지는 현상도 설명한다. 광자가 전자와 양전자로 변환되는 경우가 대표적인 예다. 전자가 양전자와 엄청난 고에너지로 충돌하여 소멸하면서 Z 입자를 만들어내는 경우도 마찬가지다.

게이지 이론의 발전은 입자물리학에서 놀랄 만큼 아름다운 진보를 이루어냈다. 전자기력과 약한 상호작용의 통합은 1968년에서 1971년 사이에 이루어졌다. 이 "전기약($電氣弱$, electroweak)" 이론에 의해 중성 약한 상호작용(neutral weak interaction)이 예견되었고, 실제로 1973년 CERN에서 발견되었으며 무거운 매개 보손들인 W^+, W^-, Z^0가 10년 뒤 역시 CERN에서 발견된다.

강한 상호작용에 관한 게이지 이론은 1970년대 초반에 큰 진전을 이뤘다. 이 이론은 강력을 "색(color)"을 가진 쿼크의 개념을 이용해서 설명했기 때문에 양자 색역학이라고 불린다. 하지만 이름과는 달리 색이 보이는 것은 아니다. 여기서 색의 역할은 힘의 특성을 만들어낸다는 점에서 전자기에서 전하의 역할과 같다. 그러나 전자기 전하가 1가지 상태(양 또는 음)만을 갖는 것에 반해서 색은 3가지 상태가 있다. 쿼크는 적색, 녹색, 청색 중 하나를 띤다. 반쿼크는 반적색, 반녹색, 반청색이다.

이 두 게이지 이론의 예측과 더불어, 모든 기본 현상이 모두 상당히 높은 정확도로 실험을 통해 관측되었다. 하지만 이론이 포괄적이라고 해서 모형이 완벽하고 모든 것이 해결되었다는 의미는 아니다. 게이지 이론은 입자의 질량이 생기는 이유를 알려주는 소위 힉스 입자가 존재한다고 본다. 아마도 이 입자나 이를 대신할 만한 무언가가 발견되어야만 물리학자들의 마음이 편해질 것이다. 게이지 이론에는 상호작용의 연계 강도와 입자의 질량과 같은 몇 가지의 상수들이 포함된다. 이론이 완성되려면 이 값들도 알아내야 한다.

전기약 이론의 규칙 중에는 페르미온들이 쌍으로 존재해야 한다는 점도 있다. 전자와 전자 중성미자가 그런 쌍이다. 이런 입자들은 상대적으로 가볍기 때문에 경입자라고 부른다. 각각의 입자에 대응하는 반입자가 존재한다는 규칙도 있다. 다만 전자의 반입자는 반전자가 아니라 양전자라고 부른다. 전자 중성미자의 반입자는 전자 반중성미자이다. 입자와 반입자가 충돌하면, 이들은 쌍소멸 하면서 다른 입자를 만들어낸다. 이런 반응이 앞으로 살펴볼 실험의 기본 토대다.

이론에 허점이 생기는 일을 방지하려면, 경입자 쌍과 쿼크 쌍을 대응시킬 필요가 있다. 전자는 경입자 중에 가장 가벼운 입자이므로 가장 가까운 쿼크인 위 쿼크 및 아래 쿼크와 대응한다. 쿼크는 자유로운 상태의 입자로서, 관측된 적이 없다. 항상 다른 쿼크나 반쿼크와 결합한 상태로만 발견된다.

예를 들어 양성자는 2개의 위 쿼크와 1개의 아래 쿼크로 이루어져 있고, 중성자는 2개의 아래 쿼크와 1개의 위 쿼크로 구성된다. 제2족 모두와 제3족의 대부분은 고에너지 실험을 통해서 존재가 확인되었다. 각 경우에 입자들은 앞의 족보다 훨씬 무겁다.(중성미자는 예외) 제2족에 속하는 2가지 경입자는 뮤온과 뮤온 중성미자로, 이들을 구성하는 쿼크는 맵시 쿼크와 기묘 쿼크다. 제3족은 2가지 경입자(타우와 타우 중성미자)와 바닥 쿼크다. 쿼크 중에서 남은 하나인 꼭대기 쿼크는 전기약 이론에서 아주 중요한 존재다. 이 쿼크는 아직 발견되지 않았지만, 대부분의 물리학자들은 이 입자의 존재를 확신하며, 단지 현재의 입자가속기로 발견하기에는 너무 무거울 뿐이라고 본다.

제2족과 제3족에 속하는 입자들은 모두 불안정하다.(이번에도 중성미자는 예외다.) 이 입자들은 100만분의 1초에서 10조분의 1초 사이에 붕괴해서 더 가벼운 입자들로 변한다.

전기약 이론에서 입자들을 분류하는 데는 근본적인 문제가 둘 있다. 첫째, 이 이론에 의하면 페르미온은 쌍으로 존재해야 하는데, 몇 개의 쌍으로 하나의 족이 만들어지는지가 불분명하다. 각 족에 경입자와 쿼크 이외에 아직까지 발견되지 않은 다른 입자가 있어서 안 될 이유는 없다. 이 가능성에 많은 동료 학자들이 관심을 보이지만, 아직까진 새로운 입자가 발견된 적은 없다. 둘째, 이 이론은 이 글의 핵심 질문에 대한 답을 제시하지 못한다. 바로 물질에는 몇 가지 족이 있는가 하는 질문 말이다. 기존 가속기가 만들어내기에는 너무 무거운 입자들로 이루어진 새로운 족이 있는 건 아닐까?

오늘날 물리학자들이 할 수 있는 일이라곤 관측된 입자들을 이론에 이리저리 끼워 맞춰 보는 것뿐이다. 그럼에도 몇 가지 패턴은 알아낼 수 있다. 특정 종류의 입자(예를 들어 대전된 경입자라던가 색전하가 +2/3 혹은 -1/3인 쿼크)들은 다음 족에 속하는 입자들의 질량이 훨씬 크다. 가장 적게 증가하는 경우가 제2족인 뮤온에서 제3족에 속하는 타우 경입자의 사례인데, 이때도 질량이 17배나 증가한다.

각 족 안에서 발견되는 놀라운 특징이 또 있다. 경입자들은 항상 쿼크보다 가볍고, 모든 경입자 쌍에서 항상 중성미자가 훨씬 가벼운 입자다. 사실 중성미자가 질량을 갖고 있는지는 아직 확실치 않다. 실험에 의하면 질량의 상한선만 알 수 있을 뿐이다.*

*이 글은 1991년에 쓰였고 중성미자가 질량을 갖고 있다는 사실은 1999년에 확인되었으나 아직 정확한 값은 측정되지 않았다.

중성미자의 질량이 작다는 사실은 이 글에서 입자들의 족을 나누는 방법에 있어서 핵심이라고 할 수 있다. 현존하는 가속기로는 4, 5, 6족에 속하는 쿼크와 경입자가 있다고 해도 만들어내기 어려울 정도로 무거울 수 있으나, 이런 입자들이 있다고 해도 이에 대응하는 중성미자의 질량이 아주 작거나 없을 가능성이 매우 높다. 이런 중성미자의 질량은 아마도 거의 분명히 Z 보손의 절반 이하일 것이다. 그러므로 이런 중성미자가 존재한다면 방대한 중성미자 쌍으로 붕괴하는 유일한 입자인 Z가 붕괴하는 과정에서 발견될 가능성이 높다.

안타깝게도 중성미자는 강한 상호작용이나 전자기력에 관여하지 않으므로 관측하기가 어렵다. 중성미자는 '약력'을 통해서만 물질과 접촉하고 여기엔 충분한 이유가 있다. 대부분의 중성미자는 아무런 반응 없이 지구를 그대로 통과한다. 앞으로 설명할 실험에서, 중성미자의 존재는 간접적으로 확인되었다.

실험은 Z 입자를 만드는 것에서부터 시작된다. Z는 통합 운동 에너지의 정지 질량(rest mass, 이 질량에 해당하는 에너지로 표현된다)과 Z의 정지 질량의 차이가 되는 속도로 전자-양전자 쌍을 충돌시켜 만들어진다. 전자와 양전자 같은 경입자의 정지 질량은 아주 작으므로, Z 입자가 만들어지려면 전자 빔의 에너지 수준을 Z 질량의 절반 수준인 455억 전자볼트라는 아주 높은 수준까지 올려야 한다.

만약 Z가 아주 안정적이라면, 빔 에너지는 에너지와 운동량을 보존하기 위해서 정확하게 이 값이어야 할 것이다. 그러나 만약 Z가 입자들로부터 만들어진다면 Z 또한 다시 입자로 붕괴해야 하므로 그런 완벽한 안정성은 만들 수 없다. 실제로는 Z가 붕괴하는 방법이 여러 가지다. 어떻게 붕괴하건 Z의 수명은 짧아진다.

이 글의 서두에서 Z는 수명이 짧아 그 질량을 정확히 알 수 없고, 부정확한 정도에 따라 물질의 부류를 정할 수 있다고 한 바 있다. 왜 그래야 하는지 설명해보겠다. 하이젠베르크의 불확정성 원리에 따르면 어떤 상태가 유지되는 시간이 짧을수록 그 상태의 에너지는 불확실성이 커진다. Z의 수명이 짧으므로 Z의 에너지(혹은 질량)는 불확실성을 띨 수밖에 없다. 이 의미는 특정 Z의 질량은 정확하게 측정할 수 있지만, 각각의 Z 질량은 조금씩 다를 수 있다는 뜻이다. 여러 개의 Z의 질량을 측정해서 그래프로 나타낸다면, 종 모양의 분포를 보인다.* Z가 붕괴하는 속도가 빠를수록 그래프의 폭이 넓어진다.

*도수(度數) 분포 곡선이 평균값을 중앙으로 하여 좌우 대칭을 이루는 정규 분포에 가깝다는 의미다.

그래프는 충돌 에너지를 변화시키면서 생성되는 Z 입자의 수를 세어서 그린다. 측정값의 최고점은 빔 에너지 전체의 값인 910억 전자볼트에서 나타난다. 이때 최고점을 공명(共鳴, resonance)이라고 하는데, 이 공명 곡선의 폭이 Z 입자 질량의 불확실한 정도를 나타낸다.

그래프에 나타난 곡선의 폭은 각각의 Z가 붕괴하는 방법의 불확실성의 합이기도 하다. 알려진 붕괴 방법은 질량이 Z 질량의 절반 이하인 모든 페르미온의 입자와 반입자 쌍으로 Z가 변하는 것이다. 즉 3가지의 대전된 경입자, 5가지 쿼크, 3가지 중성미자를 의미한다. Z의 질량의 절반보다 가벼운 페르미온이 또 존재한다면 Z는 이 입자들로도 붕괴할 것이고, 이 또한 그래프에 나타날 것이고 이때 그래프의 폭은 더 넓어지게 된다.

지금까지의 실험 결과로 보아서는 새로운 입자가 나타나지 않았으므로, 이런 입자가 존재하지 않거나 있어도 질량이 Z의 절반 이상이라고 판단할 수 있다. 그러나 만약 무거운 입자들이 존재한다면 (이전에 논의했듯이) 그 중성미자들의 질량은 여전히 Z 질량의 절반보다 훨씬 작아야 한다. 그러므로 Z가 붕괴해서 이런 입자가 될 수 있고 중성미자들이 실험에서 직접 관찰되지는 않는다고 해도, 존재한다면 Z의 그래프 폭에 영향을 미쳐야 한다. 이것이 물질의 족을 찾아내는 실험의 기본 원리다.

전기약 이론에 의하면 지금까지 알려진 방법에 의한 영향을 거의 1퍼센트 정확도로 예측할 수 있다. 쿼크 결합 17.4테라전자볼트, 대전된 경입자 8350만 전자볼트, 중성미자 1억 6600만 전자볼트다.

존재한다고 가정한 중성미자(결과적으로는 족)의 수가 늘어나면, Z 그래프 폭의 예측치는 더 넓어진다. 동시에 최고치는 폭의 제곱만큼 낮아진다. 그래 프의 폭이나 높이로부터 몇 가지의 족이 존재하는지를 유추할 수 있다. 통계 학적 관점에서 보자면 후자가 더 효과적이다. 물질의 족 수를 직접적 실험을 통해 알아내려면 다량의 Z 입자를 만들어내야 하고 그러려면 전자-양전자의 쌍소멸 과정을 잘 이해해야 한다.

CERN의 연구진은 전통적 형태의 대형 전자-양전자 충돌기(Large Electron-Positron Collider, 이하 LEP)를 어마어마한 규모로 만드는 것으로 이 문제에 대 응했다. 둘레 길이가 27킬로미터에 이르는 이 원형가속기는 스위스 제네바와 프랑스에 걸친 쥐라 산맥 지하 50미터에서 150미터 깊이에 건설되었다. 원통 속에서 두 빔을 전파를 이용해서 가속하면, 두 빔은 서로 반대 방향으로 가속 기 내부에서 진행한다. 곡선 구간에서는 전자석이 빔의 방향을 바꾸어 네 곳 에서 두 빔이 충돌하며 이런 곳마다 대형 검출기가 설치되어 있다.

원형 구조의 가속기는 빔이 무한히 가속기 내부를 순환하면서 계속 충돌하 도록 만들 수 있다는 장점을 지닌다. 단점은 대전된 입자가 자기장에 의해 휠 때 일어나는 싱크로트론 복사(synchrotron radiation) 현상으로 인한 에너지 손 실이다. 이 정도 에너지 수준에서 싱크로트론 손실은 X선 방출로 나타나는데 빔 에너지의 4제곱에 비례하고, 원형가속기의 반지름에 반비례한다. 그러므 로 이를 줄이려면 가속기에 엄청난 에너지를 퍼붓든지 가속기의 지름을 늘려 야 한다. 물론 둘 다 할 수도 있다. 최적의 결과가 얻어진다면 빔 에너지의 제곱만큼 비용이 늘어난다. 대형 전자-양전자 충돌기는 이런 종류의 가속기 중에서는 경제적으로 감당할 수 있는 구조인 편이다.

스탠퍼드 대학교에서는 스탠퍼드 선형 충돌기(Stanford Linear Collider, 이하 SLC)를 이용해서 고에너지 상태에서 전자와 양전자를 충돌시킨다. 여기서는 전자와 양전자가 3킬로미터 길이의 직선 가속기 내부에서 가속되는데, 이 가속기는 LEP와는 목적이 다르다. 발사된 전자와 양전자는 직선을 지나 길이 2킬로미터의 원형 통로를 각각 통과한 후 충돌하고 사라진다. 원형 구간에서 싱크로트론 복사로 인해 전자와 양전자가 2퍼센트 가까운 에너지를 잃지만, LEP처럼 입자가 계속 순환하지 않으므로 문제가 되지 않는 수준이다. 충돌 위치에는 검출기가 설치되어 있다.

LEP는 효율적인 도구다. 전자와 양전자 빔이 가속기 내에서 계속 순환하면서 매초마다 대략 4만 5,000번의 충돌이 일어난다. SLC 빔은 최대 120번 정도다. 그러므로 SLC는 효율을 높일 필요가 있고, 이는 빔이 만나는 곳의 단면적을 극단적으로 작게 만드는 방법으로 가능하다. 이 면적이 작을수록 전자와 양전자가 충돌할 확률이 높아진다. SLC 빔의 지름은 400만분의 1미터로, 머리카락 지름의 5분의 1 정도에 불과하다.

SLC의 목적 중의 하나는 이런 형식의 충돌기 건설이 타당한지 확인하는 데 있었다. 실제로 SLC를 통해서 이런 선형 가속기에서 의미 있는 수의 충돌을 만들어낼 수 있음이 확인되었고, SLAC와 CERN에서 선형 가속기 연구가 촉진되었다. 그러나 현재 SLC에서 Z 입자의 생성율은 LEP의 100분의 1 수준에 머무르고 있다.

많은 물리학자로 이루어진 연구팀이 대형 검출기에서 얻은 결과를 분석한다. SLC에 설치된 검출기는 마크2(Mark II)라고 불리며, LEP에 설치된 검출기 네 대의 이름은 각각 알레프, 오팔, 델파이, 엘3(Aleph, Opal, Delphi, L3)이다. SLAC 연구진은 150여 명의 물리학자로 구성되어 있다. 반면 CERN의 각 연구팀은 400여 명이며 이들은 20여 나라의 대학과 연구소에 소속되어 있다.

검출기의 기능은 특히 대전된 강입자가 충돌할 때의 에너지와 방향을 가능한 한 많이 알아내고 이때의 특성을 파악하는 것이다. 검출기 구조는 겹겹으로 이루어진 양파 층과 비슷하다. 안쪽에는 입자를 추적하는 장치가, 바깥쪽에는 에너지를 측정하는 장치가 있다. 추적 장치는 대전된 입자의 각도와 운동량을 측정한다. 입자의 궤적은 충돌로 인해 일어나는 이온화 흔적이 특정한 가스 내부에 남는 현상을 이용해서 알아낸다. 반도체 검출기와 빛을 내는 플라스틱 섬유 같은 다른 장치도 이용된다.

궤적 추적 장치는 보통 입자의 경로를 운동량과 반대 방향으로 휘게 만드는 강한 자기장이 있는 곳에 설치된다. 이 궤적이 휘는 정도를 측정하면 입자의 운동량을 측정할 수 있고, 결과적으로 에너지를 계산할 수 있다.(이런 실험에서는 입자의 에너지와 운동량이 거의 다르지 않다.)

에너지 검출계는 밀도가 높은 매질과 입자가 일으키는 상호작용에 의한 에너지를 측정하는 방법으로 중성 입자와 대전된 입자의 에너지를 측정한다. 측정된 에너지를 매질의 입상도(粒狀度, granularity)를 고려하여 최종적인 값을 구한다. 에너지 검출계가 동작하는 방법은 여러 가지다. 가장 흔한 방식은 얇은 막 형태로 된 납, 우라늄, 철 같은 고밀도 매질과 입자 궤적의 흔적이 남는 소재로 된 막을 겹쳐 만든 구조를 이용하는 것이다.

입자는 이런 구조물을 통과하면서 구조물의 원자 속 전자에 충돌하며 흔적을 남긴다. 흔히 쓰이는 매질은 액체 및 기체 상태에서 유기 가스와 결합한 아르곤이다. 플라스틱 섬광체(閃光體)는 다른 방식으로 동작한다. 입자가 이 매질을 통과할 때면 빛을 내므로 이 빛의 강도를 측정하는 것이다. 에너지 검출계는 보통 2개 층으로 이루어지는데, 내부 층은 전자와 광자의 측정에, 외부 층은 강입자의 측정에 적합하게 만들어져 있다.

반응의 결과를 모두 측정하려면, 검출계가 반응이 일어나는 점을 기준으로 모든 입체각에 대해서 동작해야 한다. 이런 검출계 개발의 선구 역할을 한 것이 1970년대의 SLAC였다. LEP에 있는 알레프 검출기에서는 양전자와 전자의 쌍소멸에 의해 만들어지는 입자를 여러 단계를 거쳐 추적한다.

반응이 일어나는 곳 옆에 위치한 실리콘 판에 궤적의 앞쪽 끝부분이 1000만분의 1미터(머리카락 지름의 반 정도) 정확도로 남는다. 8개 층으로 이루어진 감지용 전선이 강력한 전기장을 이용해서, 가스 분자를 구성하는 전자 가운데 날아오는 입자에 충돌한 전자의 궤적을 지름 60센티미터인 내부 밀실 공간에서 감지한다. 전기장은 입자가 원통형 밀실 공간의 양쪽 끝으로 휘도록 만들고, 이것이 증폭되어 5만 개의 작은 실리콘 조각에 감지되는 것이다. 각각의 전자가 발생한 지점은 실리콘에 도착한 점과 도달 시간을 이용해서 계산한다.

다음 단계는 반응에 의해 만들어진 결과물을 전자-광자 검출계에 보내주는 일이다. 이 결과물들은 1만 5,000가우스(G)의 자기장을 만들어내는 축에 감긴 초전도 코일을 통과해서 강입자 에너지 검출계에 도달한다. 이 장비는 연속된 철판 사이에 가스 계수기가 설치되어 있는데, 일반적인 전자석과 마찬가지로 결과적으로 자속(磁束)을 만들어낸다. 알레프의 무게는 4,000톤이고 제작비는 6000만 달러에 달했다. 매번 50만 가지에 가까운 정보를 읽고 분석하려면 이에 상응하는 컴퓨터 장비가 필요하다.

처음 몇 달 동안 이 두 충돌기에서 수집된 데이터는 전기약 이론의 예측 결과에 매우 부합하였다. 특히 Z 입자의 분포 곡선을 높은 정확도로 설명한다는 점이 중요했다.

관측된 전자-양전자 쌍소멸의 거의 대부분은 4가지 종류 결과물을 만들어냈다. 88퍼센트는 쿼크와 반쿼크, 나머지 12퍼센트는 타우 경입자와 반타우 경입자, 뮤온과 반뮤온, 전자와 양전자인 경우가 같은 비율로 나타났다.(마지막 경우는 쌍소멸의 구성물과 결과물이 뒤바뀐 셈이다.)

전자와 뮤온으로 붕괴하는 경우에는 운동량(즉 에너지)이 결합된 빔 에너지의 절반에 해당하는 2개 궤적이 보였다. 두 결과물은 에너지 검출계에서 전혀 다른 특성을 보였으므로 쉽게 구분이 가능했다. 타우 경입자로 붕괴하는 경우는 관측이 가능한 제삼의 입자로 순식간에(불과 1밀리미터 이동 후에) 바뀌므로 좀 더 복잡하다. 타우 경입자는 1개의 궤적 혹은 아주 가깝게 붙은 여러 궤적을 남긴다. 두 경우 모두 반대 방향에서 오는 다른 타우 경입자의 궤적과 거울 대칭이 된다.(그 결과 운동량이 보존된다.)

　대부분 현상을 설명할 수 있는 쿼크는 독자적으로 혹은 '쿼크만 있는' 상태로는 관측되지 않는데, 이는 쿼크가 만들어지자마자 결합하면서 강입자가 형성되기 시작하기 때문이다. 각각의 쿼크는 평균 15개의 강입자 Z의 "옷을 입는"데, 그중 3분의 2는 대전된 입자들이다. 이처럼 4가지 주요 붕괴 중에 가장 복잡한 경우가 일어날 때는 보통 스스로 연속적인 분사가 일어나면서 여러 궤적이 만들어진다. 이 글에서 설명하는 내용은 LEP 연구팀 네 곳과 SLAC 연구팀 한 곳에서 얻은 8만여 회 가까운 Z 입자와 쿼크 붕괴 통합 관측 결과에 근거한 것이다.

　Z가 얼마나 만들어지는가 하는 것은 에너지를 이용해서 알 수 있다. 생성 확률은 몇 가지 에너지를 통해서 측정된다. 에너지가 최고일 때, 평균 이하 혹은 이상일 때 등이다. 당연히 빔의 에너지를 정확히 아는 것이 중요하다. 두 곳의 충돌기는 매우 다른 방법으로 에너지를 측정했지만, 양쪽 모두 정교한 방법을 사용했고 정확도가 1만분의 3 이내였다.

　앞에서 이야기했듯, Z 공명 그래프의 전체 폭은 에너지가 최고일 때의 값 혹은 공명 곡선의 폭을 이용해서 구할 수 있다. 그래프 높이가 통계적 오차는 더 작지만 충돌이 일어나는 비율과 두 빔의 입자가 교차하는 비율까지 알아야 한다는 단점이 있다. 후자의 비율을 충돌기의 광도(光度)라고 한다.

　서로 완벽히 마주보고 오던 같은 종류, 같은 크기의 입자가 부딪히는 단순한 경우에는 광도가 각각의 교차점에서 전자 수와 양전자 수의 곱을 매초당 교차하는 수로 곱한 뒤 빔의 단면적으로 나눈 것과 같아진다. 실제로 광도는 전자와 양전자가 아주 비스듬히 부딪혀서 별다른 상태의 변화 없이 산란하는 현상이 나타나는 비율을 측정해서 얻는다. 소위 이런 탄성 충돌 효과를 기록하기 위해 빔 파이프의 축과 약간 어긋나게 아주 작은 각도를 포함하는 범위에 특수한 검출계가 2개 설치되어 있다. 그중 하나는 충돌이 일어나는 면 앞쪽에, 다른 하나는 뒤쪽에 놓여 있다. 알레프에는 아주 입상도가 높은 전자-광자 에너지 검출계가 설치되어 있다.

튕겨져서 흩어진 전자와 양전자는 이들 입자의 에너지가 검출기에 남기는 특징적 패턴 그리고 두 검출기에 부딪히면서 완벽하게 나란한 모습으로 나타나는 경로를 이용해서 식별이 가능하다. 요점은 입자가 기록되는 원리, 특히 아주 작은 각도로 휘는 입자의 경우를 완벽하게 이해하는 것이다. 검출률은 이 각도의 변화에 굉장히 민감하게 반응하므로 아주 중요한 요소다.

최종으로 얻은 데이터와 이론적 결과를 맞춰볼 때는 3가지 변수를 고려해야 한다. 그래프 최고점의 높이, 좌우 폭, Z의 질량이다. 실제로 측정 데이터는 이론적으로 예상되는 분포와 잘 들어맞는다. 다음 단계는 중성미자 부류의 수를 두 독립 변수인 그래프 폭과 최고점 높이로부터 결정하는 일이다.

다섯 연구팀의 결과를 종합하면 실험 불확실성 0.09로서 평균 3.09가지 중성미자가 있는 것으로 나타났다. 이 값은 정수에 가깝고(당연히 그래야 한다) 이미 알려진 중성미자 종류의 수와 일치한다. 이 결과와 달리 네 번째 중성미자 족이 존재하려면 질량이 400테라전자볼트를 넘어야만 하는데, 기존 3가지 중성미자의 작은 질량을 고려할 때 이럴 가능성은 거의 없다.

실험 결과는 은하 혹은 전체 우주적 관점에서 이루어진 연구의 증거들에도 잘 부합한다. 천문학자들은 우주에 존재하는 헬륨을 비롯해 가벼운 원소에 대한 수소의 비율을 오래전부터 측정했다. 우주론 학자들과 천체물리학자들은 이들 비율에 대한 다양한 추론을 제시한다.

우주가 시작되고 팽창하게 된 엄청난 대폭발 직후에는 본래 양성자와 전자가 합쳐져서 만들어지는 중성자가 양성자-전자로 붕괴할 정도로 물질의 온도가 매우 높았다. 그 결과 중성자와 양성자 수가 비슷해졌다. 그러나 우주가 팽창하면서 온도가 내려가자, 약간 더 무거운 중성자가 양성자로 변하는 경우가 양성자가 중성자로 변하는 경우보다 많아진다. 그 결과 양성자에 대한 중성자의 비율은 지속적으로 낮아지고 있다.

폭발로 인해 우주 온도가 10억 켈빈(K)에* 이르자 양성자와 중성자의 융합이 가능해져서 몇 가지 가벼운 원소, 주로 헬륨이 만들어졌다. 가벼운 원소가 우주에 존재하는 양은 이런 원소들이 만들어지던 시기의 중성자-양성자 비율에 달려

*절대 온도의 단위. 절대 온도 0℃는 0K로 나타내며, 0켈빈은 -273.15℃와 같다. 물의 삼중점에서의 열역학적 온도를 273.16켈빈으로 정의한다.

있다. 이 비율은 결국 우주가 어떤 속도로 팽창하고 냉각했느냐에 따라 결정된다. 이 단계에서 가벼운 각각의 중성미자 족(즉 질량이 100만 전자볼트보다 작은 모든 것들)이 에너지 밀도와 냉각 속도에 중요한 역할을 한다. 가벼운 원소들 양을 측정한 결과는 중성미자에 3가지 족이 존재한다는 우주론적 모형에

들어맞고, 4가지 혹은 그 이상의 족이 있다고 가정한 이론과는 맞지 않는다.

아직도 풀리지 않은 의문은 많다. 왜 입자의 종류가 단지 3가지뿐인가? 어떤 법칙에 의해 이들의 질량이 결정되고, 10억 년이나 존재하는가? 이런 문제는 오늘날 입자물리학의 핵심에 자리한다. 물질의 족이 몇 가지인가를 알면 그 답에 한 걸음 더 다가갈 수 있다.

기본 입자의 3가지 족

전하	질량(GeV)		
	전자 족	뮤온 족	타우 족
쿼크 2/3	위 약 0.01 GeV	맵시 약 1.5 GeV	꼭대기 최소 89 GeV 아직 관측되지 않음 (지금은 발견되었고 173 GeV : 옮긴이)
	←──── 상대적인 질량 비교 ────→		
-1/3	아래 약 0.01 GeV	기묘 약 0.15 GeV	바닥 약 5.5 GeV
	←──── 상대적인 질량 비교 ────→		
경입자 0	전자 중성미자 〈2×10^{-8} GeV	뮤온 중성미자 〈2×10^{-4} GeV	타우 중성미자 〈0.035 GeV
	←── 알려지지 않은 질량 ──→ (현재는 모두 확인되었음-옮긴이)		
-1	전자 〈5.11×10^{-4} GeV	뮤온 0.106 GeV	타우 1.78 GeV
	←──── 상대적인 질량 비교 ────→		

1-4 쿼크와 경입자의 구조

하임 하라리

지난 100년간 물질의 궁극적 구조를 알아내려는 노력 끝에 물질이 4단계로 이루어졌음을 알아냈다. 모든 물질은 원자로 이루어져 있다. 원자는 무거운 핵이 전자구름으로* 둘러싸인 형태다. 핵은 중성자와 양성자로 구성된다. 최근에는 양성자와 중성자 또한 더 작은 입자의 복합체임이 밝혀졌다. 이것이 쿼크다. 그다음은 무엇일까? 공 안에 또 공이 담긴 식의 과정이 드디어 끝나서, 쿼크는 더 이상 작은 입자로 나누어지지 않을 가능성이 아주 높다. 전자도 포함되는 경입자 또한 기본 입자로서 더 이상 나눌 수 없다. 그러나 일부 물리학자들은 물질의 가장 기본적 구성 요소가 모두 발견되었다는 사실을 확신하지 못한다. 이들은 쿼크와 경입자도 내부 구조가 있을지 모른다고 생각한다.

> *원자, 분자 안에 있는 전자의 공간적 분포 상태를 구름에 비유하여 이르는 말.

　내부에 또 다른 구조가 있을 가능성을 찾는 주된 동기는 물질의 구성 요소가 불과 몇 가지에 불과해야 한다는 확신(혹은 편견)이다. 단순한 원리가 세상을 지배할 거라는 원칙을 물리학은 언제나 받아들여 왔고, 지금까진 실제로도 그랬다. 물질을 구성하는 기본 요소의 목록은 19세기에 원소 주기율표가 만들어지고 원자의 종류가 100에 가까워질 만큼 믿기 어려울 정도로 길어졌다. 원자의 구조를 파악하고 나자 이 문제가 해결이 되었고, 1935년에는 기본 입자의 종류가 양성자, 중성자, 전자, 중성미자의 단 4가지에 불과하게 된다. 이런 단순한 세계관은 1950년대와 1960년대에 다시 무너진다. 양성자와 중성자가 오늘날 강입자(hadron)라고 불리는 굉장히 여러 입자들로 이루어졌음이 드러난 것이다. 1960년대 중반에는 물질의 기본 요소가 다시 100개 가까이로 늘어났다. 이번에는 쿼크가 숨통을 틔워주었다. 처음 만들어진 모형에 따르면 모든 강입자는 불과 3가지 쿼크의 조합이었다.

그런데 쿼크와 강입자 자체가 많아지면서 무언가 단순한 것이 있지 않을까 하는 생각이 싹튼다. 처음 모형에는 3개의 쿼크밖에 없었지만, 발전된 모형에는 쿼크가 18개에 이르렀고, 6개의 경입자와 힘을 매개하는 12개의 다른 입자들이 존재하는 수준에 이른 것이다. 물질의 근본 구성 요소가 36개에 달한다는 사실은 일부 물리학자에게는 만족스럽지 않은 상황이었고, 쿼크와 경입자가 더 발견되지 말라는 법도 없었다. 이럴 때는 입자의 구조를 더 파고들어가는 기본 요소의 수를 줄일 수 있는 가장 단순하면서 가능성이 있는 접근 방법이다. 그렇다면 모든 쿼크와 경입자는 원자와 강입자처럼 더 작은 입자로 구성되어 있을 터이고 물질을 구성하는 근본 요소의 수는 급격히 줄어들 수 있다. 눈에 보이는 자연의 다양성은 그저 이런 요소의 조합에 따른 결과일 뿐인 것이다.

아직까지 쿼크와 경입자에 내부 구조가 있을 가능성은 전혀 없다. 경입자는 10^{-16}센티미터까지 들여다봤지만 경입자가 점 같은 입자이며 내부 구조가 없다는 가정을 뒤엎을 만한 어떤 증거도 발견되지 않았다. 또한 쿼크는 그 단독으로는 관찰이 불가능하므로 내부 구조가 있다 해도 알아내기는 더욱 어렵다. 아주 이론적인 개념으로도, 이들이 다른 입자로 구성되어 있다는 생각에는 문제가 있다. 아직까지 쿼크나 경입자 내부에서 다른 입자가 어떤 식으로 움직이는지, 서로 어떻게 작용하는지에 대한 이론이 전혀 만들어지지 않았기 때문이다. 게다가 이런 입자들은 상상할 수 없을 정도로 작아야 한다. 원자 크기가 지구 정도라면, 가장 내부의 구성 입자 크기는 포도알 정도여야 한다. 그럼에도 쿼크와 경입자가 내부 구조를 갖는 모형은 미학적 관점과 상상력 측면에서 굉장히 매력적이다. 복잡한 현실 세계가 불과 몇 가지 기본 요소로 이루어진 셈이기 때문이다.

물질의 기본 입자에 관한 어떤 이론이라도 이들 사이에 작용하는 힘과 힘을 지배하는 자연법칙을 고려해야 한다. 아무리 기본 입자의 수를 줄이더라도 힘의 종류와 물리 법칙의 종류가 늘어나면 아무 소용이 없다. 물리학의 역사를 돌이켜보면, 입자 수와 힘의 종류의 수 사이에는 서로 증감이 반복되어 왔다.

1800년경에는 4가지의 기본적인 힘이 존재한다고 여겼다. 중력, 전기력, 자기력, 물질이 이루어지도록 분자들 사이 근거리에서 작용하는 힘이 그것이다. 실험과 이론의 발전에 힘입어 전기와 자기가 근본적으로 같은 힘이라는 것이 밝혀졌고, 이에 따라 명칭도 전자기력으로 바뀌었다. 원자의 구조가 드러나며 다시 한 번 변화가 일어난다. 원자 전체로는 전기적으로 중성이지만 원자의 구성 요소들은 전하를 띠며, 분자 수준의 근거리에서 작용하는 힘은 양성자와 음의 전하를 띤 전자 사이 전자기력의 잔류 효과다. 두 중성 원자가 멀리 떨어져 있으면, 둘 사이에는 실질적으로 전자기력이 존재하지 않는다. 그러나 거리가 가까우면, 한쪽 원자 내부의 대전된 입자가 다른 쪽 원자 내부의 전하를 '보고' 영향을 주므로 다양한 종류의 밀고 당기는 작용을 일으킨다.

이런 과정을 거치면서 물리학에는 기본 힘 둘만이 남았다. 전기와 자기의 통합으로 1개가 줄고, 분자의 상호작용은 기본 힘이 아니라 기본 힘이 작용하고 남은 힘에 의한 결과임이 드러났다. 남은 두 기본 힘, 즉 중력과 전자기력은 둘 다 먼 거리에서 작용하는 것들이다. 그런데 핵의 구조를 연구함에 따라 근거리에서 작용하는 두 힘이 발견된다. 강력(strong force)은 핵 안에 중성자와 양성자를 붙들어 두고, 약력(weak force)은 방사성 원자핵의 베타 붕괴에서처럼 특정 입자가 다른 입자로 변환하도록 매개한다. 결국 기본 힘은 다시 4가지가 되었다.

퀴크 모형이 만들어지고 퀴크 상호작용 이론이 모습을 갖춰가면서 힘의 종류를 다시 정리할 필요가 생겼다. 양성자나 중성자 내부의 퀴크들은 색력(color force)이라는 이름의, 먼 거리에서 작용하는 새로운 기본 힘에 의해 묶인 것으로 보았다. 색력은 퀴크에 작용하는 색전하(color charge)라는 새로운 종류의 전하를 갖는다.(힘과 전하 모두 통상적으로 이야기하는 색깔과는 아무 관련이 없다.) 원자가 전하를 띤 요소들로 이루어져 있지만 원자 자체는 중성이듯, 양성자와 중성자도 색전하를 띤 퀴크로 이루어졌음에도 색을 띠지 않는다. 2개의 색이 없는 양성자가 멀리 떨어져 있으면 이들 사이에는 아무런 색력이 존재하지 않지만, 거리가 가까워지면 한쪽 양성자 내부의 색을 띤 쿼크가 다른 쪽 양성자 내부의 색전하를 "본다." 가까운 거리에서의 밀고 당김은 강력의 결과임이 드러난 바 있다. 다른 말로 하자면 가까운 거리에서의 분자 사이 힘이 먼 거리에서의 전자기력 잔류 효과에 의한 것이듯, 가까운 거리에서의 강력은 먼 거리에서의 색력 잔류 효과라는 뜻이다.

자연의 힘에 대한 간략한 설명에 덧붙일 것이 하나 있다. 전자기력과 약력 사이에는 심오하면서 아름다운 연관이 있음이 드러났으며, 그 결과 이 둘은 거의 완벽하게 통합된다. 그러나 색력과 약력은 밀접하게 연결되어 있지만 전기와 자기만큼 가깝지는 않으므로 여전히 별개 힘으로 분류된다. 그리하여 현재 기본 힘으로 간주되는 것은 여전히 4가지다. 원거리에서 작용하는 중력, 전자기력, 색력과 근거리에서 작용하는 약력이다. 현재 우리가 지닌 이 지식을 이용해서, 모든 자연현상은 이들 사이의 잔류 효과로 설명이 가능하다.

입자와 힘에 대한 개념은 명백하게 서로 독립적으로 이루어졌다. 새로운 기본 입자가 발견되면 기존 입자가 복합 구조물이 된다. 새로운 힘이 발견되면, 기존 힘은 통합되거나 새 힘의 효과에 의한 결과적 현상으로 다뤄진다. 입자와 힘의 목록은 물질을 점차 미시적으로 들여다보고 이론적 이해가 깊어짐에 따라 수시로 변경되었다. 한쪽 목록이 바뀌면 다른 쪽도 필연적으로 변해야 했다. 쿼크와 경입자 구조에 대한 최근의 접근도 예외가 아니다. 대응하는 힘의 목록이 바뀔 수밖에 없다. 그러나 변화가 있더라도 목록이 더 단순해질지는 두고 봐야 한다.

오늘날 자리 잡은 4가지 기본 힘 중에서 중력은 분명히 별개로 취급될 필요가 있다. 중력은 개별 입자의 상호작용에서 관측되기엔 너무 약하고, 미시적 수준에서는 제대로 이해되지도 못하고 있다. 나머지 3가지 힘에 관해서는 이를 설명하는 이론이 성공적으로 만들어졌고, 대체로 무리 없이 받아들여진다. 각 3가지 힘에 대한 이론은 별개지만, 서로 일관성이 있다. 이들을 모으면 기본 입자와 그 상호작용에 관한 강력한 모형이 만들어지는데, 이를 표준 모형이라고 부른다.

표준 모형에서, 더 이상 나눌 수 없는 입자는 쿼크와 경입자다. 경입자에 대해서 먼저 이야기하는 쪽이 편하다. 경입자는 6가지가 있다. 전자와 그 짝이 되는 전자 중성미자, 뮤온과 뮤온 중성미자, 타우와 타우 중성미자다. 전자, 뮤온, 타우는 전하 값이 −1이다. 세 중성미자는 모두 전기적으로 중성이다.

쿼크는 6가지가 있고, 위(up), 아래(down), 맵시(charm), 기묘(strange), 꼭대기(top), 바닥(bottom)이라는 이름이 붙어 있다.(꼭대기 쿼크와 타우 중성미자는 아직 발견되지 않았지만, 이의 존재를 의심하는 물리학자는 거의 없다.) 위, 맵시, 꼭대기 쿼크의 전기 전하는 +2/3이고, 아래, 기묘, 바닥 쿼크는 −1/3이다. 또한 쿼크 각각은 적색, 황색, 청색의 3가지 색을 가질 수 있다. 그러므로 각각의 색을 띤 쿼크를 별개 입자로 간주한다면 18가지 쿼크가 존재하는 셈이다. 각 쿼크는 색전하와 전기 전하를 띠지만 경입자에는 색이 없다는 점을 기억할 필요가 있다.

모든 입자는 대응하는 반입자(antiparticle)가 있으며 반입자는 원래 입자와 질량은 같지만 전하와 색전하가 반대다. 전자의 반입자는 양전자이며 전하는 +1이다. 전하가 +2/3인 적색 위 쿼크의 반입자는 위 반쿼크로, 색전하는 반적색이고 전하는 −2/3이다.

쿼크의 색은 많은 면에서 전기 전하와 비슷하지만, 가능한 색이 3가지이므로 훨씬 복잡하다. 전기적으로 대전된 입자는 양전하와 음전하의 양이 같도록 하는 오직 한 방법으로만 중성이 될 수 있다. 색을 띤 쿼크로 이루어졌으며 색이 중성인 복합 입자도 색을 띤 쿼크와 반색을 띤 반쿼크가 결합하는 비슷한 방식으로 이루어져 있다. 그런데 색전하의 경우에는 중성을 띠도록 하는 또 다른 방법이 존재한다. 3가지 색 모두가 동일한 양, 혹은 3가지 반색 모두가 동일한 양 들어 있는 모든 복합체는 색이 중성이다. 그러므로 1개의 적색 쿼크, 1개의 황색 쿼크, 1개의 청색 쿼크로 이루어진 양성자는 색을 띠지 않는다.

쿼크와 경입자의 추가적 특징도 짚어볼 필요가 있다. 각각의 입자는 일종의 태생적 각운동량이라 할 수 있는 스핀 값이 양자 역학에서의 각운동량 기본 값의 반이다. 스핀이 1/2인 입자가 직선을 따라 움직일 때, 진행 방향과 같은 선상에서 입자를 바라보면 입자 고유의 회전 방향이 시계 방향 또는 반시계 방향으로 보인다. 스핀이 시계 방향이라면 오른손 엄지를 펴고 이것을 진행 방향으로 볼 때 스핀의 방향이 나머지 네 손가락의 방향과 같으므로 이 입자의 스핀은 오른쪽이라고 이야기한다. 반대의 경우에는 당연히 왼쪽이라고 부른다.

표준 모형에서 쿼크와 경입자에 영향을 미치는 3가지 힘은 근본적으로 동일한 수학적 구조로 묘사할 수 있다. 이를 게이지 불변 장 이론(gauge-invariant field theory) 혹은 간단하게 게이지 이론이라고 한다. 힘이 한 입자에서 다른 입자로 전해질 때는 이를 매개하는 장(field)이 필요하고, 장은 게이지 보손(gauge boson)이라는 이름의 매개 입자로 볼 수 있다.

전자기력의 게이지 이론은 양자 전기역학(QED)이라고 부르며, 3가지 이론 중 가장 최초로 만들어졌으면서 가장 단순한 형태다. QED는 1940년대에 리처드 파인먼, 줄리언 슈윙거, 도모나가 신이치로가 제안하였다. QED는 전기적으로 대전된 입자들, 특히 전자와 양전자 사이 상호작용을 잘 설명한다. 이 상호작용을 매개하는 게이지 보손은 광자 하나로, 이는 전자기 복사에서 친숙한 입자이며 질량이 없고 전하를 띠지 않는다. 아마도 QED는 물리학 역사에서 가장 면밀하게 실험으로 검증된 이론일 것이다. 예를 들어 이 이론에 의하면 전자의 자기 운동량을 최소 유효숫자 10자리까지 정확하게 예측할 수 있다.

색력 이론은 QED와 유사한 방법을 이용해 만들어졌으며 양자 색역학(QCD)이라고 부른다. QCD는 거의 20년 세월에 걸쳐 수많은 이론물리학자의 노력이 결집된 결과물이다. QCD에 의하면 입자는 전하가 아니라 색전하에 의해 상호작용이 이루어진다. 강입자 내부에서 쿼크를 붙들어 매는 역할을 하는 QCD의 게이지 보손은 글루온이라는 이름을 지닌다. 광자와 마찬가지로 글루온도 질량이 없지만, 광자는 단 1가지인데 비해 글루온은 8가지나 있다. 그리고 더 중요한 차이점이 있다. 광자가 전자기력의 매개체이긴 해도, 전기적으로 대전되어 있지 않으므로 광자 스스로 전자기력을 만들어내지 않는다.(적어도 의미 있는 크기로는 만들지 않는다.) 반면에 글루온은 색전하를 띠고 있다. 글루온은 쿼크 사이에서 색력을 매개하지만 스스로도 색을 띠고, 색력에 반응한다. 이처럼 힘의 매개체가 힘에 반응하는 특성 때문에 색력을 수학적으로 완벽하게 분석하는 작업은 아주 어렵다.

QCD에서 특이한 점 하나는 색 가둠 현상이다. 이는 색력이 색전하를 띤 물체(쿼크와 글루온 같은)를 묶어두어 이 결합 입자가 결과적으로 색전하를 띠지 않도록(양성자나 중성자처럼) 만드는 것이다. 색을 띤 입자는 이 결합 입자에서 분리될 수 없다.(다른 입자와 결합해서 색을 띠지 않는 결합 입자를 만들 수는 있다.) 물리학자들은 색 가둠 현상 때문에 쿼크나 글루온을 절대로 단독으로 관찰할 수 없다고 생각한다. 색 가둠 현상이 물리학계에서 널리 받아들여지고 있긴 하나, 필자는 QCD 이론이 입증된 것은 아니라는 점을 지적하고 싶다. 아직 우리가 모르는 어떤 일이 있을지 아무도 모른다.

약력은 다른 두 힘과는 약간 다르지만 여전히 크게 보아 같은 종류의 게이지 이론으로 설명이 가능하다. 약력에 관한 이론은 1960년대에서 1970년대 초반에 걸쳐 연구되었고, 전자기력과 중요한 관계가 있다는 사실이 수많은 연구에 의해 밝혀졌다. 여기에 크게 기여한 학자들을 연대순으로 나열해보면 하버드 대학교의 셸던 리 글래쇼, 텍사스 주립대학교 오스틴 캠퍼스의 스티븐 와인버그, 이탈리아 트리에스테에 있는 국제 이론물리 센터의 압두스 살람,

위트레흐트 대학교의 헤라르트 엇호프트 등이다.

이상한 일이지만 약력이 작용하도록 하는 전하는 입자의 회전 방향과 관련이 있다. 왼손 방향 쿼크와 경입자, 오른손 방향 반입자는 약한 전하를 띠며, 오른손 방향 입자와 왼손 방향 반입자는 약력에 대해 중성이다. 더 신기한 것은 약전하(weak charge)가 자연 상태에서 보존되지 않는다는 점이다. 무에서 전하가 만들어질 수도 있고, 전하가 그야말로 진공으로 사라질 수도 있다. 이와는 대조적으로 독립된 입자의 전기 전하는 변하지도 않고, 색전하도 변하지 않는다. 약력은 작용 범위가 극단적으로 짧다는 특징도 있다. 약력의 효과는 양성자 지름의 겨우 1,000분의 1에 불과한 10^{-16}센티미터까지만 미친다.

이후에 좀 더 설명하겠지만 약력에 대한 게이지 이론은 약전하가 보존되지 않고 작용 거리가 짧은 이유를 자발적 대칭 붕괴라는 메커니즘으로 설명한다. 지금으로선 대칭 붕괴 메커니즘에 대해 입자의 질량이 운동 에너지에서 거의 무시할 만큼 영향이 작아지는 극단적 고에너지 상태에서 약전하와 입자의 스핀 방향이 보존된다고만 이해해도 충분하다.

자발적 대칭 붕괴가 가능하려면 약력을 매개하는 게이지 보손의 질량이 커야 한다. 실제로 이 보손의 질량은 양성자의 100배에 가깝다. 표준 모형에는 이런 보손 3가지가 있다. 그중 2가지인 W^+와 W^-는 전기 전하와 약전하를 운반한다. 세 번째 보손 Z^0는 전기적으로 중성이다. 이 보손들의 큰 질량은 약력이 근거리에서만 작용하는 이유를 설명해준다. 양자 역학의 불확정성 원리에 따르면, 힘의 작용 범위는 그 힘을 매개하는 입자의 질량에 반비례한다. 그러므로 질량이 없는 게이지 보손에 의해 매개되는 전자기력과 색력은 작용 범위가 무한대이고, 약력은 그 범위가 극단적으로 작아지는 것이다. 자발적 대칭 붕괴로 인한 또 다른 결과도 있다. 이에 의하면 3개의 약한 보손들 이외에 추가로 적어도 1개의 무거운 입자가 존재해야 한다. 이 입자는 자발적 대칭 붕괴 이론에 중요한 기여를 한 에든버러 대학교의 피터 힉스의 이름을 따 힉스 입자라고 부른다.

지난 10년간 표준 모형의 완성도가 높아지면서 물리학자들은 상당한 확신을 갖게 되었다. 지금까지 알려진 모든 물질은 색전하를 띤 쿼크 18개와 6개의 경입자로 설명이 가능하다. 물질 사이의 관측된 모든 상호작용은 광자, 8개의 글루온, 3개의 약한 보손 등 12가지 게이지 보손의 교환으로 설명된다. 표준 모형은 구성의 일관성도 지닌다. 이론의 어느 부분도 다른 부분과 배치되지 않으며, 측정 가능한 모든 물리량은 타당성 있는 유한한 값을 갖는다. 이처럼 방대한 영역을 다루는 개념이 내부적으로 일관성을 갖기란 결코 당연한 일이 아니다. 지금까지 표준 모형은 모든 실험 결과와도 일치해서, 이론에 배치되는 결과가 얻어진 적도 없다. 물론 표준 모형의 내용 중에서 아직까지 완벽하게 확인되지 않은 부분도 존재한다. 타우 중성미자, 꼭대기 쿼크, 약한 상호작용 보손, 힉스 입자들이 아직 발견되지 않았다.* W 보손이 존재한다는 명백한 첫째 증거가 최근 제네바에 있는 유럽 입자물리 연구

*이는 1983년 기사 작성 당시 시점에서 그렇다는 뜻이다. 2018년 현재는 모두 발견되었다.

소(CERN) 연구팀에 의해서 보고되었다. 앞으로 몇 년 이내에 새로운 입자가

속기와 보다 감도 높은 검출 장비가 아직 확인되지 않은 부분을 보완해줄 것이다. 대부분의 물리학자들은 결과에 대해 확신을 보인다.

표준 모형이 이렇게 잘 들어맞는데도, 왜 이 이론을 더 발전시키려는 걸까? 주요 이유는 표준 모형이 잘못되었다는 의심 때문이 아니라, 표준 모형이 아주 만족스럽지는 못하기 때문이다. 모형이 그에 따르는 모든 의문에 정확한 답을 내어줄지라도 여전히 풀리지 않은 의혹이 남고, 자연에서 발견되는 많은 규칙성이 여전히 우연 혹은 임의의 결과라는 영역에 속하기 때문이다. 한마디로 표준 모형 자체를 설명할 필요가 있는 것이다.

표준 모형에 포함되지 않는 자연법칙에 대한 가장 강력한 힌트는 기본 입자의 활용에 있다. 물질의 특성에 대해서 우리가 알고 있는 바는 그리 종류가 많지 않아서, 24개 입자면 모두 설명이 가능하다. 실제로 쿼크와 경입자에는 반복되는 특성이 많다. 3개의 경입자는 전하가 -1이고, 3개는 중성, 3개의 쿼크는 전하가 +2/3, 다른 3개의 쿼크는 -1/3이다. 모두 3가지씩인데 특별한 이유를 모른다. 각 그룹에서 고른 입자 하나씩을 조합해서 모든 물질을 만들 수 있다는 뜻이다.

밝혀진 바에 따르면, 모든 물질은 위 쿼크, 아래 쿼크, 전자, 전자 중성미자를 포함하는 입자들로 구성된다. 이 4가지 입자와 이들의 반입자가 "제1족" 쿼크와 경입자다. 나머지 두 족의 쿼크와 경입자는 새로운 것 없이 그저 같은 패턴을 반복할 뿐이다. 각 족에서 다른 족의 입자에 대응하는 입자들은 질량이 다르다는 점 하나만 제외하면 동일하다. 예를 들어 아래, 기묘, 바닥 쿼크는 전자기력, 색력, 약력에 똑같은 방식으로 반응한다. 이유가 무엇인지는 모르지만, 기묘 쿼크는 아래 쿼크보다 대략 20배 무겁고, 바닥 쿼크는 아래 쿼크보다 약 600배 무겁다. 다른 쿼크와 대전된 경입자의 질량 비율도 비슷하게 차이가 나며, 역시 설명이 안 된다.(중성미자의 질량은 너무 작아서 아직 측정되지 않았다. 중성미자가 질량이 없는지 아니면 아주 가벼운지도 아직 불분명하다.)*

*이 역시 기사 작성 당시 상황으로, 오늘날 중성미자는 작지만 질량이 있는 것으로 밝혀졌다.

쿼크와 경입자에 3가지 족이 존재하는 이유가 있을 것이다. 왜 자연이 비슷한 일을 반복하는가? 입자의 질량이 들쑥날쑥한 것도 이해하기 어렵다. 표준 모형에서 입자의 질량은 아무 값이나 지정할 수 있는 20여 개의 "자유" 변수에 의해 결정되고, 실제로는 실험에서 얻어진 값을 바탕으로 정해진다. 이 20개의 변수가 모두 독립적일 수 있을까? 이 값들이 빛의 속도나 전자의 전하량처럼 자연의 기본 상수는 아닐까? 아마도 아닐 것이다.

쿼크와 경입자의 전하에서는 이 값들의 관계가 모두 단순한 비율이고 모두 전자 전하량 1/3의 정수배라는 더 오묘한 규칙성을 찾을 수 있다. 표준 모형은 이에 대해 아무런 설명을 제시하지 못한다. 원칙적으로 전하의 비율은 어떤 값이라도 될 수 있다. 관측 결과에 따르면 쿼크 전하의 비율인 2/3과 1/3이라는 값은 근사치가 아니라는 것을 유추할 수 있다. 양성자는 2개의 위 쿼크와 1개의 아래 쿼크로 이루어져 있고, 이들 전하는 각 쿼크의 전하량을 더한 2/3+2/3−1/3=1이다. 만약 이 값이 이처럼 딱 떨어지지 않고 +0.617과

-0.383이라면 양성자의 전하량은 전자의 전하량과 일치하지 않아 원자는 전기적으로 중성을 띨 수 없다. 원자의 수는 어마어마하게 많으므로, 중성에서 약간만 값이 달라도 원자가 중성이 아니라면 금방 측정을 통해서 이를 알아낼 수 있다.

한 세대를 구성하는 입자와 반입자를 전하에 따라 정렬하면 -1부터 +1 사이를 1/3 간격으로 한 입자가 배치됨을 알 수 있다.(전하가 0인 경우는 중성미자와 반중성미자 2개의 입자가 있다.) 이런 규칙성은 많은 의문을 불러일으킨다. 왜 자연은 +4/3이나 -5/3이 아니라 이런 값을 전하의 값으로 선택했을까? 전하 값이 정수인 모든 입자는 색을 띠지 않고 정수가 아닌 입자는 색을 띠는 것이 분명하다. 입자의 전기 전하와 색 혹은 쿼크와 경입자 사이에 어떤 관계가 존재하는 건 아닌가? 표준 모형은 이런 관계에 대해 아무런 실마리를 제공하지 않지만, 분명히 무언가 있는 것으로 보인다.

표준 모형을 넘어선 무언가를 찾으려는 또 다른 동기는 기본 힘들을 통합하려는 오래된 바람, 적어도 힘들 사이 관계를 찾고자 하는 바람에 있다. 만약 전기력과 자기력의 경우처럼 두 힘이 통합되거나, 강력과 색력의 관계처럼 어떤 힘이 다른 힘의 잔류 효과에 의한 것이라면 그럴 가능성이 있다. 그런데 역설적으로, 이런 식의 단순화는 오히려 더 많은 종류의 힘 개념을 추가로 도입해야만 가능하다.

표준 모형을 뛰어넘는 이론이 꼭 표준 모형과 맞지 않거나 이를 부정해야 하는 것은 아니다. 표준 모형 자체가 보다 심오한 이론의 단순화된 형태일 수도 있다. 표준 모형은 10^{-16}센티미터 이상인 거리에서의 현상에 대해서는 아주 잘 들어맞는 이론이다. 그러므로 더 심오한 이론이라면 이 거리 이내에서의 현상에 초점을 맞춰야 한다. 새로 발견해야 하는 구성 요소가 존재한다면 이 크기 이내의 공간에 존재해야 한다는 의미다. 새로운 힘이 존재한다면, 태생적으로 근거리에서만 작용하거나(약력처럼) 어떤 형태의 가둠 현상(색력처럼)에 의해서 작용 범위가 이 이내여야 한다.

표준 모형을 뛰어넘는 이론에 대한 연구는 거의 10년 전부터 시작되었고, 현재는 여러 방향으로 진행되고 있다. 그중 하나가 대통일 이론(grand unified theory)으로서, 전자기력·색력·약력을 하나의 기본 힘으로 통합하려 한다. 기본 아이디어는 한 세대를 구성하는 모든 쿼크와 경입자를 하나의 족으로 다루는 것이다. 색을 띤 쿼크와 색이 없는 경입자 사이의 상호작용은 새로운 보손들이 담당하는 것으로 가정된다. 이 이론은 전기 전하의 분포에 나타나는 규칙성 그리고 쿼크와 경입자의 전하량이 같은 값으로 나누어떨어지는 이유를 설명해준다. 그러나 기본 상수의 수는 여전히 줄이지 못하고, 족마다 걸쳐 3개씩 배열되는 이유도 여전히 풀리지 않으며, 이 이론에 의해 새롭게 제기되는 의문점 또한 존재한다.

대통일 이론에는 몇 가지 종류가 있다. 수평 대칭 개념은 3배수 문제를 입자의 족 사이에서 대칭 관계를 만드는 방법으로 해결하려 한다. 초대칭이라고 불리는, 수학적으로 아름다운 형태인 이 방법은 각운동량이 반(半)정수인(쿼크와 경입자처럼) 입자들을 스핀이 정수인(게이지 보손 같은) 입자와 연계시킨다.

테크니컬러(technicolor) 이론은 표준 모형의 힉스 입자가 새로운 입자로 구성된 구조체라고 주장한다. 이 입자들을 붙들어 매어 힉스 입자를 구성하도록 하는 새로운 종류의 힘을 색력을 빗대어 테크니컬러 힘(technicolor force)이라고 이름 붙였다. 이런 각각의 이론들은 표준 모형에서 풀리지 않던 문제들을 잘 설명한다. 동시에 이들이 해결하지 못하는 문제도 있으며, 새로운 문제를 만들어내기도 하고, 서로 관련되지 않은 임의의 상수 수를 늘려버리는 바람에 기존 문제를 더욱 풀기 어렵게 만드는 경우도 있다.

위의 모든 대통일 이론에서는 쿼크, 경입자, 양성자, 글루온, 약한 보손이 자연을 궁극적으로 설명하는 이론에서 부인할 수 없는 기본 입자인 점을 분명히 하고 있다. 쿼크와 경입자가 구조체라는 제안은 한편으로는 가장 보수적인 접근법이면서 동시에 본래의 가설에서 가장 떨어져 있다. 이는 원자에서 핵으로, 양자로, 쿼크로 발전하면서 반복되어온 접근법이기 때문이다. 다른 면에서 보자면, 쿼크와 경입자에 내부 구조가 있다는 주장은 가장 급진적 제안이기도 하다. 전자에 관한 연구는 거의 100년이나 계속되었고, 전자가 지닌 면과 마찬가지의 특성은 아주 잘 정립되어 있다. 중성미자의 경우, 어쩌면 질량이 없다고 밝혀질 수도 있는데, 내부 구조가 있다고 상상하기가 더 어렵다. 이 입자들과 이와 비슷한 다른 입자들이 구조체라는 주장이 인정을 받으려면 엄청난 장애물들을 넘어야만 할 것이다.

이런 어려움을 극복한다면 그 자체로 큰 보상이라고 할 수 있다. 완벽하게 성공한다면 기존 표준 모형에서 풀리지 않던 모든 의문이 한꺼번에 해소될

것이다. 이 이론은 필자가 프리쿼크(prequark)라고 부를 새로운 기본 입자의
존재를 가정하는 것에서부터 가설을 만들어나간다. 프리쿼크의 종류가 너무
많지 않은 것이 물론 이상적이다. 표준 모형의 모든 쿼크와 경입자는 마치 강
입자가 쿼크의 조합으로 이루어졌다는 설명과 마찬가지로, 프리쿼크의 결합
체로 설명된다. 이제 쿼크와 경입자의 질량은 더 이상 자연 상수가 아니고, 이
들을 구성하는 프리쿼크의 질량 그리고 프리쿼크를 묶는 힘의 크기에 의해서
결정된다. 쿼크의 전하와 경입자의 전하 사이 정확한 비율도 유사한 방법으로
설명된다. 이 두 복합 입자들의 전하는 이들을 구성하는 프리쿼크의 전하에
의해 결정된다. 한 족 안에서의 쿼크와 경입자의 전체적인 패턴은 프리쿼크를
결합하는 어떤 단순한 법칙의 지배를 받는다고 가정하는 것이다.

여러 족의 입자가 존재하는 이유도 자연스럽게 설명이 가능하다. 높은 족
의 쿼크와 경입자의 내부 구조는 제1족 입자의 내부 구조와 유사하다. 차이점
은 에너지와 구성 입자의 운동 상태다. 그러므로 기묘 쿼크와 바닥 쿼크는 아
래 쿼크가 들뜬 상태인 것일 수 있고, 뮤온과 타우 경입자는 전자가 들뜬 상태
일 수 있다. 원자, 핵, 강입자 등 다른 모든 구조체에 대해서도 유사한 설명이
가능하다. 적어도 12개의 강입자가 양성자의 들뜬 상태임이 실험에서 확인되
었다. 이들과 양성자는 모두 기본적으로 같은 쿼크의 조합인 위-위-아래 쿼
크로 이루어져 있다고 보인다.

이 프리쿼크 가설은 기본 힘을 통합하는 것 이외의 다른 모든 문제를 해결
해준다. 실제로 프리쿼크를 묶어주는 새로운 힘이 존재할 가능성이 보이는 성

과도 있다. 새롭게 도입되는 힘은 기존에 알려진 힘들이 어떻게 연관되는지에 대한 이해를 넓혀줄 수 있다. 그러나 새로운 가설이 얼마나 성공적일지를 상상하는 것과 현실적이면서 내부적으로 일관성을 갖는 이론을 만들어내는 것은 전혀 차원이 다른 문제다. 아직까지는 아무도 이를 해결하지 못했다.

지금까지 성공적인 부분은 프리쿼크의 쿼크와 경입자 내부에서의 움직임을 다루는 프리쿼크 역학에 대한 이론으로, 이를 이용하면 시스템의 전체 에너지와 질량을 계산할 수 있다. 앞으로 다루겠지만, 이런 이론을 만드는 데는 비록 극복 불가능까지는 아니어도 근본적인 문제점이 존재한다. 어쨌든 프리쿼크의 움직임에 대한 충분한 설명이 이루어지지 않은 상태에서 이론물리학자들은 쿼크와 경입자가 더 작은 입자로 구성되어 있다는 프리쿼크 가설의 가능성을 탐구하고 있다.

지난 몇 년간 수십 가지의 구조체 모형이 제시되었으며 이들은 4~5가지 종류로 구분이 가능하다. 모든 문제에 답을 제시하는 특정 모형은 없다는 것이 물리학계의 전반적 인식이다. 모형 하나만 설명하는 것은 적절치 않겠지만, 그렇다고 이들을 다 소개하는 것도 무리다. 그중 핵심적인 것 몇 가지를 소개하겠다.

쿼크와 경입자가 내부 구조를 갖는다는 첫 번째 모형으로 제시된 것은 1974년 칼리지 파크에 있는 메릴랜드 대학교의 조게시 파티(Jogesh C. Pati)와 국제 이론물리 센터의 존 스트래스디(John Strathdee)와 함께 이 주제에 대해 여러 차례 연구를 진행한 살람이었다. 필자가 이 글에서 사용하는, 기존 입자를 구성하는 더 작은 가상의 입자를 가리키는 '프리쿼크'라는 어휘를 이들이 만들어냈다. 파티와 살람이 고안한 모형에서의 특정한 기본 입자를 필자는 프리온(preon)이라고 부를 텐데, 이 또한 이들이 제안한 이름이다.

프리온 모형의 개념은 모든 쿼크와 경입자가 전기 전하, 색, 족 수의 3가지 특성으로 구분된다는 데서 출발한다. 이 특성들을 바탕으로 하면 이들을 구성하는 입자를 손쉽게 가정할 수 있다. 세 족의 프리온이 있어야 하는데, 한 족의 프리온은 전기 전하를 매개하고, 다른 프리온은 색을, 또 다른 프리온은 족 수를 정하는 특성을 갖고 있어야 한다. 쿼크나 경입자는 각 족에서 한 개씩의 프리온을 모아 조합함으로써 만들어지는 것이다.

족 수를 결정하는 프리온은 프리온 구조체의 질량을 정하는 데 지배적인 영향을 미치므로 몸(body)을 의미하는 그리스어 소마(soma)를 따서 소몬(somon)이라고 한다. 쿼크와 경입자에는 3가지 족이 있으므로, 소몬도 3가지가 있어야 한다. 프리온 구조체의 색은 크로몬(chromon)이다. 크로몬은 4가지가 있으며, 적색, 황색, 청색을 띠는 것과 색이 없는 것으로 나뉜다. 나머지 프리온은 전하를 결정하는 역할을 담당하는 2가지로, 쿼크와 경입자가 식별되도록 해준다. 이 마지막 종류의 프리온은 위 쿼크와 아래 쿼크, 맵시 쿼크와 기묘 쿼크, 중성미자와 전자 등을 구분할 때 쓰이는 좀 이상한 용어인 맛(flavor)이라는 어휘를 따서 플라본(flavon)이라고 부른다.

프리온 모형에서 복합 입자의 분류는 이를 구성하는 프리온에 따른다. 모든 경입자는 무색 크로몬에 의해 구분되고, 모든 1세대 입자는 1세대 소몬을 갖는다. 반면 전하의 배분은 어려운 문제다. 플라본이 단지 2가지며 전기 전하를 매개하는 것이 이들뿐이라면 자연에서 발견되는 모든 전하 값을 설명할 수가 없다. 예를 들어 위 쿼크와 중성미자는 같은 전하를 가져야 하고(이 둘에 같은 플라본이 들어 있으므로), 아래 쿼크와 전자도 마찬가지다. 이 문제는 여러 가지 방법으로 해결이 가능하다. 한 가설에서는 전기 전하가 플라본과 크로몬 모두에 할당되어 있다고 가정해서 복합 입자의 전체 전하가 두 값의 합이 되도록 하는 방법을 쓴다. 이런 종류 모형으로 전하 상태를 올바르게 설명할 수 있지만, 그러려면 각각의 프리온이 오직 하나의 특성만 매개한다는 원칙을 깨야 한다.

프리온에서 골치 아픈 문제 또 하나는 복합 입자가 한 족에서 1개의 프리온만 가질 수 있다는 가정이다. 3개의 크로몬으로 이루어진 입자, 혹은 2개의 소몬과 1개의 플라본으로 이루어진 입자가 없는 이유는? 이런 입자들의 특이한 성질은 가설의 신뢰성을 떨어뜨린다. 만약 그런 입자가 존재한다면 벌써 발견되었어야 하기 때문이다.

여러 물리학자들이 기본적으로 같은 아이디어에 바탕을 두고 조금씩 다른 프리온들을 가정하는 방식으로 다양한 프리온 모형의 변형을 제시했다. 그중 주목할 만한 것들로는 도쿄 대학교의 데라자와 히데즈미, 치카시게 요이치, 아카마 케이이치의 모형, 메릴랜드 대학교의 월리스 그린버그(Wallace Greenberg)와 조지프 서쳐(Joseph Sucher)의 모형이 있다.

아마도 가장 단순한 쿼크와 경입자 구조 모형은 필자가 1979년에 제안한 리숀(rishon) 모형일 것이다. 비슷한 시기에 어배나샘페인에 있는 일리노이 주립대학교의 마이클 슈프(Michael A. Shupe)도 이와 유사한 아이디어를 내놓았다. 이 모형은 이후 점차 발전했고 이스라엘 레호보트에 있는 바이츠만 과학연구소의 네이선 자이버그(Nathan Seiberg)와 필자가 많은 연구를 진행했다. 이 모형은 리숀(rishon)이라는 이름의 단 2가지 기본 입자만을 가정한다.('Rishon'은 첫 번째를 의미하는 히브리어 형용사다.) 리숀 하나는 전하가 +1/3이고 다른 하나는 중성이다. 필자는 이들에게 각각 성경의 창세기 첫 장에 나오는 우주의 최초 상태를 묘사하는 표현인, 히브리어로 "형태가 없고 존재도 없음"을 의미하는 "Tohu Vavohu"라는 구절을 따서 T와 V라는 이름을 붙였다. 이들의 반리숀의 전하는 -1/3과 0이고 T^1과 V^1이다.

이 모형은 쿼크나 경입자를 구성할 때 어떤 리숀 혹은 반리숀이건 3개가 모여서 복합 입자를 구성할 수 있으나 리숀과 반리숀은 한 입자에 함께 들어 있을 수 없다는 단 하나의 원칙만 존재한다. 이렇게 하면 16가지 조합이 만들어지고, 정확히 1세대에 속하는 16개의 쿼크, 반쿼크, 경입자, 반경입자와 같아진다. 즉 모든 1세대 쿼크와 경입자는 리숀과 반리숀의 특정한 조합이라는 의미다.(이런 조합에서 색은 별도로 계산된다.)

쿼크와 경입자 전하의 패턴은 다음과 같이 만들어진다. 리숀 전하가 1/3+1/3+1/3인 TTT 조합은 전체 전하가 +1이므로 양전자가 된다. 마찬가지로 $T^1T^1T^1$ 조합의 전하는 -1이므로 전자가 된다. VVV와 $V^1V^1V^1$ 조합은 모두 전기적으로 중성이고 각각 중성미자와 반중성미자를 구성한다. 나머지 가능한 조합은 전하 값이 분수인 쿼크가 된다. 전하가 +2/3인 TTV 조합은 위 쿼크, +1/3인 TVV는 아래 반쿼크다. 마찬가지로 반리숀 $V^1V^1T^1$와 $V^1T^1T^1$은 아래 쿼크와 위 반쿼크를 형성한다.

이 모형을 이용하면 구조를 가진 입자의 색도 잘 설명된다. T리숀은 적· 황·청, V리숀은 반색 중 어느 색도 가질 수 있다. 경입자가 되는 $T^1T^1T^1$ 조합이나 VVV 조합은 리숀 중에서 혹은 반색을 띠는 반리숀 입자들로 이루어지므로 색이 중성이 되도록 만들 수 있다. 쿼크를 이루는 다른 조합들은 색을 띠어야 한다. 예를 들어 TTV 쿼크는 각 리숀이 적·청·반청을 띠어서 청과 반청이 상쇄되어 적색을 띠는 식이다. 이런 방식으로 표준 모형에서 설명이 어렵던 색과 전기 전하 문제가 해결된다. 전기 전하와 색이 리숀에 할당되는 방식으로 인해, 전하 값이 정수가 아닌 모든 복합 입자는 색을 띠고, 정수인 모든 입자는 색을 띠지 않는다.

표준 모형의 다른 의문점도 리숀을 이용하면 설명이 가능하다. 양성자와 전자로 이루어진, 혹은 다른 표현으로 2개의 위 쿼크, 1개의 아래 쿼크로 이루어진 입자와 1개의 경입자(전자)로 이루어진 수소 원자를 생각해보자. 이 쿼크들에 들어 있는 리숀은 4개의 T, 1개의 T^1, 2개의 V, 2개의 V^1이다. T^1의 전기 전하가 T리숀 하나를 상쇄하고, V와 V^1도 상쇄되므로(어쨌든 이들은 전하가 없긴 하다) 양성자의 전하는 TTT의 전하 값과 같아진다. 전자의 리숀 구성은 이와 완전히 반대인 $T^1T^1T^1$이다. 그러므로 양성자와 전자가 같은 크기의 전하를 갖고, 수소 원자가 중성인 이유가 잘 설명된다. 전하의 원천은 짝지어진 입자와 반입자인 것이다.

리숀 모형을 비롯해서 제1족 입자의 패턴을 설명하는 여러 모형들은 제2족과 제3족 입자는 잘 다루지 못하는 문제가 있다. 이런 모형들은 더 상위 족 입자를 제1족 입자가 들뜬 상태인 것으로 간주하는 경향이 있다. 예를 들어 뮤온이 전자와 같은 프리쿼크로 구성되어 있지만 뮤온에서는 프리쿼크가 더 에너지가 높다는 식으로 가정하는 것이 가장 간단한 경우다. 우아한 아이디어이긴 하지만 아쉽게도 이런 식으로는 제대로 설명이 되지 않는다. 이러한 설명은 들뜬 상태들 사이의 에너지 차이가 실제 차이보다 훨씬 커야 함을 의미한다. 이는 결정적인 결함으로서, 해결이 불가능하다.

여러 족의 입자를 다룰 수 있는 다른 방법을 찾는 연구도 물론 있다. 몇몇 물리학자들은 어떤 입자와 관계되는 높은 족 입자는 표준 모형에서 약한 보손과 관련되는 추가적 입자인 힉스 입자를 더함으로써 만들어질 수 있다고 제안했다. 힉스 입자는 전하도, 색도, 스핀 각운동량도 없어서, 구조체에 더해진다고 해도 질량 이외에는 달라질 것이 없다. 전자에 힉스 입자가 더해지면 뮤온이 되고, 2개 혹은 그 이상의 힉스 입자가 더해지면 타우가 된다는 식이다. 자이버그와 필자는 높은 족 입자는 프리쿼크와 반프리쿼크 쌍을 더해서 만들어진다는 다른 메커니즘을 제안한 바 있다. 이런 쌍에서는 전하를 비롯한 모든 특성이 상쇄되므로, 다른 입자에 더해진다고 해도 마찬가지로 질량 이외에는 변하지 않는다.

이런 가설들은 모두 순수한 상상에 바탕을 둔 이론 단계에 머물러 있다. 3

가지 족의 입자가 서로 어떻게 다른지, 왜 3가지 족만 있는지, 아니면 더 있는지, 아무도 모른다. 족 사이의 질량 차이에 대한 설명도 아직 없다. 요약하자면 입자가 3가지 족으로 구분되는 것 자체가 풀리지 않은 주요 의문점인 셈이다.

세 번째 모형도 살펴볼 만하다. 이 모형은 쿼크와 경입자의 구조를 다른 근본적 문제인 상대성 양자 중력 이론(quantum gravity theory)과 연계해서 이해하려 한다. 이런 종류의 아이디어는 CERN의 존 엘리스(John Ellis), 마리 가야르(Mary K. Gaillard), 루치아노 마이아니(Luciano Maiani), 브루노 추미노(Bruno Zumino)에 의해 제시되었다. 이에 대한 접근법 하나는 프리쿼크가 상호작용하는 거리를 살펴보는 것이다. 실험적으로 이 거리의 한계는 10^{-16}센티미터 이내이지만, 실제로는 이의 수십, 수백분의 일 이하일 수도 있다. 대략 10^{-34}센티미터의 거리에서는 중력이 개별 입자에 영향을 미칠 수 있을 정도로 충분히 커진다. 이처럼 프리쿼크가 상호작용을 하는 지극히 짧은 거리에서는 중력을 무시할 수가 없다. 엘리스, 가야르, 마이아니, 추미노는 중력을 포함해 모든 힘을 통합하려는 기대로 쿼크와 경입자뿐 아니라 게이지 보손까지도 복합 입자로 다루는 야심찬 계획을 세웠다. 그러나 여기에도 다른 복합 입자 모형과 마찬가지로 큰 결함이 하나 존재한다.

세세한 내용이 어떻든 프리쿼크 모형은 프리쿼크를 붙들어 매는 메커니즘이 포함되어 있어야 한다. 이들 사이에 강력한 인력이 존재해야 하는 것이다. 방법 하나는 표준 모형의 색력과 비슷한, 또 하나의 기본 힘이 자연에 존재한다고 가정하는 것이다. 유사성을 강조하기 위해 이 힘을 초색력(hypercolor force)이라 하고 이들의 매개 장을 초글루온(hypergluon)이라고 한다. 프리쿼크가 초색을 띤다고 가정하지만, 색을 띤 쿼크가 결합해서 색이 없는 양성자와 중성자를 형성하듯 이들이 결합해서 초색이 없는 복합 입자가 될 수 있다. 초색력도 색력과 마찬가지로 가둠 현상이 있는 것으로 가정된다. 결국 초색을 띤 모든 프리쿼크는 복합 입자 내부에서 빠져나올 수 없으므로 실험을 통해서 관측이 불가능하다. 이 아이디어를 최초로 제안한 사람은 엇호프트로 이 가설의 수학적 의미를 연구했는데, 동시에 자연이 실제로 그런 구조일지에 대한 의문도 함께 제기했다.

초색 가둠이 일어나는 공간의 크기는 10^{-16}센티미터 이하여야 한다. 물질은 이 거리보다 가까울 때만 가상의 프리쿼크와 초색을 볼 수 있다. 10^{-14}센티미터나 10^{-15}센티미터 거리에서는 초색이 사라진다. 이 수준의 거리에서 관측 가능한 대상들(쿼크와 경입자)은 초색을 띠지 않는다. 10^{-13}센티미터 거리에서는 색도 사라지고 초색도 없는, 양성자·중성자·전자 등의 세계가 된다.

초색 개념은 리숀 모형을 포함한 다양한 프리쿼크 모형에 아주 적합하다. 리숀은 전기 전하와 색에 더해서 초색도 띠고 있으며 반리숀은 반초색을 띤다. 세 리숀 혹은 세 반리숀 조합만 초색이 중성이므로 조합이 가능하다. 그러므로 초색의 조합이 리숀 조합을 설명해준다. 비슷한 규칙이 초색 개념에 근거한 여타 프리쿼크 모형에도 적용된다.

프리쿼크 모형의 목적이 자연에 대한 이해를 단순화하려는 것이라면, 새로운 힘을 도입하는 시도는 그다지 적절해보이지 않는다. 그러나 초색 개념을 사용하면 장점도 있다. 중성미자의 경우를 보자. 중성미자는 전기 전하도 색도 없고 약전하만 갖는다. 표준 모형에 따르면, 두 중성미자는 가까운 거리에서 약전하에 의해서만 서로 작용한다. 중성미자가 초색을 띤 프리쿼크의 조합에 의해 만들어진 입자라면 중성미자 사이의 상호작용에 영향을 미치는 추가적 요인이 있어야 한다. 두 중성미자의 거리가 멀다면, 둘 사이에 초색력은 실질적으로 존재하지 않지만, 거리가 가까우면 한쪽 중성미자 내부의 초색을 띤 프리쿼크가 다른 쪽 중성미자 내부 프리쿼크의 초색을 볼 수가 있다. 그 결과는 매우 복잡한 인력과 척력으로 나타난다. 이 메커니즘은 분자를 형성하는 힘을 전자기력의 잔류 효과로, 강력을 색력의 잔류 효과로 바라보는 것과 완전히 똑같다.

결론도 비슷하다. 자이버그와 필자 그리고 우리와는 별도로 그린버그와 서쳐가 최초로 근거리 약력이 초색력의 잔류 효과일 거라는 이론을 제시했다. 이 가설에 따르면 약한 보손인 W^+, W^-, Z^0가 구조를 가진 입자여야 하고, 아마도 쿼크와 경입자를 구성하는 것과 동일한 프리쿼크를 이용한 조합일 거라고 짐작된다. 이 이론이 맞는다면 기본 힘은 중력·전자기력·색력·초색력, 여전히 4가지다. 그런데 중요한 점은 이것이 모두 작용 거리가 먼 힘이라는 사실이다. 근거리에서 작용하는 힘인 강력과 약력은 더 이상 기본 힘이 아니다.

지금으로선 초색력은 제안 수준에 머물러 있고, 약력이 초색력에 의해 나타나는 힘이라는 개념도 마찬가지다. 그러므로 약력이 기본 힘으로 남을 가능성도 여전하다. 약한 보손의 질량과 수명 및 다른 특성들을 면밀히 검토하면 이에 대한 실마리를 찾을 수 있을 것이다.

초색력 이외에도 프리쿼크를 붙드는 힘으로 제안된 것이 있다. 파티, 살람, 스트래스디가 제시한 흥미로운 아이디어를 보자. 이들은 새로운 초색력을 제안한 것이 아니라, 자기력이라는 오래전부터 알려진 힘에서 얻은 아이디어를 새로운 목적에 적용했다. 일반적인 자석은 극이 둘 있고, 극성이 반대다. 지난 50여 년 간 극이 하나인, 즉 고립된 자기장이 이론적으로 존재할 수 있다는 생각이 있었다. 파티, 살람, 스트래스디는 프리쿼크가 자기와 전기 전하를 모두 닮은 입자라고 주장한다. 만약 그렇다면, 프리쿼크를 붙들어 매는 힘은 새롭고도 흥미로운 무엇인가가 될 수 있다.

필자가 언급한 이론 중 어느 것도 프리쿼크의 움직임 자체를 다루지 않는다. 솔직히 말하면 프리쿼크가 엄청나게 작아야 한다는 점도 심각한 장애물이다. 이 입자 크기의 한계는 전자의 자기(磁氣) 운동량을 양자 전기역학 관점에서 유효숫자 10자리의 정확성을 가진 측정치에 근거해서 간접적으로 구해졌다. 이 계산에서 전자는 점과 같은 특성을 갖고 있다고 가정되었다. 만약 전자가 크기가 있거나, 내부 구조가 있다면 계산 결과는 달라졌을 것이다. 이런 문제점에 의해 11번째 유효숫자부터는 다른 결과가 만들어질 수 있다. 전자의 내부 구조가 10^{-16}센티미터보다 작아야 한다는 것은 이런 조건에서 비롯된다. 개략적으로 말하자면, 이 값이 전자가 가질 수 있는 최대의 크기고, 프리쿼크는 이보다 작아야만 한다. 프리쿼크가 이보다 크다면 벌써 발견되었어야 한다.

전자의 크기가 작으면 내부 구조를 갖지 못할 거라고 추론할 수 있는 이유는 뭘까? 불확정성 원리에 의하면 구조체의 크기와 내부 구조물의 운동량 사이에는 역의 관계가 성립한다. 시스템의 크기가 작을수록, 구성물의 운동 에너지는 커진다. 결국 프리쿼크의 운동량이 100기가전자볼트가 넘을 정도로 엄청나야 한다는 뜻이고, 아마 이보다도 훨씬 커야 할지도 모른다.(1전자볼트는 전자가 1볼트의 전기장 내부에서 움직일 때 갖는 에너지다.) 질량은 기본적으로 에너지와 동일한 물리량이므로, 같은 단위를 이용해서 측정할 수 있다. 일례로 전자의 질량은 0.0005기가전자볼트다. 여기서 필자가 에너지 불일치라고 부르는 역설이 제기된다. 전자라는 구조체(실제로 그렇다면)의 질량이 이를 구성하는 구성 요소의 에너지보다 훨씬 작아지는 것이다.

이런 어색한 상황은 다른 구조체의 질량과 운동 에너지 사이 관계를 살펴보면 더 부각된다. 원자 1개에서 전자의 운동 에너지는 통상적으로 원자의 질량보다 엄청나게 작다. 수소의 예를 보자면, 이 비율은 대략 1억분의 1이다. 전자의 궤도를 바꿔서 원자를 들뜸 상태로 만드는 데 필요한 에너지는 원자의 질량에 비하면 거의 무시해도 될 정도에 불과하다. 원자핵 내부에서 양성자와 중성자의 운동 에너지도 핵의 질량에 비하면 작지만, 무시할 정도는 아니다. 이들 입자가 움직이는 데 드는 에너지는 전체 질량의 거의 1퍼센트 수준이다. 들뜸 상태로 만드는 데 필요한 에너지 역시 1퍼센트 정도다.

양성자와 이를 구성하는 쿼크 사이에서는 에너지-질량 관계가 좀 이상해

지기 시작한다. 양성자의 유효 반지름을 이용하면, 이를 구성하는 쿼크의 전
형적 에너지 값을 구할 수 있다. 그 값은 양성자의 질량 자체와 비슷해서, 1기
가전자볼트에 약간 못 미친다. 쿼크를 들뜸 상태로 만드는 데 필요한 에너지
도 대략 같은 자릿수 수준이다. 양성자가 들뜬 상태의 강입자 질량은 이보다
30~100퍼센트 크다. 그럼에도 운동 에너지와 전체 질량의 비율은 여전히 직
관적으로 보기에 타당한 범위에 머무른다. 양성자의 반지름만을 알고 있어서
그 내부 에너지의 대표적인 값을 알고 있는데, 양성자의 질량을 구하는 경우
를 생각해보자. 구성 요소의 에너지가 보통 수백만 전자볼트 정도이므로, 전
체 시스템의 질량이 적어도 비슷한 자릿수이거나 이보다 좀 큰 수준이리라고
생각할 수 있다. 실제로도 그렇다.

중성자와 양성자가 대부분의 질량을 차지하는 원자의 경우도 전체 질량은
구성 요소의 운동 에너지에 비해 적어도 같거나, 경우에 따라서는 훨씬 크다.
그런데 쿼크와 경입자가 구조물이라면 이의 에너지와 질량의 관계가 상당히
달라야 한다. 프리쿼크의 에너지가 100기가전자볼트보다 훨씬 크므로, 이들
이 결합한 입자의 질량은 수백 기가전자볼트 이상이라고 생각하는 것이 당연
하다. 그러나 실제로 알려진 쿼크와 경입자의 질량은 이보다 훨씬 작다. 전자
와 중성미자의 질량은 이보다 최소한 자릿수가 6자리 이상 작다. 전체가 부분
의 합보다 훨씬 작다는 이야기다.

프리쿼크의 높은 에너지는 높은 족의 쿼크와 경입자가 제1족 입자의 들뜬
상태라는 시각에도 상반된다. 다른 구조체에서와 마찬가지로, 프리쿼크의 궤

도를 바꾸는 데에 필요한 에너지는 구성 요소의 운동 에너지와 같은 자릿수 수준이어야 한다. 이런 점에서 보면 다음 족 입자의 질량은 수백 기가전자볼트 정도 달라야 하지만, 실제로는 질량 차이가 0.1기가전자볼트에 불과하다.

이 정도면 누구라도 에너지 불일치 문제는 더 이상 간과될 수 없고, 쿼크와 경입자가 내부 구조를 갖지 않은 기본 입자라고 생각할 만하다. 많은 물리학자들도 그렇게 생각한다. 그러나 필자는 에너지 불일치 문제는 물리학 기본 법칙에 위배되지 않고, 쿼크와 경입자가 구조체라는 정황 증거만으로도 연구를 계속할 충분한 설득력이 있다고 말하고 싶다.

쿼크와 경입자의 질량과 관련한 문제에 있어서 신기한 점은 질량이 작다는 것뿐 아니라, 질량을 이들 구성 요소의 에너지 수준에서 측정했을 때는 거의 0이라는 사실이다. 다른 복합 입자에서는 일부의 질량이 구성 요소를 붙들어매는 에너지로 사용되면서 사라진다. 일례로 수소 원자의 전체 질량은 양성자와 전자를 독립적으로 측정할 때의 질량보다 작고, 그 차이가 바로 이들의 결합 에너지다. 핵 안에서는 이런 "질량 차이"가 전체 질량의 수 퍼센트에 이를 수 있다. 쿼크와 경입자에서는 전체 입자의 질량이 거의 완벽하게 상쇄되는 것으로 보인다. 이런 "절묘한" 상쇄가 일어나지 말란 법은 없지만, 우연이라고 선뜻 받아들이기도 어렵다. 물리학에서는 이와 유사한 상쇄가 발견되는데, 어느 경우나 대칭 원리나 보존 법칙의 결과로 인한 것이다. 프리쿼크 역학이 만들어질 가능성이 조금이라도 있다면 이 경우에 해당하는 대칭성을 찾는 것이 필수적인 요소라는 뜻이다.

나선(螺線) 대칭 혹은 나선성(chirality)이 그것일 가능성이 있다. 이 이름은 손을 뜻하는 그리스어에서 따온 것인데, 앞서 언급했듯 대칭성은 입자의 스핀과 운동 방향을 손 모양을 따서 표현하기도 한다. 자연의 다른 대칭과 마찬가지로 나선 대칭에도 대칭의 의미를 명확하게 설명해주는, 관련된 보존 법칙이 있다. 이 법칙에 따르면 오른손 방향 입자의 수와 왼손 방향 입자의 수는 절대로 변하지 않는다.

통상적으로 양성자, 전자 등 입자의 방향과 나선성은 분명히 보존되지 않는다. 간단한 사고실험(思考實驗)을* 통해서 보존 법칙이 적용되지 않음을 확인할 수 있다. 관측자가 직선을 따라 움직이고 있는데 전자가 관측자를 따라잡았다고 해보자. 전자가 관측자를 추월하는 순간부터 관측자가 보기에 전자의 스핀과 운동 방향은 오른손 법칙을 따른다. 이제 관측자가 속도를 올려 전자를 따라잡는다고 하자. 관측자의 좌표계에서 보면 전자가 점점 가까워진다. 즉 방향이 반대가 되는 셈이다. 하지만 전자의 스핀은 바뀐 것이 없으므로, 왼손 방향 입자가 된다.

*실행 가능성이나 입증 가능성에 구애받지 않고 생각만을 이용해서 결과를 유추하는 방법. 예를 들면 양자 역학의 불확정성 원리를 다루기 위하여 생각되는 전자의 위치 측정 실험 같은 것이다.

이 사고실험이 적용되지 않는 입자가 한 종류 있다. 바로 질량이 없는 입자들이다. 이 입자들은 빛의 속도로 움직이므로, 어떤 관측자도 질량이 없는 입자보다 빠르게 움직일 수 없다. 그 결과 질량이 없는 입자의 오른손/왼손 방향은 관측자의 좌표계와 무관하게 불변의 특성이 된다. 또한 자연에 존재하는 알려진 모든 힘(광자, 글루온, 약한 보손에 의해 매개되는 힘)도 입자의 오른손/왼손 방향을 바꾸지 못한다. 그러므로 우주가 질량이 없는 입자들로만 이루어져 있다면 나선 대칭성을 갖고 있었을 것이다.

나선 대칭은 어쩌면 쿼크와 경입자의 작은 질량을 설명할 수 있는 근거이기도 하다. 논리는 이렇다. 만약 프리쿼크가 질량이 없고, 스핀이 1/2이고, 게이지 보손을 교환하는 방식으로만 서로 작용한다면, 프리쿼크의 움직임을 설명하는 어떤 이론도 분명히 나선 대칭을 갖는다. 질량이 없는 프리쿼크가 결합해서 전체 스핀이 −1/2이 되는 입자를(쿼크와 경입자다) 형성한다면, 나선 대칭에 의해 이 복합 입자들도 내부에 들어 있는 프리쿼크의 엄청난 에너지에 비해 질량이 없는 상태를 유지하게 된다. 결국 쿼크와 경입자의 질량이 작은 것이 우연이 아닌 셈이다. 나선 대칭성이 유지된다면, 쿼크와 경입자는 내부 구성 요소에 비해 기본적으로 질량이 거의 없어야만 한다.

여기서 중요한 단계는 질량이 없는 프리쿼크에서의 나선 대칭을 구조체인 쿼크와 경입자의 경우로 확대할 때다. 원래 시스템의 대칭이 질량이 없는 입자로 이루어진 복합 입자에서도 유지되어야 한다. 주어진 이론이 어떤 관점에서건 대칭이라면 이 이론으로 설명되는 실제 대상도 그 대칭성을 가져야 한다는 점은 당연해 보일 수 있다. 그러나 실제로는 대칭의 자발적 붕괴가 흔하게 일어난다. 룰렛이 대표적인 경우다. 룰렛의 각 칸은 다른 칸과 완벽하게 대칭이다. 그러나 룰렛에 공을 집어넣으면, 공이 어느 칸엔가 자리를 잡으면서 룰렛은 비대칭이 된다.

 표준 모형에서 3가지 약한 보손에게 질량을 부여하고 광자는 질량이 없게 만드는 것이 자발적 대칭 붕괴다. 게이지 보손들이 대칭이고 4가지 보손이 구분 불가능하지만, 대칭 붕괴로 인하여 실제 상태에서는 다른 모습으로 관측된다고 설명하는 이론이다. 나선 대칭은 대칭 붕괴가 아주 잘 일어난다고 알려져 있다. 프리쿼크가 결합해서 다른 입자를 구성할 때 프리쿼크의 나선 대칭이 무너지는지 아닌지는 프리쿼크에 작용하는 힘이 어떤 것인지를 정확히 이해해야만 알 수 있다. 지금으로선 그런 이해가 없는 상태다. 어떤 모형에서는 분명히 존재하는 나선 대칭이 무너진다. 아직 아무도 쿼크와 경입자에서 나선 대칭이 무너지지 않고 유지되는 모형을 만들어내지 못했다. 프리온 모형, 리숀 모형 모두 이 문제를 풀지 못했다. 이 문제는 쿼크와 경입자가 복합 입자라는 주장을 입증하는 데 있어서 가장 어려운 난관이다.

 프리쿼크 이론을 매끄럽게 만들 수 있다고 해도, 여전히 실험을 통해서 넘어야 할 산이 있다. 첫째, 쿼크와 경입자가 내부 구조를 갖고 있는지부터 확인되어야 한다. 구조가 있다면, 다양한 이론이 제시하는 모형들을 걸러내야 한다. 실험은 지금껏 미지의 영역인 10^{-16}센티미터 이내의 거리와 100기가전자볼트 이상의 에너지를 다뤄야 한다. 입자를 매우 높은 에너지 상태로 가속하고, 아주 가까운 거리에서 낮은 에너지 양의 변화를 측정해야 한다.

 첫 번째 문제와 관련된 실험은 표준 모형에 들어 있는 약한 보손과 힉스 입자에 관한 내용을 포함한다. 이런 입자들을 충분히 많이 만들어내면 보다 자세한 특성을 파악할 수 있을 터이므로 아주 짧은 거리에서의 물리학에 대해서 많은 것을 알게 될 것이다. 미국, 유럽, 일본에서 현재 건설 중이거나 계획 중인 가속기들을 통해 약한 보손에 관한 보다 자세한 정보를 얻을 것으로 기대되며, 쿼크와 경입자에 대한 연구도 발전할 것이다.

고정밀도, 저에너지 실험도 관심을 끈다. 그중 하나로 평균수명이 10^{30}년에 달하는 것으로 알려진 양성자의 붕괴에 관한 실험을 들 수 있다. 현재 여러 연구에서 적어도 10^{30}개 이상의 양성자를 포함한, 엄청난 양의 물질에 대해 관찰하면서 양성자가 붕괴되는 기미를 찾으려 지속해서 시도하고 있다. 표준 모형에서는 어떤 힘도 이런 현상을 만들어낼 수 없지만, 이것이 불가능하다는 내용도 없다. 한편 대통일 이론들과 프리쿼크 모형들은 양성자가 다른 입자로 변하면서 결과적으로 경입자와 광자만 남는 변환 메커니즘을 포함하고 있다. 만약 양성자 붕괴가 관측되면 붕괴 패턴과 붕괴율을 통해 표준 모형에 들어 있지 않은 부분에 대한 중요한 정보를 얻게 될 것이다.

뮤온이 광자를 방출하면서 전자로 변하는 가상의 과정도 관심 대상이다. 이 역시 표준 모형의 힘으로는 설명되지 않지만, 어떤 물리학 기본 법칙에도 위배되지 않는다. 일부 복합 입자 모형에는 이 과정이 들어 있으므로, 이 과정이 발견된다면 이론들을 걸러내는 데 도움이 된다. 지금까지 이루어진 실험에서는 이런 현상이 일어날 확률이 최대 100억분의 1인 것으로 나타났다. 이런 확률의 현상을 발견하고, 발생률을 결정할 수 있다면 입자의 족을 가르는 의문투성이의 관계가 좀 더 명확해질 것이다.

세 번째 종류의 정밀 실험은 전자와 뮤온의 자기 운동량을 정확하게 측정

하는 것이다. 실험 정밀도와 이에 관한 양자 전기역학적 계산 정밀도가 높아
질 여지가 있다. 실험 결과가 표준 모형에서의 예측과 일치한다면 쿼크와 경
입자 내부 구조의 크기 한계가 더 작아지게 된다. 실험과 이론 사이의 불일치
가 발견된다면, 쿼크와 경입자가 기본 입자가 아닐 가능성이 매우 높아진다.

 물질의 구조에 관한 지식이 명확하게 다음 단계로 오르는 데는(만약 그런 게
있다면) 아마도 10년에서 20년 정도가 걸릴 거라고 생각된다. 그러려면 허점
이 없으면서 실험 결과와 일치하면서도 표준 모형의 모든 내용을 몇 가지 기
본 입자와 힘, 법칙으로 설명하는 확고한 이론적 기반이 있어야 한다. 대통일
이론이건 쿼크와 경입자가 복합 입자라는 이론이건, 정확한 이론은 이미 태동
했다고도 할 수 있지만 한편으론 완전히 새로운 이론이 나타나야 할 수도 있
다. 닐스 보어의 말을 빌리자면 우리가 지금 갖고 있는 생각은 "완전하다고 하
기엔 충분히 뜬금없지 않다."

1-5 물질과 반물질 사이의 비대칭성

헬렌 퀸 · 마이클 위더렐

인간이 우주를 바라볼 때면 놀라운 불균형이 눈에 들어온다. 별, 행성, 소행성, 돌. 모든 것이 물질로 이루어져 있다. 반(反)물질의 존재는 어디에서도 찾기 힘들다.

이런 불균형은 그저 우주의 탄생 시기에 일어난 우연일 뿐일까? 아니면 자연법칙의 비대칭성으로 인한 불가피한 결과일까? 이론물리학자들은 반물질보다 물질이 훨씬 많은 이유가 물질과 반물질의 특성에서 비롯한다고 믿는다. 이 차이가 전하-홀짝 반전(charge-parity reversal, CP)이라고 불리는 대칭성 위배를 만들어낸다는 것이다.

수년에 걸친 노력 끝에, 이론물리학자들과 실험물리학자들은 입자물리학의 기존 이론 범위 내에서 CP 대칭이 무너지는 자연스런 방법을 찾아내었고 여기에 표준 모형이라는 이름을 붙였다. 그런데 표준 모형이 예측하는 CP 깨짐(CP violation)의 정도는 우주에 물질이 반물질보다 훨씬 많다는 사실을 설명하기엔 너무나도 부족하다.

이는 표준 모형이 완전하지 않다는 강력한 증거다. 무언가 모르는 요소가 있을 가능성이 높은 것이다. 캘리포니아와 일본에서 최근 완성된 두 대의 가속기가 머지않아 CP 깨짐 문제를 들여다볼 것이고 그에 따라 표준 모형을 수정 혹은 폐기해야 할지를 결정하게 될 것이다. B 메손이라고 불리는 입자를 엄청난 양으로 만들어낼 이 가속기들은 비대칭 B 공장(B factory)이라고 불린다. 표준 모형을 넘어서는 물리학 분야의 최신형 장비다.

물질의 기본적 특성에 대해 알려진 모든 내용은 표준 모형에 포함되어 있다. 이 모형은 지금껏 관측된 수백 가지의 모든 입자와 이들 사이 상호작용을 6개의 쿼크와 6개의 경입자라는 몇 종류의 기본적 구성 요소로 설명한다.(경입자는 전자, 중성미자 등처럼 가벼운 입자다.) 또한 각각의 쿼크 혹은 경입자는 그에 대응하는, 질량은 같지만 전기 전하와 같은 특정 양자수의 부호가 반대인 반입자가 존재한다. 입자들은 질량이 작은 순서부터 3가지 족으로 구분되고, 제1족이 물질의 주요 구성 요소들이다.

표준 모형에서는 입자들 사이에 전자기력, 강력, 약력의 3가지 상호작용이 존재한다고 본다.(입자처럼 질량이 아주 작은 물체에서 중력은 무시된다.) 강한 상호작용이 쿼크를 가둬 두므로 쿼크는 절대 단독으로 관찰되지 않고 양성자와 같은 복합 입자의 내부에만 존재한다. 약한 상호작용은 질량이 더 나가는 쿼크와 경입자가 질량이 작은 입자로 느리게 붕괴하는 과정과 같은 불안정성을 유발한다. 표준 모형에서 이런 힘들은 모두 다른 특별한 입자들인 광자, 글루온, W 보손, Z 보손에 의해서 전달된다. 마지막으로 표준 모형 이론에는 아직 관측되지 않은 힉스 입자가 포함되어 있다. 힉스 입자는 쿼크와 경입자에게 질량을 부여하고, 이들의 움직임에도 관여한다.

CP 깨짐에서 핵심은 중간자라고 불리는 복합 입자들이다. 중간자는 쿼크와 반쿼크 하나씩으로 이루어졌으므로 물질과 반물질이 같은 비율로 담긴 셈이다. 중간자 중에서 중요한 것은 케이온(kaon) 혹은 K 중간자라고 불리는 것으로, 기묘 쿼크 혹은 기묘 반쿼크 하나와 위 혹은 아래 쿼크나 위 혹은 아래 반쿼크로 이루어진다. B 중간자도 많은 면에서 비슷해서, 바닥 쿼크 혹은 바닥 반쿼크가 위 혹은 아래 쿼크, 반쿼크와 짝을 짓는다.

표준 모형을 넘어서

아주 성공적으로 물질의 특성을 설명하고 있음에도 불구하고 여전히 표준 모형에도 부족한 면이 있다. 물리학자들은 표준 모형의 18개 변수가 결정되는 원리를 찾아내지 못했다. 표준 모형을 이용해 우리가 알고 있는 세계를 표현하려면 몇몇 변수의 값은 굉장히 정교하게 맞춰져야 하는데, 각각이 왜 그런 값이어야 하는지는 여전히 오리무중이다. 더 근본적인 문제는, 왜 이런 모형으로 자연을 완벽하게 설명할 수 있는지를 모른다는 것이다. 예를 들어 왜 3가지 족의 경입자와 쿼크만 있어야 하는지, 이보다 적거나 많으면 왜 안 되는지와 같은 것이다. 마지막으로 힉스 입자를 포함해서, 이 이론이 완전히 실험적으로 입증되지 않았다는 사실을 들 수 있다. 만약 이 모형이 맞는다면, 제네바에 있는 유럽 입자물리 연구소에서 현재 건설 중인 대형 강입자 충돌기를 이용해 머지않아 힉스 입자를 관측할 수 있을 것이다. CP 대칭을 비롯한 표준 모형의 의문점 대부분이 힉스 입자와 관련이 있다고 믿고 있다.

어떤 법칙이 실제 시스템의 일부를 바꾸는 것과 같은 모종의 연산을 거친 뒤에도 물리학 이론이 여전히 적용되면 이 이론은 대칭성을 갖고 있다고 한다. 대표적인 예가 P라고 불리는 '반전성 뒤바뀜(parity reversal)'이다. 이 연산은 대상을 거울 반사 시킨 후 거울 축과 수직으로 180도 뒤집는 것이다. 수학적으로 이야기하자면, 반전성 뒤바뀜은 대상의 모든 벡터를 뒤집는 것이다.

어떤 이론이 반전성 뒤바뀜 상태에서도 실제 세계에서와 마찬가지로 물리법칙이 유지된다면 P 대칭성을 지닌다고 이야기한다. 경입자와 쿼크 같은 입자는 내부의 스핀 방향에 따라 오른손 혹은 왼손 방향 스핀을 갖는다. P 대칭성이 성립한다면 오른손 스핀 입자는 왼손 스핀 입자와 완전히 똑같은 움직임을 갖는다.

전자기력과 강한 상호작용 법칙은 '반전성이 반사된(parity-reflected)' 우주에서는 동일하다. 그런데 컬럼비아 대학교의 우젠슝(Wu, Chien-Shiung)이 그 동료들과 1957년에 했던 유명한 실험에서, 약한 상호작용이 스핀 방향이 다른 입자들 사이에서는 상당히 다르게 나타남이 드러났다. 더 이상한 것은 왼손 스핀 입자들이 약한 상호작용에 의해 붕괴하는 반면, 오른손 스핀 입자들은 그렇지 않았다는 점이다. 게다가 지금껏 알려진 바에 따르면 왼손 스핀을 가진 중성미자는 존재하지 않는다. 중성미자는 항상 오른손 스핀만 갖는다. 중성미자는 우주의 모든 것과 약한 상호작용밖에 하지 않으므로, 이런 비대칭은 약한 상호작용 때문이다. 결국 약력은 P에 위배된다.

자연의 기본적 대칭 또 하나는 전하 켤레짓기(charge conjugation), C다. 이 동작에 의해 모든 입자의 양자수가 반입자의 양자수로 변한다. 반중성미자는 왼손 스핀이 아니고 모두 오른손 스핀이므로 전하 대칭(charge symmetry)도 약한 상호작용에서는 깨진다.

이론물리학자들은 C와 P를 합친 동작을 CP라고 하고, 이 동작에 의하면 모든 입자는 반입자가 되며 모든 벡터의 방향이 바뀐다. 왼손 스핀 중성미자가 CP 연산을 거치면 오른손 스핀 반중성미자가 되는 식이다. 오른손 스핀 반중성미자가 존재하는 것에 더해서 이 입자와 다른 입자와의 상호작용은 왼손 스핀 중성미자와 동일하다. 그러므로 비록 전하와 반전성 대칭이 중성미자에 의해서 깨져도, 이들 조합이 만들어내는 결과는 여전히 유지된다.

물리학자들에게는 놀라운 일이었지만, CP 개념은 전혀 단순한 것이 아니었다. 독일의 수학자 에미 뇌터(Emmy Noether)는 모든 대칭에서는 관련된 양이 보존되고, 서로 교환 가능하다고 이미 1917년에 지적하였다. 예를 들어 시공간이 모든 방향에서 동일하다는 사실(즉 회전 대칭이란 의미)은 각운동량이 보존됨을 뜻한다. 뇌터의 정리에 따르면, 전하 반전성(charge parity)이 자연이 갖고 있는 대칭이라면, CP 수(CP number)는 보존되어야 하는 것이다.

깨진 CP

같은 에너지를 갖고 서로 반대 방향으로 움직이는 입자와 반입자는 전하-반전성 대칭 쌍을 형성한다. CP 연산은 대상을 수학적으로 표현할 때 전체적으로 영향을 미치는 것을 제외하면, 전반적으로는 시스템을 변화시키지 않는다. 이 요소가 바로 CP 수이다.

C나 P 어느 것이건 대상 시스템에 두 번 적용되면 시스템은 원래 상태로

되돌아온다. 이 특성을 수식으로 나타내면 $C^2=P^2=1$(곱하기 1은 아무런 변화도 일으키지 않는 연산이다.)이 된다. 그 결과 CP수는 +1이거나 -1의 값만 갖는다. 자연이 완벽하게 전하-반전성 대칭이라면, 뇌터의 정리에 의해 CP 수가 -1인 시스템은 절대로 CP 수가 +1인 상태로 변환될 수 없다.

전기적으로 중성인 K 중간자의 경우를 보자. K^0는 아래 쿼크 1개와 기묘 반쿼크 1개로 이루어져 있는 반면, 반K^0 중간자는 아래 반쿼크 1개와 기묘 쿼크로 이루어진다. CP 연산에 의해, 모든 K 중간자는 반대 중간자가 된다. 그 결과 어떤 K 중간자도 명확한 CP 수를 갖지 못한다. 하지만 이론물리학자들은 K^0와 반K^0 중간자에 파동 함수를 겹치게 하여 CP 수가 명확한 K 중간자 쌍을 만들어냈다. 양자 역학 법칙에 따라 이 혼합물은 실제 입자에 대응하게 되고 명확한 값의 질량과 수명을 갖는다.

CP 수의 보존은 특이한 사실도 설명해준다. 복합 입자로 이루어진 이 2가지 K 중간자는 분명히 특성이 많이 비슷하지만, 수명이 거의 500배나 차이가 난다. CP 수가 +1인 K 중간자는 2개의 파이온으로 붕괴할 수 있고 이때 CP 수는 변하지 않는다. K 중간자의 질량은 2개의 파이온을 만들어내기에 충분할 정도로 무거우므로, 이 붕괴 과정은 아주 빠르게 일어난다. 그러나 CP 수가 -1인 K 중간자는 CP 수가 -1인 상태로만 변할 수 있다. 3개의 파이온으로만 붕괴 가능한 것이다. 이 과정은 K 중간자가 3개의 파이온을 만들기엔 질량이 충분치 않으므로 시간이 많이 걸린다. 그러므로 수명이 짧은 중간자에 더해서 수명이 긴 K 중간자를 발견한다면 K 중간자가 CP 대칭을 유지한다는 사실이 입증된다.

이 깔끔한 아이디어는 1964년에 롱아일랜드에 있는 브룩헤이븐 국립연구소에서 크리스텐슨(Christenson), 제임스 크로닌(James Cronin), 밸 피치(Val Fitch), 르네 털레이(René Turlay)가 수명이 긴 K 중간자(CP 수가 -1인)가 500개마다 1개꼴로 2개의 파이온으로 붕괴하는 것을 관측하면서 산산조각 났다. CP가 자연의 대칭성을 보여주는 것이라면, 이런 붕괴는 존재해서는 안 되었다. 이론물리학자들은 CP 대칭이 깨지는 이유를 알 수 없었고, 그처럼 작은 비율로 일어나는 이유도 역시 몰랐다.

1972년, 나고야 대학교의 고바야시 마코토(小林誠)와 마스카와 도시히데(益川敏英)가* 3가지 혹은 그 이상의 쿼크 족이 존재한다면 표준 모형에서 전하 반전성이 깨질 수 있음을 보였다. 공교롭게도 당시엔 단 2가지 족의

*두 사람은 2008년에 노벨 물리학상을 수상했다.

쿼크(위 쿼크와 아래 쿼크가 속한 제1족과, 기묘 쿼크와 맵시 쿼크가 속한 제2족)만이 알려진 상태였다. 그러므로 이들의 설명은 1975년 스탠퍼드 선형가속기 센터(SLAC)의 마틴 펄(Martin L. Perl)을 비롯한 연구진이 제3족 입자 중에서 최초로 발견된 타우 경입자를 관측하고부터 받아들여지기 시작한다. 2년 뒤 일리노이 주 바타비아에 있는 페르미 국립 가속기 연구소에서 바닥 쿼크가 발견된다. 꼭대기 쿼크는 최근에야 역시 페르미 국립 가속기 연구소에서 발견되었고, 비로소 제3족 입자들이 모두 발견되기에 이른다.

우주 비틀기

우주가 탄생부터, 즉 처음부터 입자와 반입자 수가 균형이 맞지 않는 상태였다고 생각해볼 수도 있다. 하지만 시작부터 이런 불균형이 있었다 해도 초기 우주에 중입자 수(물질 입자 수에서 반물질 입자 수를 뺀 값)를 변화시키는 과정이 포함되어 있었다면 불균형이 빠르게 사라졌을 것이다.(표준 모형을 확장한 대통일 이론에서는 대폭발 직후에 이런 과정이 아주 흔하다고 본다.) 이론물리학자들은 입자와 반입자 모두 초기 우주에 아주 풍부했으나 우주가 팽창하며 식는 과정에서 입자가 더 많아진 것으로 바라보는, 다른 이론을 선호한다.

소련의 물리학자(반체제 인사이기도 한) 안드레이 사하로프(Andrei Sakharov)는 이런 비대칭성이 만들어지려면 3가지 조건이 필요하다고 지적한다. 첫째, 중입자 수를 보존하지 않는 근본적인 과정이 있어야 한다. 둘째, 우주가 팽창하는 동안 열적 평형에 이르지 않아야 한다.(열적 평형 상태에서는 에너지가 같은 모든 상태가 같은 수의 입자를 가지며, 입자와 반입자는 질량 혹은 에너지가 같으므로 같은 비율로 만들어진다.) 셋째, CP 대칭(근본적으로는 물질과 반물질 사이의 대칭)이 깨져야만 한다. 그렇지 않다면 물질의 양을 변화시키는 어떤 과정도 반물질에 대한 유사한 과정에 의해서 균형이 유지될 것이다.

가장 폭넓게 받아들여지는 이론은, 우주가 탄생할 때 힉스 입자와 관련된 양자장이 어디서나 0이었다는 것이다. 그리고 우주 어디에선가 거품(bubble)이 만들어졌고, 그 안에서 힉스 장이 0이 아닌 값을 갖게 되었다. 거품 바깥에서는 입자와 반입자 모두 질량이 없지만, 거품 안에서는 힉스 장과 상호작용을 하면서 질량을 갖는다. 그러나 거품이 점점 커지며 입자와 반입자가 거품 표면을, CP 깨짐으로 인하여 서로 다른 비율로 휩쓸었다. 그러므로 거품 바깥에서 나타난 물질과 반물질 사이의 불균형은 중입자 수를 변화시키는 과정에 의해 곧바로 균형을 되찾는다.

이런 과정은 거품 내부에서는 지극히 드물어서 거품 내부의 불균형은 그대로 유지되었다. 거품이 우주의 거의 대부분을 차지할 정도로 확장되자 거품 내부에는 반입자보다 입자가 훨씬 많은 상태가 된다. 우주가 식으면서 더 이상 입자와 반입자가 충돌에 의해 만들어지지 않고 서로 만나면 쌍소멸 하는 단계에 이른다. 안타깝게도 이런 과정이 일어나려면 물질과 반물질 사이에 어느 정도의 불균형이 필요한지 계산한 결과는 필요치보다 여러 자릿수나 작은 값이었다. 결국 CP 대칭이 무너지는 다른 법칙이 있다는 뜻이고, 표준 모형은 불완전한 상태로 남았다.

깨짐의 원인을 찾을 가능성이 많은 곳은 아마도 B 중간자와 관련된 내용일 것이다. 표준 모형은 B^0와 반B^0의 붕괴가 상당히 비대칭적일 것으로 예측한다. B^0는 아래 쿼크가 바닥 반쿼크로, 반B^0는 아래 반쿼크와 바닥 쿼크로 이루어졌다. B 중간자는 앞서 언급한 K 중간자와 상당히 유사하게 움직인다. 실제 관측된 B 중간자는 B^0와 반B^0가 섞여 있다.

B^0 중간자가 어떤 순간에 만들어졌다고 해보자. 얼마의 시간이 지난 후 관측자는 같은 입자와 반B^0를 관측할 확률을 갖는다. 쿼크와 반쿼크 조합과 그 반입자 조합의 비율이 진동하는 중간자 특유의 이 상태는 양자 역학이 옳다

는 사실을 보여주는 주목할 만한 사례다.

요점

실험물리학자들이 CP 깨짐을 연구하려면 B^0가 명확한 CP 수를 갖는 최종 상태로 붕괴하는 과정을 들여다봐야 한다. 이런 붕괴는 처음에 B^0였던 입자와 반B^0였던 입자 사이에서 속도가 다르다. 이 차이가 시스템에서는 CP 깨짐의 정도를 보여줄 것이다. 그러나 K^0 붕괴에서의 1,000번에 1번꼴과는 달리 예측된 B^0 붕괴의 비대칭은 아주 커서, 어떤 붕괴의 속도가 다른 붕괴 속도보다 여러 배 빠를 수 있다.

표준 모형 이외 모형에서는 종종 B^0 붕괴의 불균형이 어떤 값이라도 될 수 있도록 해서 CP 깨짐이 일어날 수 있는 다른 가능성을(경우에 따라서는 추가적인 힉스 입자를 도입하기도 하는) 포함한다. 결국 비대칭의 패턴을 측정하면 예측이 맞는지 명확하게 판단할 수 있다.

바닥 쿼크가 발견되었을 때, 질량은 양성자의 5배가량인 5기가전자볼트 정도일 거라고 측정되었다. 결과적으로 이론물리학자들은 2개의 B 중간자를 만들어내려면 10기가전자볼트를 약간 넘는 에너지가 필요하다고 계산했다. 1980년대 초 코넬 대학교에서는 전자-양전자 충돌기(전자와 양전자가 서로 빠른 속도로 부딪히도록 만드는 장치)를 조작해서 전자-양전자 쌍이 쌍소멸 하면서 10.58기가전자볼트의 에너지를 방출하도록 만들었다. 예측한 대로 이 에너지는 B 중간자로 바뀌며 많은 입자를 만들어냈다. 대략 4번에 1번꼴로 B 중간자와 반입자가 아무런 입자도 만들어내지 않고 쌍소멸 하였다.

스탠퍼드 선형가속기 센터(SLAC)에서의 1983년 실험에서는 수명이 1.5피코초(ps)로* 예기치 않게 긴 B 중간자가 발견되었다. 이처럼 긴 수명은 B^0가 붕괴하기 전에 반B^0로 바뀔 수 있는 가능성을 높여서, CP 깨짐 비대칭을 더 관측하기 쉽게 만들어줬다. 게다가 1987

*1조분의 1초. 초고속에 사용되는 단위의 하나로서, 빛이 약 0.3밀리미터 진행하는 시간이다.

년 독일 함부르크의 전자 싱크로트론 연구소(DESY)에서 수행된 실험에서는 이 "혼합" 확률이 16퍼센트라고 측정되어, 비대칭이 K^0의 비대칭보다 훨씬 클 것으로 예측되었다. CP 깨짐을 제대로 연구하려면 엄청난 수의 B 중간자가 있어야 한다.

1988년 콜로라도 주 스노우매스에서 열린 워크숍에서의 주요 관심 주제는 힉스 입자였다. 일부 참가자들은 CP 깨짐, 특히 B 중간자에 관해서 의견을 나눴다. 이들은 B 중간자를 연구하는 가장 좋은 방법은 전자-양전자 충돌기를 전자와 양전자 빔이 다른 에너지를 갖는 10.58기가전자볼트로 조절하는 것이라는 데 의견을 모았다. 이런 약간 특이한 방법으로 B 중간자의 수명을 측정할 수 있었다. 실험물리학자들은 검출기에서 추적한 입자의 흔적에서 B 중간자의 탄생 시점과 소멸 시점을(즉 붕괴를) 검출한다. 이 두 점 사이 거리를 계산된 중간자의 속도로 나누면 수명을 얻을 수 있다. 그러나 일반적인 전자-양전자 충돌기를 10.58기가전자볼트로 조작하면 거리가 너무 짧아서 측정이 힘들 정도로 거의 움직임이 없는 2개의 B 중간자가 만들어진다.

로렌스 버클리 국립연구소의 피에르 오도네(Pier Oddone)는 전자와 양전자의 에너지가 다를 때는 생성된 B^0 중간자가 더 빠르게 움직인다고 지적한 바 있다. 예를 들어 전자 빔의 에너지가 9.0기가전자볼트고 양전자 빔의 에너지가 3.1기가전자볼트면, B^0 중간자는 빛의 속도의 절반 속도로 움직여서, 붕괴할 때까지 약 250미크론(1미크론은 100만분의 1미터) 이동한다. 이 정도 거리면 상당히 정확하게 수명을 계산할 수 있다.

전자와 양전자에 서로 다른 에너지를 부여할 수 있는, 별개로 이루어진 2개의 순환 통로로 구성된 가속기가 있다면 이런 목적에 적합할 것이다. 각각의 순환 통로로 아주 강력한 입자 빔이 지나므로 충돌 확률이 아주 높아진다. 이런 가속기를 비대칭 B 공장이라고 부른다. 빔의 에너지가 다르므로 '비대칭', 많은 양의 B 중간자를 만들어내므로 'B 공장'이라고 이름 붙였다.

여러 연구소가 협력하여 1년에 3000만 쌍의 B 중간자를 만들어내는 가속기를 설계했다. 1993년 미국 에너지부와 일본 문부성이 2가지 제안서를 승인했다. 캘리포니아에 있는 스탠퍼드 선형가속기 센터(SLAC)와 츠쿠바에 있는 고에너지 가속기 연구기구의 안이었다. SLAC의 안은 기존의 선형 터널을 이용해서 양전자와 전자를 가속하는 것이었다. 가속된 입자는 20년 된 기존 원형 터널 내에 새로 건설될 별개의 원형 통로를 따라 돌면서 한곳에서 교차한다. 건설비는 1억 7700만 달러였다. 일본의 안도 이전에 트리스탄(Tristan) 충돌기가 설치되어 있던 기존 터널을 활용했다.

물리학자들과 엔지니어들은 드물게 일어나는 B 중간자의 붕괴를 관측하고 입자의 위치를 80미크론 이내의 정확도로 파악할 수 있는 대형 설비를 준비하느라 바쁘게 움직였다. 이 정도의 정확도는 꼭대기 쿼크를 발견할 때 쓰였던 실리콘 마이크로스트립 기술을 이용해서 얻어진다.* 실험물리학자들은 전하 반전성 문제에 힌트가 될 아주 희박한 확률의 입자를 찾아내기 위해 B 중간자 붕괴에서 만들어지는 거의 모든 입자를 식별하고자 했다.

*《사이언티픽아메리칸》1997년 9월호에 실린 토니 리스(Tony M. Liss)와 폴 팁턴(Paul L. Tipton)의 "꼭대기 쿼크의 발견(The Discovery of the Top Quark)" 기사 참조.

SLAC에서 건설 중이던 BABAR 검출기에는, 지름 30센티미터, 길이 60센티미터가량 원통 부분의 가장 안쪽에 실리콘 마이크로스트립이 설치된다. 바깥층은 각각 입자의 에너지, 속도, 통과력을 측정해서 입자가 만들어지던 원래의 상황을 유추할 수 있도록 해준다. 9개국 70곳 기관의 500명 넘는 인력(우리 두 필자를 포함해서)이 검출기를 만들며, 비용은 8500만 달러에 달한다.(사실 CERN에서 월드와이드웹을 발명한 목적이 바로 이런 종류의 국제 협력을 가능하게 하려는 것이었다.) 일본에서의 건설을 위한 BELLE 협력 또한 국제적인 협력을 바탕으로 이루어지고 있으며, 10개국의 연구진이 참여하고 있다. 두 곳의 B 공장 모두 올해 말에 완성 예정이며, 첫 번째 실험 결과는 1999년 초에 얻어질 것이다.

양자 역학적 관점에서 덜 예측 가능한 다른 종류의 전하 반전성 깨짐도 B 붕괴에서 일어난다. 코넬 대학교의 충돌기와 검출기가 이런 효과를 찾아낼 수 있도록 성능 개선 작업 중이다. B 물리학 분야에서 양성자 가속기를 이용한 여러 실험을 세계 각국이 계획하고 있다. 두 종류의 충돌기가 결정적이고 상호 보완적인, CP 깨짐의 증거들을 보여줄 것이다.

B 공장들에서의 실험은 궁극적으로 표준 모형 개념이 들어맞음을 알려줄 것이고, 남은 변수의 값을 결정할 수 있도록 도와줄 것이다. 마찬가지로 표준 모형의 예측이 변수 선택과 관계없이는 맞지 않는다는 사실도 보여줄 수 있다. 어쩌면 실험 결과가 표준 모형 이외의 모든 다른 이론을 폐기하도록 만들어서 이론물리학자들은 백지 상태에서 다시 시작해야 할지도 모른다. 어쨌거나 예상대로 일이 잘 진행된다면, 왜 우주가 물질만으로 이루어졌는지를 이해하게 될 것이다.

2

분명히 존재하는 입자

2-1 힉스 보손

마르티뉘스 펠트만

물리학에서 진정으로 근본적인 문제는 항상 복잡한 방정식이나 수학적 표현을 빌지 않고 간결하게 설명된다. 적어도 항상 이런 식으로 설명하려 했던 저명한 물리학자 빅토어 바이스코프(Victor F. Weisskopf)가 필자에게 얘기하기로는 그랬고, 사실 그의 말이 옳다. 존재가 예측되고 있지만 아직 발견되지 않은 입자인 힉스 보손과 이 입자와 관련된 소위 힉스 장에 대해서도 마찬가지다.

에든버러 대학교의 피터 힉스의 이름을 딴 힉스 보손은 오늘날 기본 물리 반응의 표준 모형이라는 이론에서 아직 완성되지 않은 주요 요소다. 표준 모형은 물질의 기본 구성 요소와 이들이 상호작용하는 기본 힘을 설명하는 이론으로 받아들여진다. 표준 모형에 의하면, 모든 물질은 쿼크와 경입자로 이루어져 있고, 이들은 중력·전자기력·약력·강력의 4가지 힘을 통해서 상호작용한다. 강력은 쿼크를 붙들어 매어 양성자와 중성자를 형성하도록 하고, 남는 잔류 강력이 양성자와 중성자를 원자핵 속에 묶어둔다. 전자기력은 원자핵과 경입자의 한 종류인 전자를 묶어 원자를 형성하고, 남는 잔류 전자기력이 원자를 분자 속에 붙든다. 약력은 특정한 종류의 원자핵 붕괴와 관련이 있다. 약력과 강력의 영향은 원자핵의 반지름보다 작은 아주 짧은 거리에서만 작용한다. 중력과 전자기력의 작용 범위는 무한대이므로 누구에게나 가장 익숙한 종류의 힘이다.

표준 모형의 내용이 대부분 알려져 있지만, 아직 완성된 이론이 아니라고 생각할 이유도 존재한다. 바로 힉스 보손이다. 특히 힉스 보손은 표준 모형에 수학적 일관성을 제공하는 동시에, 현존하는 입자가속기의 성능으로는 발견되지 않지만 머지않아 가속기 성능이 개선될 것으로 기대된다. 또한 힉스 보손이 모든 기본 입자의 질량을 만들어내는 것으로 생각된다. 마치 입자가 힉스 보손을 "먹어서" 체중이 느는 것이라고 해도 무방하다.

힉스 보손의 가장 큰 약점은 지금까지 이것이 존재한다는 증거가 발견되지 않았다는 점이다. 반대로 이 이론적 입자가 존재하지 않을 가능성이 있다는 간접적 증거는 많다. 사실 오늘날의 이론물리학이 힉스 보손 같은 복잡한 요소를 이용해서 미지의 세계를 채워가고 있다는 걸 생각해보면 보통 사람이 맨눈으로 하늘의 별을 볼 수 있다는 것 자체가 놀라운 일일 지경이다. 향후에 완성될 가속기가 힉스 보손이 존재한다는 증거를 분명히 찾아서, 힉스 입자가 존재하리라는 그간의 가설이 인정받도록 해주겠지만, 필자는 문제가 그렇게 간단하지는 않다고 생각한다. 표준 모형이 전체적으로 오류가 있다는 뜻이 아니다. 오히려 표준 모형이 훌륭한 가설이긴 해도 그저 자연을 단순화한 방법 중 하나라고 해야 정확할 것이다.

힉스 보손 개념의 도입을 정당화하는 유일한 이유는 표준 모형이 수학적으로 일관성을 유지하도록 하는 것이고, 이를 위해서는 기본 입자가 질량을 갖도록 해서 힉스 입자가 개념적으로 보다 단순함이 유지되도록 세심하게 접근해야 했다. 우선 이 주제에서부터 시작해보자.

힉스 입자가 어떤 식으로 질량을 만들어내는지 이해하는 데 핵심이 되는 것은 장(field) 개념이다. 장이란 프라이팬 표면의 온도처럼 시공간 어떤 구역의 모든 점에서 정의되는 양(quantity)이다. 물리학에서 이 '장'이라는 어휘는 중력장, 전자기장과 같은 때 쓰인다. 장은 보통 매개 입자의 교환을 통해 존재를 드러낸다. 예를 들어 전자기장의 매개 입자는 빛의 양자인 광자다. 중력장, 약력장, 강력장의 매개 입자는 각각 중력자(아직 발견되지 않았다), W^+, W^-, Z^0 3가지의 약한 벡터 보손, 8가지 글루온이다. 비슷한 맥락에서 힉스 보손은 힉스 장의 매개 입자다.

현재 모든 공간에 힉스 장이 균일하게 존재한다고 가정되며, 이는 우주 공간이 텅 빈 것이 아니라 균일한 장으로 채워져 있다는 의미다. 힉스 장은 입자와 결합해서 질량을 만들어낸다고 여겨진다. 결합의 강도에 따라, 입자는 특정한 퍼텐셜 에너지를 갖는다. 아인슈타인의 유명한 공식 $E=mc^2$(에너지는 질량을 광속의 제곱과 곱한 것과 같다)에 의해, 이 결합 에너지는 질량과 동등하다. 결합이 강력할수록 질량이 커진다.

입자가 힉스 장과 상호작용을 통해서 질량을 획득한다는 이야기는 어딘가 종이가 잉크를 흡수하는 것과 비슷한 구석이 있다. 종이가 입자이고 잉크가 에너지 혹은 질량에 해당한다면, 두께와 크기가 다른 종이가 다양한 양의 잉크를 흡수하듯 서로 다른 입자들이 다양한 양의 에너지 혹은 질량을 "흡수"하는 셈이다. 입자의 질량을 관측한 값은 입자의 "에너지 흡수력"과 공간에서의 힉스 장의 강도에 의해 결정된다.

힉스 장의 특징은 어떤 것들일까? 힉스 장이 정말 존재해서 입자에 질량을 부여하려면, 심지어 진공 중에서도 일정하면서 0이 아닌 값을 갖는다고 가정해야 한다. 또한 힉스 장은 스칼라 장이어야 한다. 스칼라 장은 모든 위치에 1개의 스칼라 값, 즉 숫자가 할당된 장이다. 또 다른 종류의 장은 모든 점에 벡터, 즉 화살표를 할당할 수 있는 벡터 장이다. 벡터의 크기는 화살표의 길이로, 방향은 화살표의 방향으로 나타낸다. 전자기장, 약력장, 강력장은 모두 벡터 장이다. 한편 중력장은 이와는 다른 텐서(tensor) 장이다.

만약 힉스 장이 벡터 장이라면 입자의 질량은 입자와 장의 정렬 상태에 따라 달라지므로, 현재 제안된 힉스 장은 스칼라 장이어야만 한다. 약간 심하게 단순화해 표현하자면, 힉스 장이 벡터 장이라면 사람이 한곳에 서서 한 바퀴 돌면 질량이 계속 변화해야 한다. 다른 말로 하자면 힉스 장에는 스핀(방향성)이 없다.

힉스 장은 스핀이 없으므로, 힉스 보손도 역시 스핀이 없어야 한다. 기본 입자에서의 스핀이란 양자 역학에서 대략 일반 역학의 회전하는 공의 방향에 해당하는 특성이라고 보면 된다. 기본 입자는 정수(0, 1, 2 등)와 반(半)정수(1.5, 2.5 등)의 스핀 값만 갖는다. 정수 스핀 값을 갖는 입자는 보손, 반정수 스핀 값을 갖는 입자는 페르미온이라고 한다. 보손과 페르미온은 확연하게 다른 특성을 갖지만, 이에 대해서는 깊이 다루지 않겠다.

힉스 보손은 스핀이 0이므로 스칼라 보손이라고 불린다. 대부분의 다른 보손은 스핀이 1인 벡터 보손이다. 광자, 글루온, W^+, W^-, Z^0 입자는 스핀이 -1 이다.

벡터 보손은 보통 자연의 기본 힘과 연관이 있고 힉스 보손은 스칼라 보손 이므로, 힉스 장과 결합되는 입자는 새로운 종류의 힘이어야 한다. 이 힘은 오 로지 표준 모형의 수학적 일관성을 개선하려는 목적으로 도입된 것이다. 힉스 힘(Higgs force)은 수학적으로는 퍼듀 대학교의 에프라임 피슈바흐(Ephraim Fischbach)가 최근 발표한 "다섯 번째 힘"과 유사한 모습을 보인다. 그러나 이 새롭게 제안된 힉스 힘은 "다섯 번째 힘"보다 더 약하고 작용 거리도 짧다.

힉스 힘은 입자마다 다르게 결합하므로 일반적인 힘이라고 할 수 없다. 어 떤 입자가 질량을 지닐 때, 힉스 장과의 결합 강도는 그 입자의 질량이 만들어 질 수 있는 값으로 정해진다. 또한 실험 결과 광자는 질량이 없는 것으로 나 타나므로 힉스 장은 광자와는 결합하지 않는 것으로 가정된다. 그러나 질량을 가진 W^+, W^-, Z^0 입자와는 분명하게 연계된다. 질량이 있는 입자는 힉스 장에 서 어떤 식으로 질량을 부여받는 것으로 바라보건, 하여튼 질량이 있다는 점 은 분명하다. 신기한 것은 표준 모형에서는 어떤 입자도 이 이론의 수학적 완 성도를 무너뜨리지 않고는 질량을 지닐 수 없다는 점이다.

현실적 관점에서 보자면 힉스 보손을 이용해서 질량을 설명한다고 딱히 달 라지는 것은 없다. 힉스 장이 왜 특정 입자와는 더 강하게 결합하는지에 대해 서도 아직껏 설명이 불가능하다. 또한 힉스 보손이 일반적으로 힉스 장과 상 호작용을 한다고 받아들여지지만, 힉스 보손 자체의 질량(아직 밝혀지지 않았다)이 어떤 식으로 결정되었는지도 아무도 모른다. 이런 관점에서 보자면, 미지의 문제인 입자의 질량 문제를 미지의 힉스 입자 질량 문제로 바꿔놓은 것에 불과하므로, 실제로 더 알게 된 것은 아무것도 없는 셈이나 다름없다.

게다가 힉스 보손의 도입은 "신성한" 중력장에 심각한 문제를 일으킨다. 질량과 에너지의 동일성은, 질량을 가진 것과는 무조건 반응하는 중력자가 에너지를 운반하는 것이라면 무엇과도 반응해야 함을 의미한다. 중력자와 우주 어느 곳에나 있는 힉스 장의 연결은 우주를 축구공 크기로 휘게 만들어버릴 정도로 어마어마한 "우주 상수(cosmological constant)"를* 만들어낸다. 힉스 보손의 질량이 약한 벡터 보손과 대략 비슷한 수준이라고 가정하면, 진공에서 힉스 장의 에너지 밀도는 원자핵 내부 물질 밀도의 10조 배 정도여야 한다. 지구를 이런 밀도로 압축하면 부피가 약 500세제곱센티미터인 음료수 캔 크기에 불과하게 된다. 당연히 이는 실험 결과에 배치된다.

* 진공의 에너지 밀도를 의미한다. 1917년 아인슈타인이 정적인 우주 모형을 만들기 위해 일반 상대성 이론에 도입했다가 철회하였다. 그러나 최근 다시 주목 받고 있는데, 우주 상수가 있을 경우 우주가 가속 팽창을 일으킨다는 관측 결과를 설명할 수 있기 때문이다.

그래서 이론물리학자들이 기발한 방법을 생각해냈다. 힉스 장이 없는 "진짜" 진공은 음으로 휘어 있다고 가정한 것이다. 여기서는 우주 상수가 힉스 장에 의해 만들어지는 값과 크기는 같고 부호가 반대다. 여기에 힉스 장을 도입하면 우주가 평평해지고 우리가 알고 있는 우주와 같아진다. 물론 이런 식의 가설이 아주 만족스러울 리는 없고, 많은 학자들이 거대한 값의 우주 상수 문제를 풀려고 갖가지 시도를 했지만 성공한 사례는 아직 없다. 이론물리학자들이 진공에 더 많은 입자와 장이 존재한다고 하면 할수록 상황은 점점 나빠질 뿐이다. 어쩌면 우주는 150억 년에서 200억 년 전에 일어났던 대폭발에 의해서 만들어질 때부터 평평했을지도 모른다.

엄청난 값을 갖는 우주 상수가 상쇄된다는 점을 받아들인다면, 하나의 힉스 장이 존재한다는 이론은 관측 결과와 특별히 어긋나지는 않는다. 지난 10년간 이 이론을 확장한 몇몇 이론들에서는 힉스 장이 몇 개 더 있다고 주장하기도 한다. 이런 주장이 언뜻 그럴듯하긴 해도, 아직까지는 힉스 장이 여럿이라는 가설에 부합하는 관측 결과도, 배치되는 결과도 없다.

강력에서 관찰되는 측정 대칭들을 우아하게 설명하기 위해 스탠퍼드 선형 가속기 센터(SLAC)의 헬렌 퀸과 독일 전자 싱크로트론 연구소(DESY)의 로베르토 페체이(Roberto Peccei)는 두 번째의 힉스 장 개념을 도입했다. 이 이론은 아주 가볍고 새로운 입자인 액시온(axion)이 존재할 것이라고 예견한다. 그러나 아직까지는 어떤 실험에서도 액시온이 발견된 적은 없다. 또한 이 이론은 "구역벽(domain walls)"이라고 알려진 현상과 관련한 아주 주목할 만한 우주적 결과를 포함하고 있다. 구역벽은 서로 다른 특성을 지닌 두 구역이 만나는 곳이다. 영구 자석에서 한 구역의 원자의 스핀이 한 방향으로 정렬되어 있고, 다른 구역 원자의 스핀은 방향이 다른 것이 좋은 예다.

어떤 힉스 장이 초기 우주에 구역벽을 만들어냈을 것으로 보인다. 우주가 어렸을 때, 온도는 매우 높았고 힉스 장은 아직 존재하지 않았다. 우주의 온도가 충분히 내려가자 비로소 힉스 장이 모습을 드러냈다. 냉각이 완벽하게 균일하지 않았다면, 힉스 장은 우주의 여러 곳에서 조금씩 다른 특성을 보였을 터다. 그런 구역들이 얼마나 달라야 구분이 될 정도의 현상이 일어났을지는 힉스 장의 상세한 특성에 달린 일이지만, 퀸과 페체이의 가설에 의하면 모종의 충돌이 있었으리라 짐작할 수 있다.

문제는 그런 구역들 사이의 구역벽이 관측되지 않았을까 하는 점이다. 이는 힉스 장이 존재하지 않거나, 자연이 힉스 장을 아주 조심스럽게 이용하고 있다는 사실을 의미할 수 있다. 아니면 구역벽이 우주 초기에 사라졌을 수도 있다. 그럴듯한 이론을 만들고 힉스 장을 도입하고 나니 뭔가 문제가 생기는 식의, 이런 경우는 이론물리학에서 사실 흔히 일어난다. 그렇게 되면 이론에 대한 전반적 신뢰도가 떨어지고 만다.

또 다른 힉스 보손을 도입하는 것도 역시 "SU(5) 대통일 이론"이라고 불리는, 많은 주목을 받고 있는 모형에 문제를 일으킨다. 보통 대통일 이론의 목적은 4가지 기본 힘을 하나의 힘으로 설명하려는 것이다. 지난 20년간 전기약 이론에 힘입어 이 분야에서 적지 않은 발전이 있었다. 이 이론은 전자기력과 약력이 기본적으로 같은 힘인 전기약력이라고 본다. 전기약 이론은 1983년 유럽 입자물리 연구소(CERN)에서 W^+, W^-, Z^0 입자가 발견되면서 극적으로 입증되었다.

SU(5) 대통일 이론은 강력과 전기약력을 하나의 힘으로 묶으려고 한다. SU(5)라는 명칭은 이 이론이 기반을 둔 수학적 대칭성들의 집합을 가리킨다.

SU(5) 이론에 의하면 통상의 환경에서 상당히 다른 모습을 보이는 강력·약력·전자기력이 입자가 대략 10^{15}기가전자볼트의 에너지로 상호작용을 할 때는 구분할 수 없게 된다.

강력과 전기약력을 통합하려면 질량이 약한 벡터 보손보다 여러 자릿수 높은 새로운 벡터 보손을 도입해야 한다. 이 새로운 보손들은 아주 무거우므로 독자적인 힉스 장이 있어야 한다. 그래서 SU(5) 이론에서는 진공에 두 힉스 장이 있어서 각각 다른 입자에 다른 강도로 결합한다고 본다.

SU(5) 이론의 가장 중요한 결론은 새로운 벡터 보손에 의해 쿼크가 경입자로 변할 수 있다는 것이다. 그 결과 양성자(3개의 쿼크로 이루어진 "불멸의 결합")가 양전자(양의 전하를 띤 전자로 경입자에 속함)나 파이온 같은 가벼운 입자로 붕괴할 수 있게 된다. 2개의 힉스 장이 존재한다면, 붕괴 속도를 계산할 수 있다. 그러나 최근 실험들에서 그런 붕괴는 발견되지 않았다. SU(5) 이론이나 힉스 장 이론에 문제가 있거나 둘 다일 수도 있다. 필자는 SU(5) 이론의 핵심 개념이 오랜 시간이 지나도 폐기되지 않으리라 생각한다.

더 나아가 SU(5) 대통일 이론이 맞으며, 힉스 장이 존재하고, 우주의 최초 10^{-35}초 이내에 자기 단극(magnetic monopole)들이 만들어졌을 것이다. 자기 단극의 좋은 예는 막대자석에서 고립된 극이다.(막대자석을 반으로 자르면 두 작은 막대자석이 만들어져 단독으로 존재하는 N극 S극이 있을 수 없으므로 고전적 의미에서는 물론 이런 물체가 존재하지 않는다.) SU(5) 이론을 지지하는 학자들도 단극의 내부 구성과 몇 개의 단극이 존재하는가에 대해서 의견이 갈린다. 보편적으로는 단극이 기본 입자보다 엄청나게, 아마도 양성자보다 10^{16}에서 10^{17} 배 정도 무거워야 한다고 본다. 단극을 발견했다는 보고가 가끔 있긴 하지만, 입증된 적은 없다. 자연은 힉스 장과 관련된 것이라면 죄다 싫어하는 것 같기도 하다. 단극을 찾는 일은 계속될 것이다.

증거들을 조금 더 살펴보면 자연은 힉스 장을 연습 상대 정도로 다뤄온 것이 아닌가 싶기도 하다. 그랬었다면 말이다. 공교롭게도 전기약 이론에서 가장 단순한 형태의 힉스 장을 도입한 결과가 W 보손과 Z^0 보손의 질량 사이 관계에 영향을 미친다. 이 관계는 로우(Rho=ρ)라고 불리는, W 보손과 Z^0 보손의 질량비를 나타내는 값에 의해 나타난다.(여기서는 무시하겠지만 교정 비율도 있다.) ρ의 값으로 여겨지는 값은 1이다. 실험에서 얻어진 값은 5퍼센트 오차 내에서 1.03이다. 힉스 장이 하나 이상 존재한다면, ρ는 어떤 값이라도 가질 수 있다. 이론과 실험값이 일치하는 것이 우연이 아니라고 가정한다면, 실험 결과는 단 하나의 힉스 장만이 존재함을 의미하는 셈이다.

이 시점에서 힉스 보손이 정말 존재하는지 진지하게 의문을 던져볼 필요가 있다. 앞에서 필자는 힉스 보손의 존재를 추측할 유일한 이유는 표준 모형의 수학적 일관성이라고 언급한 바 있다. 역사적으로 힉스 보손을 도입해서 이런 일관성을 얻는 것과 질량을 설명하는 것 사이에는 아무 관련이 없다. 힉스 보손을 이용해서 질량을 설명하는 것은 자연에 가장 근접한 이론적인 "모형을 세워가는" 과정에서 진행된 일이다. 다양한 W 보손이 포함된 모형을 제안한 펜실베이니아 대학교의 시드니 블러드만(Sidney A. Bludman), 전자기력을 블러드만의 모형에 통합한 하버드 대학교의 셸던 리 글래쇼 등이 주요한 인물이다. 텍사스 주립대학교 오스틴 캠퍼스의 스티븐 와인버그는 영국 임페리얼 과학기술대학교의 토마스 키블(Thomas W. B. Kibble)이 개발한 방법을 이용해서 모형에서 입자의 질량과 관련된 부분을 힉스 메커니즘을 이용해서 질량이 부여되는 것으로 바꿔놓았다. 쿼크를 벡터 보손과 통합하는 이론은 로마 대학교의 니콜라 카비보(Nicola Cabibbo)와 루치아노 마이아니, 츠쿠바 대학교의 하라 야스오, 파리 고등사범학교의 글래쇼와 일리오폴로스에 의해 만들어졌다.

 이들의 논문은 1959년에서 1970년에 이르는 꽤 긴 기간에 걸쳐 발표된 것들이다. 같은 시기에 다른 학자들이 제안한 모형도 다수 발표되었으나, 필자가 언급한 논문을 포함해서 그 어느 것도 물리학계의 주목을 받지 못했다. 사실 대부분 학자들 스스로조차 자신들 제안을 믿지 않았으므로 지속적인 연구가 이루어지지 못했다.(글래쇼와 일리오폴로스만 예외였다.) 이유는 명확했다. 아무도, 아무것도 계산을 할 수가 없었기 때문이다. 당시에 알려진 계산으로는 터무니없는 값만 얻어졌다. 실험 결과를 예측할 방법 자체가 없었던 것이다.

 필자는 증거가 될 만한 실마리를 찾으려던 1968년, 약한 상호작용을 이해하는 데는 양-밀스 이론(표준 모형을 하나의 특수한 사례로 포함하는 일반 이론)이 관련 있으며, 수학적 문제들을 해결하지 못하면 아무런 진전이 없으리라고 판단했다. 그래서 실험적 관측 결과에 대해 크게 관심을 두지 않는, 필자가 "수학적 이론"이라고 부르는 일련의 연구를 시작했다. 일단 수학적 문제를 들여다보는 것이다. 이런 면에서 필자가 첫 번째 연구자는 아니다. 최초의 연구는 브루클린 국립연구소의 양첸닝과 로버트 밀스에 의해서 시작되었다. 캘리포니아 공과대학교의 리처드 파인먼, 레닌그라드 대학교의 류드비크 파데예프, 노스캐롤라이나 대학교의 브라이스 디윗, 캘리포니아 주립대학교 버클리 캠퍼스의 스탠리 만델스탐은 이 어려운 주제에 관해서 이미 상당한 연구를 진행한 바 있었다.

필자의 연구도 성공적이진 못했다. 연구 결론은 1971년 위트레흐트 대학교에서 필자의 지도학생이었던 헤라르트 엇호프트의 학위 논문에 담겼다. 당시에는 이 주제를 받아들이는 연구자가 소수에 불과했다. 하버드 대학교의 시드니 콜먼(Sidney R. Coleman)은 적어도 한 번 이상, 상당히 강한 어조로 필자가 "약한 상호작용의 애매한 구석을 한번에 쓸어버린다."라고 평하였다. 예외는 상당한 도움을 준, 모스크바 대학교의 E. S. 프래드킨이 이끄는 일련의 러시아 연구자들이었다.

흥미롭게도 모형 개발파와 수학 이론파는 꽤 오랜 동안 서로 교류 없이 연구를 지속했다. 필자도 1971년까지 모형 개발파가 도입한 힉스 보손에 대해서 전혀 아는 바가 없었다. 이 점에서는 엇호프트도 마찬가지였다. 사실 그의 연구가 골드스톤 정리(모형 개발파에서 만들어낸 개념이다)와 어떤 연관이 있어 보인다고 언젠가 그에게 이야기했던 것은 분명하게 기억이 난다. 우리 둘 모두 그 정리에 대해서는 잘 몰랐으므로, 서로 멀뚱거리며 몇 분이나 쳐다보다가 그냥 잊어버리자고 하고 말았다. 빅토어 바이스코프의 유명한 말처럼 발전이란 "적절한 방법을 모르는 데서부터" 시작되는 것이다.

수학 이론파 측의 연구가 진전된다면 전기약 이론이 수학적으로 완성도가 높아지고, 힉스 보손 개념이 더해지면 더욱 강력해질 터였다. 특히 힉스 보손에 의해 이론의 재규격화(renormalization)가 가능해진다. 실험적으로 변수들을 원하는 정확도로 계산할 수 있다는 의미다. 대조적으로 재규격화가 불가능한 이론은 어느 이상의 정확도로 결과를 예측할 수가 없다. 이런 이론들은 불완전할뿐더러, 이런 이론을 이용해서 얻어지는 일부 문제에 대한 답은 그 값이 터무니없다.

전기약 이론은 힉스 보손이 없어도 상당히 정확한 예측을 가능하게 해준다는 점을 지적하고 싶다. 이 이론은 기본 입자들 사이에서 작용하는 힘을 다룬다. 기본 힘들은 물리학 연구소들에서 다양한 방법으로 만들어지는 고에너지 상태에서 분석된다. 실험은 고에너지 상태의 입자 빔을 "목표" 입자에 쏘는 방식으로 이루어진다. 예를 들어 전자 빔을 양성자를 향해 쏘는 식이다. 입자들이 부딪혀서 튀는 양상을 분석하면 입자들 사이에서 작용하는 힘에 대한 정보를 얻을 수 있다.

전기약 이론은 전자가 양성자와 부딪히는 산란 패턴을 훌륭하게 설명한다. 또한 전자와 광자 사이의 상호작용을 W 보손과 중성미자를 이용해서 훌륭하게 예측한다. 그러나 W 보손끼리의 상호작용에는 그다지 효과적인 이론이 아니다. 특히 이 이론에 의하면 충분히 에너지가 높은 상태일 때 한 W 보손이 다른 W 보손을 튕겨낼 확률이 1보다 커진다. 당연히 말도 안 되는 이야기다.

마치 다트 화살을 표적 반대 방향으로 던지면 한가운데에 맞출 것이라는 소리와 마찬가지 이야기다.

이때 힉스 보손이 구세주 역할을 해준다. 힉스 보손은 W 보손이 흩어질 확률이 0과 1 사이의 타당한 범위 이내가 되도록 W 보손과 결합한다. 달리 말하면 힉스 보손을 전기약 이론에 도입해서 "나쁜 버릇"을 제거하는 것이다. 힉스 보손이 전기약 이론을 재규격화하는 내용을 보다 전문적으로 표현하려면 파인먼 다이어그램이라는 기법을 이용해야 한다.

전기약 이론을 재규격화하는 데 힉스 보손이 필요하다는 것을 인정하면, 아직 실체가 없는 이 입자를 찾기 위해 어떻게 해야 하는지를 알기는 쉽다. 약한 벡터 보손은 거의 20테라전자볼트 이상의 아주 높은 에너지에서 서로 부딪혀 흩어져야 한다. 이 정도 에너지를 얻으려면 현재 미국에서 구상 중인 초전도 초대형 충돌기(SSC)가 있어야 한다. 흩어지는 입자의 패턴이 재규격화한 전기약 이론의 예측과 일치한다면 분명히 무엇인가 보상해주는 힘이 존재한다는 의미고, 힉스 보손이 강력한 후보가 된다. 패턴이 예측과 다르다면 약한 벡터 보손은 아마도 강력을 통해서 상호작용이 이루어질 것이고, 물리학은 완전히 새로운 시대를 맞이하게 될 것이다.

힉스 보손을 찾기가 힘든 이유 중 하나는 질량에 이론적으로 제약이 없기 때문이다. 실험에서 측정된 바에 의하면, 힉스 입자의 질량은 5기가전자볼트 이상이어야 한다. 이론적으로 힉스 보손의 질량이 양성자의 1,000배 수준인 1테라전자볼트면 문제가 생기리라는 것 이외에는 질량이 구체적으로 어떤 값이어야 하는지는 알 수 없다. 이렇게 되면 약한 벡터 보손은 더 이상 기본 입자로 간주하기 어렵고, 더 작은 입자로 구성된 복합 입자여야 한다.

복합 입자라는 개념은 물리학에서 전혀 낯설지 않다. 이 글의 서두에서 필자는 분자, 원자, 원자핵, 핵자(양성자와 중성자), 쿼크와 경입자의 물질 구조 다섯 계층을 언급했었다.

힉스 보손이 복합 구조 입자라는 관점은 쿼크와 경입자 같은 "기본" 입자들이 복합 구조 입자라는, 그저 한 발 더 나아간 생각일 뿐이다. 필자에게는 물질의 구조에 쿼크와 경입자 다음의 여섯 번째 층이 존재한다는 관점이 완벽해 보인다. 전통적으로 자유 변수의 값을 설명하는 방법은 물질을 보다 심오하게 관찰하는 것이었다. 원자와 원자핵의 에너지 수준을 설명하는 데 이들이 복합 구조라는 모형이 성공적이었다는 사실은 물질의 구조를 더욱 파고들어 가면 질량에 대한 답도 얻을 수 있으리라는 점을 시사한다. 표준 모형에서 힉스 보손이 입자의 질량을 만들어낸다는 사실은, 설령 힉스 보손이라는 입자가 존재하지 않는다는 것이 드러나도 질량이 만들어지는 데는 공통의 요소가 있다는 점을 이야기해준다. 힉스 보손을 찾는 일은 궁극적으로 기본 입자의 구조를 더 파고드는 일과 마찬가지인 것이다.

2-2 표준 모형을 넘어서

고든 케인

일상에서 볼 수 있는 자연의 복잡함과 아름다움을 구성하는 물질의 기본적 구성 요소가 무엇인지를 우리는 여러 세기에 걸쳐 탐구해왔다. 그리고 오늘날 이 질문에 대해 세상은 전자, 위 쿼크와 아래 쿼크, 글루온, 광자, 힉스 보손이라는 단 6가지 입자로 이루어져 있다는 놀랍도록 단순한 답을 얻었다. 여기에 11개의 입자를 추가하면 입자물리학에서 얻어진 난해한 결과를 모두 설명할 수 있다. 이는 고대 그리스인들이 흙, 공기, 물, 불이 물질의 기본 요소라고 생각했던 것처럼 막연한 추측이 아니라, 역사상 자연에 대한 가장 수학적이고 정교한 모형인, 입자물리학의 표준 모형에 따른 것이다. "모형"이라는 어휘를 썼지만, 표준 모형은 기본 입자들을 구분하고 이들 사이 상호작용을 규정한 굉장히 복잡한 이론이다. 실제 세상에서 일어나는 모든 일(중력을 제외하고)은 입자들이 표준 모형에 담긴 규칙과 방정식에 의해 상호작용하면서 만들어지는 결과다.

표준 모형은 1970년대에 만들어지기 시작했고, 1980년대 초기에 실험을 통해 잠정적으로 모양을 갖췄다. 이 모형에서 예측된 결과들은 거의 30년에 걸쳐서 아주 세세한 부분까지 실험을 통해서 검증되었다. 자연이 어떻게 움직이는지 과거 어느 때보다도 더 깊은 수준까지 우리가 이해하고 있다는 사실을 이 모형이 확인해주는 것을 생각하면 대단한 성과임은 분명하다. 그러나 역설적으로 이런 성공이 당혹스러운 면도 있다. 표준 모형이 득세하기 전에는, 물리학자들은 실험을 통해서 그때까지 모르던 새로운 입자를 발견하거나, 기존 이론의 잉크가 마르기도 전에 새로운 이론을 세우는 데 이정표가 될 만한 실마리를 찾으려는 태도를 취해왔다. 표준 모형이 대두되기 전 30년 동안은 오랜 기다림의 연속이었다.

그 기다림은 곧 끝날 것이다. 과거 어느 때보다도 높은 에너지를 갖는 충돌 실험 혹은 특정 현상에 대한 훨씬 정밀도 높은 연구가 가능해지면서 표준 모형을 뛰어넘을 수 있게 될 것이다. 그렇다고 이런 연구의 결과가 표준 모형을 뒤집지는 않을 것이다. 오히려 표준 모형에 없는 입자와 힘을 발견해서 표준 모형을 더욱 확장해줄 가능성이 높다. 가장 중요한 실험이 일리노이 주 바타비아에 있는 페르미 국립 가속기 연구소에서 테바트론(Tevatron) 충돌기의 성능 개선을 2001년 완료한 후 진행 중이다. 이 가속기는 표준 모형에서 들어 있으나 아직 발견되지 않은 입자(힉스 보손)와, 이 이론의 확장판에서 예견되는 입자들(기존 입자의 초대칭짝이라고 부른다)을 만들어낼 수 있을 것이다.

캘리포니아와 일본에서 수십억 개의 바다 쿼크(11개의 추가된 입자 중 하나)와 이의 반입자를 만들어내어 CP 깨짐 현상을 연구하는 B 공장들에서도 중요한 정보를 얻고 있다. CP는 물질과 반물질 사이의 대칭으로, CP 깨짐이란 반물질이 원래 물질과 정확하게 대칭되는 특성을 띠지 않는 현상을 의미한다. 지금까지 입자 붕괴에서 발견된 CP 깨짐의 양은 표준 모형으로 설명이 가능하지만, CP 깨짐이 이보다 훨씬 더 많이 일어나야 될 이유가 여럿 있다. 표준 모형을 뛰어넘는 이론에서는 CP 깨짐이 더 많이 일어난다.

물리학자들은 입자의 전기적·자기적 특성을 더욱 정확하게 파악하려 노력 중이다. 표준 모형에 의하면 전자와 쿼크는 마치 특정한 강도를 갖는 엄청나게 작은 자석처럼 움직이고, 전기장에서 이들의 움직임은 오로지 전하에 의해서만 결정된다. 표준 모형을 확장한 대부분의 이론은 약간 다른 값의 자기적 강도와 전기적 움직임을 예측한다. 실제로 이런 미묘한 차이가 존재하는지를 밝혀줄 실험들에서 많은 자료가 수집되고 있다.

과학자들은 지구를 벗어나서 태양에서 오는 중성미자와 우주선(cosmic ray)처럼 다른 입자와는 거의 반응하지 않는 유령 같은 입자들을 연구하고 있는데, 최근 중성미자가 표준 모형을 확장하려는 이론물리학자들의 오랜 바람대로 질량을 갖고 있다는 사실을 밝혀냈다. 다음 단계의 실험은 관측된 중성미자의 질량을 설명해줄 이론의 토대를 마련하는 일이다.

이에 더해 차가운 우주의 암흑 물질을 형성하는 미지의 입자를 발견하고, 양성자를 더 높은 감도로 분석해서 양성자가 과연 붕괴하는지를 알아보려는 실험이 진행 중이다. 이 두 연구 중 어느 것이라도 성공한다면 표준 모형 이후의 물리학에 있어서 커다란 이정표가 될 것이다.

이런 연구들이 진행되면서, 입자물리학은 엄청난 정보를 손에 쥐는 새로운 시대를 맞이하고 있다. 2007년에 유럽 입자물리 연구소가 제네바 근교에 건설 중인, 둘레 길이 27킬로미터에 달하는 대형 강입자 충돌기가 완성될 예정이다. 이곳의 실험 결과를 보완해줄 길이 30킬로미터에 달하는 선형 전자-양전자 충돌기도 현재 설계 중이다.

표준 모형 이후의 물리학이 어떨지 잠깐 살펴보았다. 뉴스에서는 마치 표준 모형이 틀렸다거나 이미 폐기된 바나 다름없다는 식의 기사를 종종 접할 수 있지만, 실은 그러한 생각은 잘못된 접근이다. 19세기 후반에 전자기력을 설명하기 위해 만들어졌던 맥스웰 방정식을 예로 들어보자. 20세기 초가 되자 학자들은 원자 크기 수준의 세계에서는 맥스웰 방정식을 양자적 관점에서 서술할 필요가 있음을 깨닫는다. 이 양자 역학판(版) 맥스웰 방정식은 세월이 지나 표준 모형의 일부를 담당하는 역할을 맡았다. 아무도 두 경우 모두에서 맥스웰 방정식이 틀렸다고 하지 않는다. 그저 확장된 것일 뿐이다.(게다가 여전히 수많은 전자 기술에 응용되고 있다.)

영원한 체계

표준 모형도 마찬가지다. 표준 모형은 완벽하게 수학적인 이론으로서, 다양하게 연결되며 아주 안정적인 체계다. 더 큰 체계로 발전할 가능성은 있지만 이것이 "틀린" 것일 수는 없다. 이 이론의 어느 부분도 전체 체계가 무너지지 않는 한 틀리지 않다. 혹시라도 표준 모형 이론이 틀렸다면 그간의 수많은 실험 결과가 모두 우연이었어야 한다. 표준 모형은 앞으로도 낮은 에너지에서의 강력, 약력, 전자기 상호작용을 설명해주는 체계일 것이다.

표준 모형은 아주 면밀하게 시험된 이론이다. W 보손과 Z 보손, 글루온과 두 무거운 쿼크(맵시 쿼크와 꼭대기 쿼크)의 존재를 예견했다. 이 입자들은 모두 발견되었으며 이론에서 예측된 대로의 특성을 지닌다.

두 번째로 중요한 실험은 약력과 전자기력의 상호작용을 설명하는 데 있어서 중요한 역할을 하는 변수인 전기약 혼합각(electroweak mixing angle)과 관련이 있다. 이 혼합각은 모든 전기약 반응에서 동일한 값을 가져야 한다. 만약 표준 모형이 틀렸다면 혼합각이 반응마다 다른 값을 가질 것이다. 실험 결과는 항상 같았고, 정확도는 1퍼센트 정도였다.

세 번째, 1989년부터 2000년까지 가동한 CERN의 대형 전자-양전자 충돌기에서 2000만여 개의 Z 보손이 관찰되었다. 한마디로 이들 모두가 표준 모형에서 예측한 대로 붕괴했다. 표준 모형은 각 붕괴의 발생 빈도는 물론 이때 발생하는 에너지, 방출되는 입자의 진행 방향까지 예측했다. 이런 시험들은 표준 모형의 이론적 견고함을 보여주는 수많은 사례의 극히 일부일 뿐이다.

표준 모형에는 17개의 입자, 입자의 질량과 상호작용의 강도 등을 나타내는 같은 개수의 자유 변수가 들어 있다. 원칙적으로 이 변수들은 어떤 값이어도 되지만, 실제 값은 측정을 통해서만 알아낼 수 있다. 입만 살아 있는 사람들은 가끔 표준 모형에 변수가 많다는 점을, 중세의 천문학자들이 행성의 움직임을 표현하기 위해 주전원(epicycle)에* 또 주전원을 추가하던 것에 비교하곤 한다. 이들은 표준 모형이 설명할 수 있는 내용이 제한적이라고 생각하거나, 이론이 임의적으로 만들어졌다든가, 혹은 몇 변수의 값만 바꾸면 어떤 경우에나 적용 가능한 이론이라고 여긴다.

*천동설은 행성이 공전 궤도 상에서 작은 원 궤도를 그리며 돌고 있다고 생각했고, 이때 작은 원 궤도가 주전원(周轉圓)이다.

실은 이와 반대다. 어떤 과정에서건 질량과 상호작용 강도가 측정되면 이 값은 이론 전체를 통해서 고정되고 어떤 실험에서건 같은 값이 쓰이므로 임의로 값을 바꿀 수 없다. 게다가 표준 모형의 모든 방정식이 상세하게 규정되어 있다. 힉스 보손의 질량을 제외한 모든 변수의 값이 이미 측정되었다. 표준 모형을 넘어서기 이전에 더 보완이 가능한 부분은 변수 값의 정확도뿐이다. 이 값이 정확해질수록 모든 실험 결과가 일관성을 유지하려면 측정값이 높은 정확도로 서로 일치해야 하므로 이론을 개선하는 일은 쉬워지기보다 오히려 더 어려워진다.

표준 모형을 확장하기 위해 새로운 입자와 상호작용을 도입하면 이론 전개가 더 쉬울 듯하지만, 그렇지 않다. 표준 모형을 기반으로 확장한 이론 중 가장 폭넓게 인정받는 것은 최소 초대칭 표준 모형(Minimal Supersymmetric Standard Model, MSSM)이다. 초대칭은 모든 입자에 초대칭짝(superpartner)을 부여한다. 초대칭짝 입자의 질량에 대해서는 아직 아는 바가 거의 없지만, 이들의 상호작용은 초대칭에 의해 제약을 받는다. 일단 질량이 측정된다면 초대칭의 수학적 관계로 인하여 MSSM의 예측 값은 표준 모형보다 더 큰 제약을 받는다.

열 개의 의문

표준 모형이 그처럼 잘 들어맞는다면 왜 확장이 필요할까? 물리학자들이 오랫동안 자연의 힘을 통합하려 애써왔다는 사실에서 중요한 힌트를 얻을 수 있다. 표준 모형에서 정의된 힘들을 확장해서 훨씬 높은 에너지 상태에서 입자들이 어떻게 움직이는지를 짐작할 수 있다. 예를 들어 대폭발 직후의 극도로 높은 온도에서는 힘들이 어떻게 작용했을까? 낮은 에너지에서는 강력이 약력보다 거의 30배, 전자기력보다는 100배 이상 강하다. 방정식을 확장하면(extrapolate), 이 힘들의 값이 어땠는지를 아주 정확하게는 아니지만 대충은 짐작할 수 있다. 표준 모형을 MSSM으로 확장하면 고에너지 상태에서는 서로 다른 힘들이 기본적으로 같아진다. 더 좋은 점은, 약간 더 높은 에너지에서는 중력도 같은 강도를 지니면서 표준 모형과 중력 사이에 연결 고리가 있음을 시사해준다. 이런 결과들은 MSSM이 옳을 수 있다는 강한 증거로 받아들여진다.

표준 모형이 설명하지 못하거나 전혀 포괄하지 못하는 현상들도 표준 모형을 확장하려는 이유가 된다.

1. 오늘날의 모든 이론은 우주에는 심지어 가장 텅 빈 부분에조차도 엄청난 에너지가 집중되어 있다는 생각을 내포하고 있다. 소위 진공 에너지라고 불리는 중력 효과가 오래전에 우주를 둘둘 말아버렸거나 지금보다 훨씬 큰 크기로 팽창시켰을 것이다. 우주 상수 문제라고 불리는 이 문제를 설명하는 데 표준 모형은 도움이 되지 않는다.
2. 우주에 있는 모든 물질이 중력으로 인해 서로를 끌기 때문에, 우주의 팽창이 점점 느려지고 있다고 오래도록 믿어왔다. 지금은 오히려 우주의

팽창이 가속되는 중인데, 가속의 원인("암흑 에너지"라고 부른다)은 표준 모형으론 설명이 안 된다.

3. 대폭발 직후 1초도 되기 전에 우주가 급속하게 팽창했으리라는 충분한 증거가 있다. 표준 모형은 이 급팽창과 관련된 장(field)을 포함하지 못한다.

4. 만약 우주가 엄청난 에너지와 함께 대폭발에서 시작되었다면, 물질과 반물질의 양이 같아야 한다.(CP 대칭) 하지만 항성과 성운은 양성자, 중성자, 전자로만 이루어져 있지, 이에 대응하는 반물질은 들어 있지 않다. 이런 비대칭성은 표준 모형으로는 설명이 안 된다.

5. 우주의 4분의 1 가까이가 표준 모형에는 포함되지 않은, 보이지 않는 차가운 암흑 물질이다.

6. 표준 모형에서는 힉스 장(힉스 보손을 통해 작용한다)과의 상호작용으로 인해 입자가 질량을 갖는다. 표준 모형은 힉스 상호작용이 반드시 일어나야 하는 아주 특수한 형태를 설명하지 못한다.

7. 양자 교정(quantum correction)을 하면 힉스 보손의 질량이 엄청나게 커지고, 그 결과 모든 입자의 질량이 어마어마해야 된다. 표준 모형에서 이 문제는 개념적으로 심각한 문제를 야기한다.

8. 중력은 나머지 3개의 기본 힘과 다른 구조이므로 표준 모형은 중력을 포함하지 못한다.

9. 쿼크와 경입자(전자와 중성미자 같은 입자)의 질량은 표준 모형으로 설명

할 수 없다.

10. 표준 모형에는 3가지 "족(族)"의 입자가 있다. 실제 세계는 오로지 제1
   족 입자만으로 이루어졌고, 이 제1족 입자는 아주 일관성 있는 이론으
   로 설명이 된다. 표준 모형에는 3가지 족의 입자가 모두 들어 있지만,
   왜 하나 이상의 족이 있어야 하는지를 설명하지 못한다.

이상의 의문점을 설명할 때 필자는 표준 모형이 주어진 의문에 답을 주지
못한다고 표현했는데, 이는 표준 모형을 이용해서 언젠가는 이 문제를 설명할
수 있다는 의미가 아니다. 표준 모형은 매우 제약이 많은 이론이고, 위에 열
거한 문제들을 절대로 설명할 수 없다. 그 이유가 있다. 그중 하나로 많은 물
리학자들이 초대칭 확장을 선호하는 이유는 그렇게 하면 두 번째와 마지막 3
가지 의문을 제외한 나머지 의문에 대한 설명이 가능하기 때문이다. 끈 이론
(string theory, 입자를 점이 아니라 작은 1차원 요소로 다룬다.)은 마지막 3가지 문
제에 답을 준다. 표준 모형이 설명 못하는 부분이 바로 표준 모형이 확장될 실
마리를 제공하는 것이다.

표준 모형으로 풀리지 않는 문제가 있다는 사실은 전혀 놀라운 일이 아니다.
과학에서 성공적인 모든 이론은 멋진 답을 내줬지만 항상 답을 내놓지 못하는
의문도 남아 있었다. 이해가 깊어짐에 따라 이전에는 생각하지 못했던 새로운
의문이 나타났지만, 근본적인 의문은 지속적으로 줄어들었다고 할 수 있다.

10가지 의문 중 몇 가지는 오늘날의 입자물리학이 왜 새 시대로 접어들고

있는지를 보여준다. 우주론에서 가장 심오한 문제들 상당수가 입자물리학에서 답을 찾았고, 그 결과 "입자우주론" 분야가 태어나기에 이르렀다. 우주론적인 연구를 통해서만 왜 우주가 반물질이 아니라 물질로만 이루어져 있고, 왜 우주의 4분의 1이 차가운 암흑 물질인지에 대한 답을 얻을 수 있다. 이런 현상에 대해 이론적으로 이해하려면 우주가 대폭발 이후 어떤 식으로 변화했는지를 알아야만 한다. 하지만 우주론만으로는 어떤 물질이 차가운 암흑 물질을 구성하는지, 왜 물질 비대칭이 만들어졌는지, 왜 급팽창이 일어났는지 설명할 수 없다. 가장 거대한 현상과 미시적인 현상을 함께 이해해야 하는 것이다.

힉스 장

물리학자들이 표준 모형이 풀지 못하는 문제를 해결하려 애쓰고 있지만, 표준 모형의 핵심적인 부분 하나도 아직 완성되지 못한 상태다. 표준 모형에서 경입자, 쿼크, W 보손, Z 보손에게 질량을 부여하려면 아직 직접적으로 발견되지 않은 힉스 장이라는 개념이 필요하다.

힉스 장은 다른 장들과는 근본적으로 다르다. 어떻게 다른가 하면, 전자기장을 생각해보면 된다. 전기 전하는 우리 주위에서 볼 수 있듯 주위에 전자기장을 만들어낸다.(전자기장의 존재를 확인하고 싶으면 아무데서나 라디오를 켜보시라.) 전자기장은 에너지를 운반한다. 공간에서 전자기장이 사라지는 위치에서는 에너지가 가장 낮다. 대전된 입자가 없다면 아무 값도 없는 장이 자연스런 상태다. 그런데 놀랍게도 표준 모형에 의하면 가장 낮은 에너지가 힉스 장이 특정한, 0이 아닌 값을 가질 때 만들어진다. 그 결과 값이 0이 아닌 힉스 장이 우주에 퍼져 있고, 입자는 항상 이 장과 상호작용을 하고, 마치 사람이 물을 헤치듯 힉스 장을 헤치며 나아간다. 이 장과 상호작용하면서 질량과 관성을 얻는다.

힉스 보손은 힉스 장과 관련된 것이다. 표준 모형에서는 힉스 보손을 포함한 어떤 입자의 질량도 첫째 법칙만으로 질량을 예측할 수 없다. 하지만 W 보손, Z 보손과 꼭대기 쿼크처럼 이미 측정된 값을 이용해서 질량을 구할 수 있다. 이런 예측이 확인된다면 힉스 장과 입자를 이용한 설명이 타당함을 입증하는 것이다.

물리학자들은 힉스 입자의 질량에 대해서 이미 어느 정도는 알고 있다. 대형 전자-양전자 충돌기(LEP)에서 이루어진 실험을 통해 표준 모형에서 서로 연관된 20여 가지 값이 측정되었다. 힉스 입자만 제외하고 말이다. 이에 의하면 힉스 입자의 질량은 200기가전자볼트 미만이다.(양성자의 질량이 약 0.9기가전자볼트, 꼭대기 쿼크가 174기가전자볼트다.) 실험적으로 예측된 값이 있다는 사실 자체가 힉스 입자가 존재한다는 강력한 증거다. 만약 힉스 입자가 존재하지 않고 표준 모형이 틀렸다면, 특정한 힉스 입자의 질량 값과 서로 연관된 20여 가지 값이 일관성을 갖는다는 사실은 엄청난 우연이라고밖에 할 수 없다. 꼭대기 쿼크의 질량이 실험에서 측정되기 전에 이미 비슷한 방법으로 그 질량을 정확하게 예측한 바 있으므로, 학자들은 현재 상황에 대해서 굉장히 확신하고 있다.

LEP에서 이미 힉스 입자를 직접 찾으려는 시도가 있었지만, 이 충돌기로 찾을 수 있는 입자의 최대 질량은 115기가전자볼트에 불과했다. 강입자 충돌기 성능 범위의 한계점 부근에서 힉스 보손과 비슷한 모습의 반응이 조금 발견되긴 했다. 하지만 힉스 보손을 발견했다고 확신하기엔 데이터가 부족했다. 이제 힉스 보손의 질량은 115에서 200기가전자볼트 사이라고 볼 수는 있다.

현재 LEP는 그 자리에 대형 강입자 충돌기(LHC)를 건설하기 위해 해체되었고, 4년 이내에 LHC에서 실험이 시작될 예정이다. 그 사이에는 페르미 연구소에 있는 충돌기인 테바트론을 이용해서 힉스 입자를 발견하려는 노력이 계속될 예정이다. 테바트론이 설계대로 성능을 발휘하며 기술적 문제로 가동이 중단되지 않고, 힉스 보손 질량이 115기가전자볼트 정도라면 2~3년 내에 힉스 보손을 찾아낼 것이다. 힉스 보손이 이보다 무겁다면, 간접적인 증거를 이용해서 힉스 보손의 존재를 확인하는 데 더 오랜 시간이 걸릴 것이다. 계획대로 가동된다면 테바트론에서 1만 개 이상의 힉스 보손이 만들어질 테고, 힉스 보손의 움직임이 예상과 맞는지 확인할 수 있다. LHC는 마치 힉스 보손 "생산 공장"이나 마찬가지여서, 수백만 개의 힉스 보손을 만들어내어 심도 깊은 연구를 가능하게 해줄 것이다.

MSSM이 예측하는 일부 가벼운 초대칭짝 입자의 질량이 테바트론에서도 만들어질 수 있으리라는 상당한 근거가 있다. 초대칭을 직접적으로 확인하는 것도 수년 이내에 가능해진다. 우주의 차가운 암흑 물질을 구성하는 가장 가벼운 초대칭짝이 그 강력한 후보이고, 테바트론에서 최초로 관측될 가능성이 있다. 초대칭짝 입자가 존재한다면 LHC에서 다량 만들어질 터이므로 초대칭

이 자연의 일부인지 확인이 가능하다.

유효 이론

표준 모형과 물리학의 다른 분야와의 관계, 장단점을 잘 이해하려면 이론의 유효성이라는 관점에서 바라볼 필요가 있다. 유효한 이론이란 원칙적으로, 자연의 어떤 측면을 묘사하는 데 있어서 계산 가능한 입력(inputs)을 수학적으로 다루는 이론이라고 할 수 있다. 예를 들어 핵물리학에서 질량, 전하, 양성자의 스핀과 같은 것들이 입력이다. 표준 모형에서는 쿼크와 글루온의 특성을 입력으로 이용해서 이런 값들을 구할 수 있다. 핵물리학은 원자핵에 관한 유효 이론이고, 표준 모형은 쿼크와 글루온에 관한 유효 이론인 것이다.

이런 관점에서 보자면 모든 유효 이론은 완성된 형태가 아니고, 전혀 완벽하게 기본적이지도 않다. 유효 이론의 사다리가 앞으로도 계속 이어질까? MSSM은 표준 모형이 풀지 못하는 몇 가지 문제들을 풀지만, 이 또한 입력을 갖고 있는 유효 이론이다. 이 입력은 끈 이론에서 계산 가능한 값들이다.

유효 이론의 관점에서 보아도, 입자물리학은 특별한 지위를 지닌다고 볼 수 있다. 입자물리학은 자연에 대한 이해를 입력이 필요 없이도 할 수 있는 수준까지 올려줄 가능성이 있다. 끈 이론이나 몇몇 관련 이론들이 전자의 질량 같은 값뿐 아니라 시공간의 존재와 양자 이론의 법칙까지 포함하는 모든 입력의 계산을 가능하게 만들지도 모른다. 물론 아직은 그 단계에 이르지는 못했지만 말이다.

질량의 미스터리

고든 케인

대부분 사람들은 질량이 무엇인지 안다고 생각하지만, 사람들이 알고 있는 내용은 일부에 불과하다. 예를 들어 코끼리는 개미보다 분명히 더 무겁고 크다. 중력이 없는 상태에서도 코끼리의 질량이 더 크다. 즉 밀거나 멈추기에 더 힘든 물체다. 코끼리는 개미보다 더 많은 원자로 이루어져 있으므로 당연히 더 무겁지만, 그렇다면 원자의 질량은 어떻게 결정이 될까? 원자를 구성하는 기본 입자의 질량은 무엇이 정하는가? 아니 질량이란 것은 왜 있을까?

질량에는 2가지 독립적인 측면의 문제가 있다. 첫째 왜 질량이 존재하는지 알아야 한다. 이 글에서 설명하겠지만, 질량은 적어도 3가지 다른 메커니즘에 의한 결과물로 보인다. 현재 물리학자들이 생각하기에 질량에서 가장 큰 역할을 하는 것은 힉스 장이라고 불리는, 우주 공간 어디에나 있는 새로운 종류의 장이다. 기본 입자의 질량은 힉스 장과의 상호작용에 의해 만들어지는 것으로 보인다. 힉스 장이 존재한다면, 이론상 이와 관련된 입자가 있어야 하고 그것이 바로 힉스 보손이다. 과학자들은 입자가속기를 이용해서 힉스 보손을 열심히 찾는 중이다.

두 번째 측면은 기본 입자마다 질량이 다른 이유로서, 과학자들은 그 이유를 매우 궁금히 여긴다. 기본 입자의 질량은 입자에 따라 적어도 11자리 이상 다른데, 그 이유는 아직 아무도 모른다. 참고로 코끼리와 가장 작은 개미의 질량이 대략 11자리 정도 다르다.

질량이란 무엇인가?

질량에 관한 최초의 과학적 정의는 아이작 뉴턴이 1687년 그의 역사적 저술인 《프린키피아(Principia)》에서 "물질의 양은 밀도와 부피가 결합하여 만들어 내는 값이다."라고 언급한 것이다. 이 아주 기초적인 정의만으로도 뉴턴과 다른 과학자들은 아무런 불편 없이 200년을 버틸 수 있었다. 당시엔 자연이 어떤 식으로 움직이는지를 이해하는 것이 그 이유를 알아내는 일보다 더 시급한 과제였다. 그러나 오늘날에는 오히려 질량이 왜 존재하는지가 물리학의 주요 연구 주제다. 질량의 원천과 의미를 이해하면 기본 입자들 간의 상호작용을 설명하는 훌륭한 이론인 표준 모형을 완성하고 확장할 수 있다. 그렇게 되면 우주의 25퍼센트 정도를 차지하는 암흑 물질의 신비 또한 풀 수 있다.

오늘날 질량에 대한 이해는 표준 모형을 토대로 이루어져 있으며 뉴턴의 정의보다 훨씬 복잡하다. 표준 모형의 핵심은 여러 입자의 상호작용을 표현해 주는 라그랑지언(Lagrangian)이란 이름의 함수다. 이 함수를 이용해서 상대적 양자론으로 알려진 법칙을 적용하면, 양성자와 같은 복합 구조 입자가 어떻게 만들어져 있는지와 같은 내용을 포함해서 기본 입자의 행태를 계산할 수 있다. 기본 입자와 복합 입자 모두에 대해, 입자가 힘에 어떻게 반응할지를 힘(F), 질량(m), 가속도(a)에 대해 $F=ma$와 같은 식으로 표현이 가능하다. 라그랑지언은 m에 무엇을 사용할지 알려주며, 이것이 바로 오늘날 이야기하는 질량이다.

하지만 우리가 통상적으로 이해하듯, 질량은 비단 $F=ma$라는 식에만 나타나지 않는다. 일례로 아인슈타인의 특수 상대성 이론에 의하면 진공에서 질량이 없는 입자가 빛의 속도로 움직이고 질량이 있으면 이보다 느리며, 질량을 알면 속도를 계산할 수 있다. 중력의 법칙에 의하면 중력은 질량과 에너지에 모두 똑같은 방식으로 적용된다. 각각의 입자에 대해서 라그랑지언에서 얻어진 m이라는 양은 질량에 대한 위의 법칙을 모두 따른다.

기본 입자는 정지 질량(rest mass, 질량이 0인 물체는 정지 질량이 0인 것)이라는 고유의 성질을 지닌다. 복합 입자는 구성 입자의 정지 질량 운동 에너지에 더해 이들의 상호작용에 의한 퍼텐셜 에너지가 합쳐져서 전체 질량이 만들어진다. 아인슈타인의 유명한 방정식 $E=mc^2$(에너지는 질량을 빛의 속도의 제곱과 곱한 값과 같다)이 나타내듯 에너지와 질량은 서로 연관되어 있다.

에너지가 질량에 영향을 미치는 것을 가장 손쉽게 보여주는 사례는 바로 우주다. 별, 행성, 인간 등 우주의 모든 것은 양성자와 중성자가 묶여 만들어진 원자핵으로 구성된다. 이런 입자들은 우주의 질량-에너지의 4~5퍼센트 정도를 차지한다. 표준 모형에 의하면 양성자와 중성자는 쿼크라고 불리는 기본 입자로 이루어져 있고, 쿼크는 글루온이라는 질량이 없는 입자에 의해 묶여 있다. 양성자 내부에는 구성 요소들이 엉켜 있지만, 밖에서 보기에 양성자는 구성 입자의 질량과 에너지가 더해져서 만들어진 고유의 질량을 가진 독립된 물체다.

표준 모형에 의하면 양성자와 중성자 질량의 거의 대부분이 이들을 구성하는 쿼크와 글루온의 운동 에너지에 기인한다.(나머지 부분만이 쿼크의 정지 질량에서 비롯된다.) 결국 전체 우주 질량의 4~5퍼센트(우리가 보는 거의 모든 것)가 양성자와 중성자를 구성하는 쿼크와 글루온의 운동 에너지에 의해 만들어지는 것이다.

힉스 메커니즘

양성자나 중성자 같은 것들이 아닌 진짜 기본 입자들(쿼크나 전자 같은)은 내부에 다른 구성 요소가 없다. 이 입자가 어떻게 해서 정지 질량을 얻는가 하는 문제는 질량의 근원을 파헤치는 것과 마찬가지다. 위에서 언급했듯이 현대 이론물리학에서는 기본 입자의 질량이 힉스 장과의 상호작용에서 비롯되는 것으로 본다. 그러나 왜 힉스 장이 온 우주 구석구석에 퍼져 있어야 하는가? 왜 힉스 장의 세기는 전자기장과는 달리 우주적 규모에서 볼 때 본질적으로 0이 아닌가? 힉스 장이란 대체 무엇일까?

힉스 장은 양자장이다. 이상하게 들릴지 모르겠지만, 모든 기본 입자는 대응하는 양자장의 양자로 인해 만들어진다. 전자기장도 양자장이다.(대응하는 기본 입자는 광자다.) 이런 시각에서 보면 힉스 입자는 전자와 빛보다 딱히 신기할 것도 없다. 그러나 힉스 장은 3가지 면에서 다른 양자장과 근본적으로 다르다.

첫 번째 차이점은 좀 기술적인 면이다. 모든 장 입자는 고유의 각운동량인 스핀(spin)이라는 특성을 갖는다. 전자의 스핀은 1/2이고 광자처럼 힘과 관련된 대부분 입자는 스핀이 1이다. 힉스 장 입자인 힉스 보손은 스핀이 0이다. 스핀이 0이므로 힉스 장은 라그랑지언에서 다른 입자들과는 다른 모습을 보이고, 나머지 두 특성도 여기에서 기인한다.

힉스 장의 두 번째 특징은 왜 힉스 장이 우주 전체 어디에서나 0이 아닌 값을 갖는지를 설명해준다. 우주를 포함한 모든 시스템은, 공이 계곡의 가장 낮은 곳으로 굴러가는 것처럼 가장 낮은 에너지 상태로 옮겨간다. 라디오 방송을 가능하게 만들어주는 장인 전자기장에서도 가장 에너지가 낮은 곳은 값이 0이 되는 곳(즉 전자기장이 사라지는 곳)이고, 0이 아닌 장이 더해지면 이 장의 에너지가 전체 시스템의 에너지 수준을 높인다. 그러나 힉스 장에서는 장의 값이 0이 아니고 일정한 값이라면 우주의 에너지가 더 낮다. 계곡 비유를 다시 써보자면 일반적인 장에서는 계곡 바닥이 값이 0인 곳이다. 반면 힉스 장에서는 계곡 바닥 한가운데 작은 언덕이 있고(장이 0인 곳), 계곡의 가장 낮은 곳들이 이 언덕을 둘러싸고 있다. 우주는 공처럼 언덕 주변의 낮은 곳에 위치하는데, 이쪽은 값이 0이 아니다. 즉 가장 자연스럽고 낮은 에너지 상태에서의 우주에는 0이 아닌 힉스 장이 어디에나 스며들어 있다.

마지막 차이점은 힉스 장이 다른 입자들과 상호작용하는 방식에 있다. 힉스 장과 상호작용하는 입자는 마치 힉스 장의 강도에 상호작용의 강도를 곱한 것과 같은 질량을 가진 것처럼 움직인다. 이 질량은 입자가 힉스 장과 상호작용하는 라그랑지언의 형태로 나타난다.

아직 모든 것이 밝혀지진 않았는데, 일단 몇 가지의 힉스 장이 있는지부터가 확실치 않다. 표준 모형에서는 하나의 힉스 장만 있으면 모든 기본 입자가 질량을 획득할 수 있지만, 물리학자들은 표준 모형이 더욱 확장되어야 한다는 사실을 누구나 알고 있다. 확장된 이론 중 가장 주목을 받는 것이 초대칭 표준 모형(Supersymmetric Standard Model, 이하 SSM)들이다. 이 모형들에는 표준 모형의 모든 입자들이 대응하고, 특성이 아주 유사한 초대칭짝(아직 발견되지 않았다) 입자가 들어 있다. 초대칭 표준 모형에서는 적어도 2가지의 다른 힉스 장이 있어야 한다. 이 두 장과의 상호작용을 통해서 표준 모형의 기본 입자들이 질량을 얻는다. 또한 초대칭짝 입자의 질량 일부(전부는 아니다)를 부여한다. 또한 2개의 힉스 장에는 5가지 힉스 보손이 있다. 그중 셋은 전기적으로 중성이고 둘은 극성을 갖는다. 다른 입자에 비해 매우 가벼운 입자인 중성미자의 질량은 이들 장과의 상호작용에 의해서 간접적으로 만들어지거나, 어쩌면 아직 모르는 세 번째 힉스 장에 의한 것일 수도 있다.

이론물리학자들이 SSM에서의 힉스 상호작용이 맞는다고 여길 만한 몇 가지 이유가 있다. 첫째, 힉스 메커니즘이 없다면 약력을 매개하는 W 보손과 Z 보손은 광자처럼 질량이 없을 것이고, 약한 상호작용은 전자기력처럼 강해질 것이다. 이 이론은 힉스 메커니즘이 W 입자와 Z 입자에게 매우 특별한 방식으로 질량을 부여한다고 본다. 이에 의한 예측에 따른 결과(W와 Z의 질량비 같은 값)는 이미 실험적으로 확인되었다.

둘째, 기본적으로 표준 모형의 다른 면은 모두 실험으로 입증되었고, 이처럼 잘 짜인 이론에서 다른 부분에 영향을 미치지 않으면서 한 부분(힉스 입자와 관련된 부분)을 바꾸기란 어렵다. 예를 들어 W 보손과 Z 보손의 특성을 정밀하게 측정해서 분석하면 꼭대기 쿼크의 질량을 꼭대기 쿼크를 만들어내지 않고도 정확하게 예측할 수 있다. 힉스 메커니즘을 변경한다면 더 이상 이런 식으로 예측 값을 얻어내지 못할 것이다.

셋째, 표준 모형의 힉스 메커니즘은 쿼크와 경입자뿐 아니라 W 보손, Z 보손을 포함하는 표준 모형의 모든 입자의 질량 문제를 잘 설명한다. 다른 이론들은 대체로 그렇지 못하다. 그리고 다른 이론들과 달리 SSM은 자연의 힘을 이해하는 틀을 하나로 통합해준다. 마지막으로 SSM은 우주의 에너지 "계곡"이 힉스 메커니즘에서 필요한 모양으로 만들어져 있는지를 설명해준다. 표준 모형에서는 계곡의 모양을 가정해야 했으나, SSM에서는 이 모양이 수학적으로 유도된다.

이론 검증 실험

물리학자들은 당연히 질량이 여러 힉스 장과의 상호작용을 통해서 만들어지는지를 직접 실험으로 확인하고 싶어 한다. 위의 3가지 핵심 특징을 실험으로 확인하는 방법이 있다. 첫째, 가장 중요한 입자인 힉스 보손을 찾는다. 이 입자는 분명히 존재해야 하고, 그렇지 않다면 모든 설명이 틀린 게 된다. 물리학자들은 일리노이 주 바타비아에 있는 페르미 국립 가속기 연구소에 설치된 충돌기인 테바트론을 이용해서 열심히 힉스 입자를 찾고 있다.

둘째, 힉스 보손이 발견되면 힉스 보손과 다른 입자와의 상호작용을 관찰할 수 있다. 정량적으로 실험을 수행할 수 있는 것이다. 상호작용의 강도와 입자의 질량의 관계는 유일한 값으로 나타난다.

셋째, 표준 모형과 여러 초대칭 표준 모형에 나타나는 다양한 힉스 장은 각각 다른 특성을 가진 별개 힉스 보손의 존재를 의미하므로, 실험을 통해서 이들을 구분할 수 있다. 실험을 하려면 다양한 힉스 보손을 만들어낼 정도로 충분한 에너지를 가져서 원하는 입자가 많이 만들어지는 입자 충돌기가 있어야 하고, 높은 성능의 검출기도 필요하다.

현실적인 문제는 힉스 보손의 질량을 정확히 계산할 만큼 이론이 아주 정확하지 못해서, 힉스 보손이 존재할 가능성이 있는 다양한 범위의 질량을 확인하느라 실험이 더 어려워진다는 데 있다. 이론적 추론과 실험에서 얻어진 데이터를 이용하면 대략 어느 정도의 질량을 가질지 범위를 좁힐 수는 있다.

제네바 근교에 있는 유럽 입자물리 연구소의 대형 전자-양전자 충돌기(LEP)는 힉스 보손을 발견할 가능성이 상당한 질량 범위의 입자를 관측할 수 있다. 그러나 이 충돌기의 에너지 강도 최대점 근처에서 아주 미약한 증거를 찾긴 했으나, 이곳에 신형 입자가속기인 대형 강입자 충돌기(LHC)를 설치하기 위해 기존 시설을 철거한 2000년까지도 힉스 입자를 발견하지 못했다. 결국 힉스 입자는 양성자 질량의 120배보다 무겁다는 뜻이다. 하지만 LEP에서는 힉스 보손이 존재한다는 간접적 증거들을 확보하는 데 성공했다. LEP에서 얻어진 정밀 측정 결과들을 테바트론과 스탠퍼드 선형가속기 센터(SLAC)의 결과와 통합해서 분석한 결과다. 이 결과를 종합하면 특정 입자와 가장 가벼운 힉스 보손과의 상호작용이 있었고, 이 힉스 입자의 질량은 양성자 질량의 200배를 넘지 않아야 한다. 이 결과를 통해서 힉스 보손 질량의 최대치를 알 수 있었고, 실험 범위를 좀 더 좁힐 수 있었다.

향후 몇 년 간 힉스 보손의 존재를 직접 확인할 가능성이 있는 곳은 테바트론뿐이다. 이곳의 에너지는 LEP에서 찾은 간접 증거에 의해 추측되는 힉스 보손의 질량 범위를 감당할 수 있으므로, 지속적으로 빔 강도를 유지할 수 있다면 발견의 가능성이 있으나 아직까지는 성공하지 못한 상태다. 앞으로 테바트론보다 7배의 에너지를 갖는 훨씬 강력한 LHC의 가동이 시작될 예정이다. 이곳은 매일 엄청난 양의 입자를 만들어내는 힉스 보손 공장이라고 부를 만한 곳이다. LHC가 계획대로 가동된다면 데이터 수집과 분석에 1~2년이 걸릴 것으로 예상된다. 힉스 장과의 상호작용에 의해서 질량이 부여됨을 완벽하게 확인하려면 LHC(양성자끼리 충돌시킨다)와 테바트론(양성자와 반양성자를 충돌시킨다) 외에 새로운 전자-양전자 충돌기가 필요할 것이다.

암흑 물질

힉스 보손에 대해서 밝혀진 내용은 힉스 메커니즘이 정말로 질량을 부여하는지 뿐만 아니라 표준 모형이 암흑 물질의 기원 같은 문제를 풀려면 어떤 식으로 확장되어야 할지에 대한 방향도 제시해준다.

암흑 물질과 관련해서 초대칭 표준 모형(SSM)에서 가장 핵심 입자는 가장 가벼운 초대칭짝(Lightest Superpartner, 이하 LSP)이다. SSM이 예측하는 표준 모형에서 규정된 입자에 대한 초대칭짝 입자 중 LSP는 질량이 가장 작다. 대부분의 초대칭짝 입자는 더 가벼운 초대칭짝 입자로 금방 연쇄적으로 붕괴해서 결국 LSP가 된다. LSP는 이보다 더 가벼운 입자가 없기 때문에 안정된 입자다.(초대칭짝 입자가 붕괴할 때 적어도 하나 이상의 다른 초대칭짝 입자가 만들어진다. 완전히 표준 모형에 있는 입자들로 붕괴하는 경우는 없다.) 초대칭짝 입자들은 대폭발 초기에 만들어졌을 것이나 곧바로 LSP로 붕괴했다. 그리고 LSP는 암흑 물질의 가장 강력한 후보다.

힉스 보손도 우주에 존재하는 암흑 물질에 직접적으로 영향을 주었을 수 있다. LSP의 일부가 충돌한 뒤 소멸하면서 쿼크와 경입자, 광자가 되었을 것이므로 현재 존재하는 LSP의 양이 대폭발 직후보다 적다는 것을 알 수 있고, 소멸 비율은 LSP가 힉스 보손과 상호작용하는 정도에 따라 결정되었을 것이다.

앞에서 언급했듯이 2가지 기본적인 SSM 힉스 장이 표준 모형 입자의 질량과 LSP 같은 초대칭짝 입자 질량의 일부를 부여한다. 초대칭짝은 힉스 장과의 추가적인 상호작용이나 힉스 장과 유사한 또 다른 장과의 상호작용을 통해서 추가적 질량을 얻는다. 이 과정에 대한 이론적인 모형이 이미 만들어져 있지만, 초대칭짝에 대한 직접적 측정 데이터가 얻어지기 전까지는 자세한 내용은 확인할 길이 없다. 이런 데이터는 LHC 혹은 어쩌면 테바트론에서 얻을 수 있을 것으로 기대된다.

중성미자의 질량도 추가적인 힉스 장 또는 유사 힉스 장과의 상호작용에서 아주 흥미로운 과정을 통해서 만들어지는 것일 수 있다. 중성미자는 원래 질량이 없다고 여겨졌으나, 1979년 이후 이론물리학자들은 중성미자도 아주 작은 질량을 지닌다고 생각하기 시작했고, 지난 10년 간 이를 입증하는 여러 실험 결과가 발표되었다. 중성미자의 질량은 이보다 다음으로 무거운 입자인 전자 질량의 100만분의 1에 불과하다. 중성미자는 전기적으로 중성이므로, 질량을 이야기하기가 전하를 띤 입자의 질량보다 약간 미묘한 면이 있다. 각각의 중성미자들은 다양한 경로를 통해서 질량을 획득하는데, 기술적 이유로 인해서 질량은 각각의 값을 더하는 것이 아니라 방정식을 풀어서 구한다.

이제 우리는 질량이 나타나는 3가지 방법을 알고 있다. 질량의 가장 익숙하고 대표적인 형태는 쿼크가 결합해서 양성자와 중성자가 만들어지는(쿼크가 결합해서 양성자와 중성자를 형성하고 결과적으로 원자가 되는) 운동에서 비롯된다. 양성자의 질량은 힉스 장이 없어도 거의 다르지 않다. 그러나 쿼크 자체의 질량과 전자의 질량은 온전히 힉스 장에 의한 것이다. 이들의 질량은 힉스 장이 없으면 존재하지 않는다. 그렇다고 작은 값은 아닌 초대칭짝 입자 질량의 대부분, 즉 결과적으로 암흑 물질의 질량은 (실제로 암흑 물질이 LSP라면) 기본적인 힉스 장이 아닌 다른 것과의 상호작용에 의한 결과다.

마지막으로, 입자의 족(族) 문제라고 불리는 사안이 있다. 지난 50여 년 동안 물리학자들은 사람, 꽃 등부터 별에 이르기까지 눈에 보이는 모든 세상은 오로지 6개 입자(위 쿼크, 아래 쿼크, 전자라는 3가지 물질 입자, 광자와 글루온이라는 2개의 힘 양자, 그리고 힉스 보손)로 만들어졌다는 사실을 보여줬다. 놀라울 정도로 단순한 설명이다. 그러나 이밖에도 4가지의 쿼크, 전자와 유사한 2가지의 입자, 3가지의 중성미자가 있다. 이 입자들은 모두 수명이 짧거나 앞의 6개 입자와 거의 반응하지 않는다. 이 모든 입자들은 3가지의 족으로 나뉜다. 위 쿼크·아래 쿼크·전자 중성미자·전자, 맵시 쿼크·기묘 쿼크·뮤온 중성미자·뮤온, 꼭대기 쿼크·바닥 쿼크·타우 중성미자·타우. 각각의 족에 속한 입자들은 다른 족에 속한 입자들과 동일한 상호작용을 한다. 차이점은 제2족의 입자들이 제1족 입자보다 더 무겁고, 제3족은 더 무겁다는 것뿐이다. 질량이 힉스 장과의 상호작용에 의해서 만들어지므로 질량이 다른 입자들은 힉스 장과 다른 상호작용을 해야만 한다.

결국 족 문제에는 두 측면이 있다. 우리가 보는 세상을 표현하는 데는 하나면 충분한데 왜 3가지 족의 입자가 존재하는가? 왜 족마다 질량이 다르고, 왜 그런 질량을 갖는가? 하나면 되는데 자연에는 거의 비슷한 3가지 족의 입자가 존재한다는 사실에 물리학자들이 왜 당혹스러워하는지는 모호하다. 궁극적으로 알고 싶은 것은 사실 자연을 구성하는 법칙과 기본 입자, 힘들이다. 우리는 자연법칙은 필연성에 의해 존재해야 한다고 생각한다. 물리학자들은 누구나 모든 입자와 질량비가 임의적인 값의 질량을 가정하거나 변수 값을 조정하지 않고 필연적으로 결정되기를 원한다. 3가지 족의 입자가 꼭 있어야만 한다면 아직 우리가 이해하지 못하는 무언가가 있다는 의미일 것이다.

통합 노력

표준 모형과 SSM은 입자의 족 구분을 이론에 반영할 수 있지만 왜 그런지는 모른다. 이는 아주 중요한 이야기다. SSM이 족 구조를 설명하지 않는다는 이야기가 아니라 못한다는 것이다. 필자가 보기엔 끈 이론의 가장 흥미로운 부분은 모든 힘을 양자론적으로 설명할 수 있고 어떤 입자들이 기본 입자이며 왜 3가지 족이 존재하는지를 알려줄 수도 있다는 점에 있다. 끈 이론은 다른 족에 속하는 입자들이 왜 힉스 장과 다르게 상호작용하는지에 대한 의문에 답을 줄 것으로 보인다. 끈 이론에서는 서로 다른 족이 계속 등장할 수 있다. 이들 사이의 차이점은 강력, 약력, 전자기력, 중력에는 영향을 미치지 않지만 힉스 장과의 상호작용에는 영향을 미치는 특성을 이용해서 설명되고, 이는 서로 다른 질량을 가진 3가지 족의 입자라는 개념에 들어맞는다. 끈 이론으로 3가지 족 문제가 완전히 해결된 것은 아니지만, 이론 자체는 올바른 구조를 갖추었다고 보인다. 끈 이론에서는 여러 다양한 족이 존재할 수 있고, 왜 우리가 관측한 입자들을 자연이 선택했는지에 대한 답을 아직까진 얻지 못했다. 쿼크와 경입자의 질량, 이들 초대칭짝의 질량에 관한 데이터가 끈 이론에 획기적인 실마리를 제공할 가능성도 있다.

　이제 독자들도 질량이란 무엇인가를 이해하는 데 왜 이렇게 오랜 시간이 걸렸는지에 대해 역사적으로 이해할 수 있을 것이다. 입자와 입자 사이의 상호작용을 설명하는 표준 모형과 양자장 이론이 만들어지지 않았다면 아마 물리학자들이 올바른 질문 자체를 만들 수 없었을 것이다. 질량의 기원과 크기의 이유가 아직 완전히 풀리지 않았지만, 이 의문을 풀 기본 토대는 올바르게 만들어져 있다고 보인다. 표준 모형과 이의 초대칭 확장이 이루어지고 끈 이론이 대두되기 전까지는 질량이란 도대체 무엇인지 알 길이 없었다. 이 이론들이 모든 의문을 풀어줄지는 분명치 않지만 질량이 물리학에서 아주 근본적인 연구 대상으로 자리 잡은 것은 확실하다고 하겠다.

입자의 질량 범위

표준 모형에 들어 있는 입자의 질량 범위는 최소한 11자리 수까지 차이가 있으며, 질량은 힉스 장과의 상호작용에 의해서 만들어지는 것으로 보인다. 적어도 5가지의 힉스 입자가 존재할 가능성이 있다. 힉스 입자의 질량은 아직 파악되지 않았으며, 그림에는 가능성이 있는 값이 표시되어 있다. (현재는 힉스 입자가 1개이고 질량이 126기가전자볼트인 것으로 파악되고 있다.- 옮긴이)

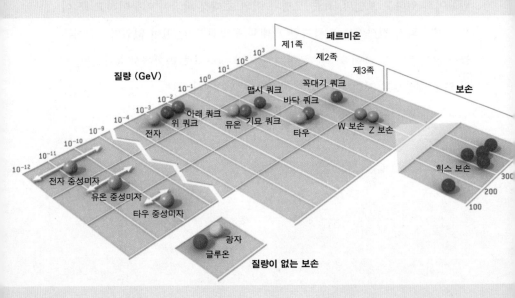

2-4 자연은 초대칭인가?

하워드 하버 · 고든 케인

대략 2,500년 전, 이오니아 시대의 고대 그리스인들은 분명히 보이는 우주의 복잡성이 몇 가지 간단한 기본 법칙으로 설명될 수 있다고 주장했다. 이런 관점에서 보면 그동안 엄청난 진전이 있었다고 할 수 있다. 물질의 기본 구성 요소가 무엇인지도 밝혀진 듯하다. 몇 가지 힘만으로 원자보다 작은 입자에서부터 우주의 은하에 이르기까지 모든 형태의 물질이 보여주는 특성을 설명할 수도 있다. 그러나 자연법칙을 모두 완벽히 파악하기엔 아직도 통찰력이 부족하다. 지난 10년 간 수많은 이론물리학자들이 초대칭 이론이라는 접근법에 엄청난 노력을 퍼부었다. 초대칭 이론은 그 전까지 완성된 이론들을 확장하고 통합한다. 또한 실험으로 검증 가능한 결과를 제시한다.

초대칭 이론을 가장 쉽게 이해하는 첫걸음은 물질의 기본 구성 요소가 무엇인지에 대한 보편적 관점을 받아들이는 것이다. 물질은 분자로 이루어져 있고, 분자는 원자의 결합체다. 원자는 여러 개의 양성자와 중성자가 묶여서 원자핵을 이루고, 이 주위를 전자의 "구름"이 둘러싸고 있다. 각각의 원자는 양성자의 수에 따라 구분된다.

양성자와 중성자는 최근까지도 기본 입자라고 여겨왔다. 그러나 고에너지 입자가속기에서 지난 20년에 걸쳐 이뤄진 실험 결과는 이런 생각을 무너뜨렸다. 양성자와 중성자는 쿼크라는 기본 입자로 이루어진 것으로 드러났다.

쿼크는 양성자 전하의 분수 배($-1/3$배나 $+2/3$배 등)의 전기 전하 값을 갖는다. 또한 쿼크에는 위, 아래, 맵시, 기묘, 꼭대기, 바닥의 6가지 "맛" 혹은 종류가 있다.

쿼크는 단독으로는 존재하지도 관측되지도 않는다. 쿼크는 항상 결합 상태로 존재하며 이런 입자를 강입자라고 한다. 지금껏 수백 가지 강입자가 발견되었다. 여기에는 양성자와 중성자뿐 아니라 특이한 입자인 파이온, 케이온 같은 것들도 있다. 양성자는 2개의 위 쿼크와 1개의 아래 쿼크로, 중성자는 1개의 위 쿼크와 2개의 아래 쿼크로 이루어졌다. 쿼크들을 줄의 양쪽 끝부분으로, 강입자는 끈으로 비유할 수 있다. 만약 2개의 강입자를 충돌시켜서 쿼크를 분리해내려 해보자. 충돌 후에 쿼크가 분리되려 하면, 줄을 잡아당기면서 줄이 끊어진다. 그러면 결과적으로 줄의 개수가 더 늘어날 뿐이므로, 쿼크가 분리되는 것이 아니라 강입자만(실제로는 가장 가벼운 강입자인 파이온이) 더 늘어나는 셈이 된다.

양성자, 중성자와는 달리 전자는 그 자체로 기본 입자인 것으로 보인다. 사실 전자는 경입자라고 불리는 다른 종류의 기본 입자에 속한다. 경입자에는 전자, 뮤온, 타우, 전자 중성미자, 뮤온 중성미자, 타우 중성미자가 있다.

쿼크와 경입자 사이에서 일어나는 모든 상호작용은 중력, 전자기력, 강력, 약력 네 종류의 힘에 의한 것으로 설명할 수 있다. 전자기력은 전자와 원자핵을 묶어서 원자를 형성한다. 원자는 전기적으로 중성이지만 전자기력이 원자를 형성하고 남는 힘에 의해 분자가 만들어진다. 강력은 쿼크를 묶어서 양성자, 중성자를 비롯한 강입자를 이루고, 강력의 잔류력이 양성자와 중성자를 묶는데, 이것을 소위 핵력(核力, nuclear force)이라고 한다. 약력은 일부 핵붕괴, 태양이 에너지를 방출하는 현상인 융합과 관련되어 있다. 실제로 현실에는 단 3가지의 기본 힘만 존재한다. 지난 20년의 연구는 전자기력과 약력이 사실 전기약력이라는 같은 힘임을 밝혀냈다. 이 힘들의 크기는 차이가 크다. 2개의 양성자 사이에서의 전자기력은 대략 이들 사이 중력의 10^{36}배에 이른다.

힘은 입자를 교환하면서 전달된다. 전자기력의 양자인 광자는 전자기력의 매개 입자다. 8가지 입자가 있는 글루온은 강력을 매개한다. 광자와 글루온은 질량이 없다. 약력은 양의 전하를 띤 W^+, 음전하를 띤 W^-, 중성인 Z^0의 3가지 입자에 의해서 매개된다. 광자와 글루온과 달리, 이 입자들은 질량이 양성자의 100배에 가까울 정도로 무겁다. 모든 매개 입자들의 존재는 실험을 통해서 확인되었다. 다만 중력의 매개입자인 중력자는 아직 발견되지 않았다.

쿼크와 경입자, 이들 사이의 상호작용을 설명하는 이론이 표준 모형이다. 표준 모형이 수학적으로 일관성을 가지려면 힉스 입자라는 존재가 필요하다.(이 모형의 가장 단순한 형태에서는 전기적으로 중성인 힉스 입자가 필요하고, 보다 일반적인 형태의 모형에서는 전기적으로 대전된 힉스 입자도 있어야 한다.) W^+, W^-, Z^0, 쿼크, 경입자의 질량은 힉스 입자와의 상호작용을 통해서 얻어진다고 생각된다. 표준 모형은 힉스 입자가 이들 입자들과 어떤 식으로 상호작용하는지에 대한 설명을 제시하지만, 힉스 입자 자체의 질량은 예측하지 못한다. 그래서 지금까지 아직 실험에서 힉스 입자가 관측되지 못했고, 질량을 모르기 때문에 힉스 입자를 찾는 실험을 구성하는 것 자체가 힘들다.

지금껏 물리학자들은 어떻게 표준 모형에 나타나는 입자들을 파악했을까? 첫째, 입자는 기본적으로 페르미온과 보손이라는 2가지 종류로 나뉜다. 물질의 기본 구성 요소인 경입자와 쿼크는 페르미온이다. 4가지 기본 힘을 매개하는 입자들이 보손이다. 페르미온은 스핀이라는 고유의 각운동량을 갖고, 이 값은 양자 이론에서 기본적인 각운동량 단위인 플랑크 상수의 반(半)정수배다.(1/2, 3/2 등) 보손의 스핀은 플랑크 상수의 정수배다.(0, 1, 2 등) 페르미온과 보손의 스핀 차이는 심오한 의미를 지닌다. 페르미온은 외톨이 기질이어서 각각 다른 에너지 상태를 점유하는 데 반해 보손은 사교성이 좋아서 서로 묶여 같은 에너지 상태에 존재한다. 모든 경입자와 쿼크는 스핀이 -1/2인 페르미온이다. 광자, W^+, W^-, Z^0, 8개의 글루온은 스핀이 -1인 보손이다. 중력자는 스핀이 -2일 것으로 추측되며 힉스 입자는 스핀이 0인 보손이다.

표준 모형을 지탱하는 아주 중요한 개념이 대칭성이다. 여러 입자들 사이에서의 상호작용은 몇몇 미묘한 상호 교환에 대해서 대칭(즉 불변이라는 의미)이다. 예를 들어 여러 개의 양성자가 가까이 모여 있어서(원자핵 내부에서처럼), 이들을 묶어주는 강력이 서로 밀어내는 전자기력보다 훨씬 큰 상황을 가정하자. 양성자 사이에서의 강력을 측정했다고 해보자. 만약 그중 하나를 중성자로 바꾼다면, 이들 사이 힘에는 변화가 없다. 실제로 수학적으로는 각각의 양성자를 양성자나 중성자 조합으로 바꿔도 힘에는 아무 변화가 없다. 이것이 공간의 모든 점에서 동일한 교환을 했을 때 대칭성의 예다.

대칭을 보다 일반화한 예는 교환이 시공간의 점마다 다르게 일어날 때다. 이런 대칭성은 게이지 이론에서 중요한 요소다. 표준 모형에서 설명하는 모든 상호작용은 이런 일반화된 대칭성을 이용해서 잘 설명된다.

이제 초대칭에 대해 이야기해보자. 표준 모형의 성공에도 불구하고, 물리학자들은 물질의 특성을 완벽하게 이해하려면 그 이상의 무엇인가를 알아야 한다. 표준 모형의 일부 내용은 아직 확실치 않아서 추가적인 발견이 필요하기도 하다. 첫째, 표준 모형이 왜 그런 형태인지 설명이 불가능하다. 이 이론의 수학적 구조는 우아하고 놀랍도록 단순하며 관측된 상호작용은 다양한 대칭성을 보여준다. 그러나 몇몇 다른 형태(다른 종류의 대칭성을 선택한 경우)도 이론적으로 마찬가지로 설득력이 있으면서 우아하다. 둘째, 기본 입자의 질량이 실질적으로 어디에서 비롯되는지, 이들 사이에서 작용하는 힘의 기원이 무엇인지에 대해 모른다. 질량과 힘은 왜 그런 값을 갖는가? 대부분의 입자물리학자는 이 값들을 궁극적으로는 측정이 아니라 계산에 의해서 얻길 바란다. 아직까진 표준 모형을 어떻게 확장해야 할지에 대해 뚜렷한 실마리가 없는 상태지만, 많은 학자들은 초대칭이 가장 가능성 높은 방향이라고 생각한다. 지난 몇 년간 자연에서 초대칭을 찾으려는 다양한 노력이 시도되었다.

실험을 통해 초대칭의 증거를 찾아내려는 시도는 주로 새로운 입자의 발견에 집중되어 있다. 그 이유는 이 이론에 의하면 모든 통상적인 입자에는 각각에 대응하는, 스핀 값만 1/2 다르면서 나머지 특성이 동일한 초대칭짝 입자가 존재하기 때문이다. 즉 초대칭 이론은 입자의 2가지 기본적 종류인 페르미온과 보손을 연계시키는 면에서 다른 모든 이론과 근본적으로 차이가 있다. 또한 이 이론에서 제시하는 초대칭짝 입자 사이의 상호작용의 강도는 통상의 입자 사이 강도와 동일하다.

페르미온의 초대칭짝이면서 스핀이 0인 초대칭짝은 통상의 입자 이름 앞에 s-를 붙인다. 예를 들어 스핀이 1/2인 전자와 쿼크의 스핀이 0인 초대칭짝은 셀렉트론(selectron)과 스쿼크(squark)다. 보손의 스핀이 1/2인 초대칭짝은 -ina를 이름의 어근 뒤에 붙인다. 예를 들어 스핀이 1인 광자의 초대칭짝은 스핀이 1/2인 포티노(photino)이고 스핀이 1인 글루온의 초대칭짝은 스핀이 1/2인 글루이노(gluino)다.(힉스 입자의 경우에는 약간 복잡하다. 초대칭 이론에서는 전기적으로 양성인 힉스 입자인 H+와 음성인 H, H^0라고 표시되는 중성인 힉스 입자 3개가 모두 있어야 한다.)

기본 입자의 수를 2배로 늘이면 어떤 장점이 있을까? 첫째, 기본적인 문제 하나를 해결할 수 있다. 초대칭 이론으로 크기가 여러 자릿수만큼 다른 아주 중요한 두 에너지 혹은 질량을 하나의 이론으로 설명할 수 있게 된다.(아인슈타인의 유명한 방정식 $E=mc^2$에서 나타나듯 질량과 에너지는 동일하고, 서로 바꿔 쓸 수 있다.) 이 에너지들은 대략 10^{11}전자볼트의 값을 갖는 W^+, W^-, Z^0 입자의 질량과 10^{27}전자볼트인 플랑크 질량이다. 플랑크 질량은 중력을 4가지 기본 힘으로 통합하려는 모든 이론에서 중요한 역할을 한다. 질량이 10^{28}전자볼트인 기본 입자가 존재한다면, 이 입자들 사이의 중력이 다른 기본 힘보다 더 커진다.

플랑크 질량을 포함하는 기본 이론에서 W 입자와 Z^0 입자의 질량을 계산이 가능하다면, 보통은 플랑크 질량의 10^{17}배가 되기보다는 플랑크 질량과 비슷한 수준일 것이라고 짐작하기 쉽다. 그러나 초대칭 이론에서는 W 입자와 Z^0의 질량이 플랑크 질량보다 훨씬 작은, 관측 값과 같은 값이 되도록 하는 미묘한 상쇄들이 여럿 일어나도록 되어 있다. 이 상쇄들은 억지로 짜 맞춘 것이 아니라 초대칭 이론의 수학적 구조에 의해서 당연히 일어나는 것이다.

물론 에너지 값의 차이가 크다는 것 자체가 항상 문제가 되지는 않는다는 점을 분명히 할 필요가 있다. 예를 들어 강입자(양성자와 중성자 같은)의 에너지 수준이 대략 10^9전자볼트고 원자는 10전자볼트에 불과함에도, 기존 이론들도 강입자와 원자에서 발견되는 에너지 수준의 차이를 잘 설명한다. 그 이유는 입자의 계층적 구조에 있다. 원자는 원자핵과 전자로 이루어지고, 원자핵은 양성자와 중성자, 양성자와 중성자는 쿼크로 이루어진다. 기본 입자에 관한 이론을 만들어낼 목적이라면 이 계층 구조를 다시 뒤집어엎을 이유는 없다.

초대칭의 두 번째 특징은 아인슈타인의 중력 이론과의 밀접한 관계다. 아인슈타인이 일반 상대성 이론을 제시한 이후 물리학자들은 중력과 양자 역학을 통합하려 꽤나 애썼지만 별 성과가 없었다. 오늘날에는 중력을 양자 역학적으로 표현한 이론이 초대칭 이론이라는 것이 이론물리학자들의 보편적 시각이다.

많은 물리학자들이 초대칭 이론의 발전에 기여했지만, 이 이론을 수학적으로 체계적으로 정리한 것은 1970년대 초반 독립적으로 연구를 진행하던 몇몇 연구 팀이었다. 프린스턴 대학교의 앙드레 느뵈(Andre Neveu)와 존 슈워츠 (John H. Schwarz), 플로리다 대학교의 피에르 레이몬드(Pierre M. Ramond), 소련 과학 아카데미 물리학 연구소의 골폰드(Yu. A. Gol'fond)와 리흐트만(E. P. Likhtman), 우크라이나 물리-기술 연구소의 아쿨로프(V. P. Akulov)와 볼코프 (D. V. Volkov), 독일 칼스루에 대학교의 율리우스 베스(Julius Wess), 캘리포니아 주립대학교 버클리 캠퍼스의 브루노 추미노(Bruno Zumino) 등이다.

자연이 정말로 초대칭이라면 초대칭은 "깨진 대칭(broken symmetry)"이어야 한다. 즉 오직 대략적이거나 이론의 일부에서만 대칭이어야 하는 것이다. 자연이 완벽하게 초대칭이라면 어떤 일이 벌어질지 생각해보자. 셀렉트론 (selectron)은 전자와 동일한 질량을 지니며 전자기력에 의해 양성자와 결합한다. 이런 식으로 만들어진 원자의 특성은 일반적인 원자와는 아주 다를 것이다. 페르미온과 전자는 서로 다른 에너지 수준을 점유한다. 보손과 셀렉트론은 같은 에너지 수준이다. 원자 내부에 전자가 아니라 셀렉트론이 들어 있다면, 주기율표는 완전히 뒤죽박죽이 된다. 이런 원자는 지금껏 발견되지 않았으므로 셀렉트론의 질량(실제 존재한다면)은 전자의 질량보다 커야만 하고, 결국 대칭은 깨진다.

언뜻 깨진 대칭은 끼워 맞춘 답처럼 보인다. 그러나 실제로는 물리학에서 깨진 대칭 개념은 아주 익숙하면서도 유용한 도구다. 이 개념이 가장 잘 적용된 것이 전기약 상호작용 이론이다. 이 이론에서 광자, W^+, W^-, Z^0 입자의 질량이 없다고 암시하는 대칭이 깨진다. 그 결과 W^+, W^-, Z^0 입자도 질량을 갖게 된다. 또한 질량의 값도 정확하게 예측된다. 완벽한 초대칭의 바람직한 면을 모두 유지하는 이론을 만들어내는 일은 쉽지만, 초대칭짝 입자의 질량이 대응하는 표준 모형 입자의 질량보다 훨씬 크다고 하면 초대칭은 깨지고 만다.

초대칭짝 입자의 질량을 예측할 수 있을까? W 보손과 Z^0 보손 그리고 플랑크 질량의 커다란 차이에서 실마리를 찾을 수도 있을 듯하다. 약간 깨진 초대칭 이론에서 끝까지 남아 있는 차이를 설명하려면 수학적으로 섬세한 상쇄가 있어야 하지만, 그것도 초대칭 입자의 질량이 W 보손과 Z^0 보손의 질량보다 아주 크지 않을 때만 가능하다.

초대칭 이론의 수학적 구조와 특성에 관한 연구가 계속되면서 물리학자들은 초대칭의 증거를 실험적으로 어떻게 찾아낼지에 대해 점점 더 관심을 기울였다. 자연이 초대칭이라면, 그것을 인간이 인지할 수 있을까? 1979년 현재는 파리 고등사범학교에 재직 중인 피에르 파예트(Pierre Fayet)가 지금은 러트거스 대학교에 있는 글레니스 패러(Glennys R. Farrar)의 도움을 일부 받으면서 처음으로 이 주제를 연구했다. 1980년대 초반이 되자 초대칭 연구의 수학적 동기가 보다 명확해졌고, 초대칭을 현실적으로 표현하는 모형을 어떻게 만들어낼지에 대한 이해도 깊어졌다. 당시 필자를 비롯한 연구자들은 초대칭의 증거를 어떻게 찾을지에 대해 심도 깊은 연구를 시작했다.

오늘날 이 질문에 대한 답은 기본적으로는 이미 얻은 상태다. 물리학자들은 초대칭 이론가들이 예측하는 바를 어떻게 계산할지 그리고 특정한 실험 결과가 초대칭 이론을 입증하는지 아닌지를 안다. 게다가 주어진 실험 환경에서 아무런 결과를 얻지 못할 때 초대칭 이론에 정량적으로 어떤 제한을 두어야 하는지도 알려져 있다.

2개의 전자나 양성자 같은 통상적 입자가 고에너지로 가속되어 충돌하면서 초대칭 입자가 만들어졌다고 해보자. 초대칭 이론에 따르면 어떤 결과가 예측될까?

초대칭 이론의 보존 법칙에 따라 두 결과가 얻어진다. 첫째, 초대칭 입자는 한 개만 만들어지지 않는다. 항상 쌍으로 만들어진다. 둘째, 초대칭 입자가 붕괴하면 반드시 홀수 개의 초대칭 입자가 존재한다. 그 결과 가장 가벼운 초대칭 입자는 더 이상 다른 초대칭 입자로 붕괴할 수 없는 안정된 것이어야만 한다. 가장 가벼운 초대칭 입자일 가능성이 있는 후보가 몇 개 있고, 지금으로서는 포티노라고 보인다.

가장 가벼운 초대칭 입자가 존재한다는 것은 실험실에서 초대칭을 발견하는 데 아주 중요한 결과가 얻어짐을 의미한다.(또한 우주론적으로도 암흑 물질 혹은 우주의 사라진 질량이라고 불리는 문제를 설명해줄 수도 있다.) 가장 가벼운 입자를 제외한 모든 초대칭 입자는 붕괴가 계속되며 결국에는 가장 가벼운 초대칭 입자가 하나만 남는 상태가 된다. 이 붕괴는 아주 빠르게 일어나서 붕괴되는 입자가 움직일 시간이 너무 짧아 이동 거리도 너무 짧다. 만약 초대칭 입자가 만들어진다면, 결국 안정된 입자인 가장 가벼운 초대칭 입자와 표준 모형에 포함된 입자들만 남아서 관측될 것이다. 그러므로 초대칭 입자를 관측하려면 가장 가벼운 초대칭 입자가 검출되어야 한다.

안타깝게도 가장 가벼운 초대칭 입자가 직접 관측될 확률은 거의 0에 가깝다. 이 입자는 통상의 물질과 아주 약하게 상호작용을 하므로 어떤 검출기로도 탐지가 어렵다. 그 결과 검출된 입자의 정지 질량을 포함한 전체 에너지가 충돌한 입자의 전체 에너지보다 작은지를 보는 방법을 쓴다. 사라진 질량이 있다면 초대칭 입자의 흔적인 셈이다. 이 에너지만큼을 가장 가벼운 초대칭 입자가 지닌 것이다.

사라진 에너지를 이용해서 입자를 발견하는 것이 가능할까? 답은 '그렇다'이다. 이미 50년 전에 이 방법으로 중성미자의 존재를 알아냈다. 더 최근에는 (1983년) W 보손도 비슷한 방법으로 확인되었다. 제네바에 있는 유럽 입자물리 연구소에서 행한 실험에서, 양성자와 반양성자를 충돌시켜 W 보손을 만들어내었다.(반양성자는 양성자와 질량이 같지만 전하가 반대다.) W 보손의 일부는 1개의 전자와 1개의 중성미자로 붕괴했다. 에너지가 높은 전자는 검출되었지만 중성미자는 검출기를 빠져나갔다. 전자의 에너지를 측정하고, 에너지 보존 법칙이 적용되려면 중성미자가 어느 정도의 에너지를 가져야 하는지를 결정할 수 있고, 이를 이용해서 W 보손의 존재를 유추하고 질량을 결정할 수 있는 것이다.

유사한 방법을 이용해서 초대칭 입자를 찾는 시도가 전자-양전자 충돌기와 양성자-반양성자 충돌기를 이용해서 이어지고 있다.(양전자는 전자와 질량이 같고 전하가 양이다.) 전자와 양전자가 충돌하면 양과 음으로 대전된 셀렉트론이 만들어진다. 양으로 대전된 셀렉트론은 빠르게 양전자와 포티노로 붕괴하고, 음으로 대전된 셀렉트론은 전자와 포티노로 붕괴한다. 두 포티노는 모두 검출기를 빠져나가므로, 이런 종류의 반응이 정말 일어난다면 평균적으로 절반에 가까운 에너지가 사라지게 된다.

양전자와 전자가 서로 다른 붕괴에서 만들어지므로, 이들의 진행 방향은 서로 상관이 없다. 통상적인 충돌에서처럼 반대 방향을 향하지 않는 것이다. 게다가 들어오는 입자의 빔과 생성되어 나가는 양전자가 만드는 평면을 정의하면, 나가는 전자도 일반적인 충돌에서와는 달리 일반적으로 이 평면상에는 존재하지 않는다. 이런 특성을 띠는 반응을 찾는 실험이 코넬 대학교의 CESR, 스탠퍼드 대학교의 PEP, 독일 함부르크의 PETRA같은 전자-양전자 충돌기에서 이루어졌다. 아직까지는 아무것도 발견되지 않았다.

발견되지 않았다는 사실이 초대칭을 부정하는 것은 아니다. 이는 단지 현존하는 전자-양전자 충돌기로 만들어낼 수 있는 가장 고에너지보다 가벼운 셀렉트론이 존재하지 않음을 의미할 뿐이다. 셀렉트론의 질량은 양성자보다 적어도 23배는 크고(대략 10억 전자볼트), W 보손 질량의 약 28퍼센트에 달해야 한다.(몇 가지 간접적인 방법을 이용하면 이보다 큰 질량은 가질 수 없다는 결론을 얻는다.) 이런 정량적 한계는 초대칭이 아주 잘 정의된 이론이며, 주어진 질량의 초대칭 입자가 주어진 실험 환경에서 어느 정도 빈도로 나타날지를 계산할 수 있기 때문에 얻어지는 결과다. 이런 계산이 없다면 일부 긍정적인 결과가 초대칭의 결과로 해석될 수 있지만, 입자가 가질 수 있는 가능한 질량 범위가 한정되지 않은 상태에서의 부정적인 결과는 단지 너무 작은 수의 초대칭짝이 만들어졌다는 사실만을 의미할 뿐이다. 초대칭 입자의 질량이 W 보손 몇 개 정도라고 기대하는 것이 합리적이므로, 보다 높은 에너지 영역을 들여다볼 수 있는 충돌기가 있어야 한다.

현재 양성자-반양성자 충돌기에서 구현할 수 있는 에너지는 이보다 좀 높지만, 이 경우에는 이론과 실험 결과를 분석하기가 보다 까다롭다. 이는 양성자가 복합 입자이기 때문이다. 계산할 때 양성자가 3개의 쿼크와 이를 묶는 여러 개의 글루온으로 이루어졌다는 점을 고려해야 한다. 움직이는 양성자에서 절반가량의 운동량이 글루온에 의한 것, 나머지 절반이 쿼크에 의한 것이다. 그러면 각 쿼크는 전체의 6분의 1 운동량을 갖는다. 현존하는 충돌기들은 주로 경제적 고려에 의해 전자와 양전자 사이에는 230억 전자볼트, 양성자-반양성자 사이에서는 3150억 전자볼트의 충돌을 만들어낸다. 그 결과 양성자 내부의 쿼크와 글루온은 양성자 운동량의 일부만 담당함에도 오늘날 사용되는 전자-양전자 충돌기가 감당할 수 있는 것보다 더 큰 질량을 찾아내는 데 이용될 수 있다.

몇 가지 다른 종류의 충돌이 양성자-양성자 혹은 양성자-반양성자 충돌기에서 만들어진다. 한 양성자에 들어 있는 쿼크가 다른 반양성자에 있는 글루온과 부딪혀서 스쿼크와 글루이노가 만들어지는 경우를 생각해보자. 스쿼크는 빠르게 쿼크와 포티노로 붕괴하고, 글루이노는 쿼크, 반쿼크, 포티노로 붕괴한다. 충돌로 인해 독립된 쿼크나 반쿼크가 만들어질 수는 없다. 이들은 어떻게든 강입자의 형태로만 존재한다. 지금의 사례에서 방출된 입자는 에너지를 갖고 있으므로 원래의 쿼크와 대체로 같은 방향으로 움직이는 강입자들로 존재할 것이다. 물리학 용어로 이런 강입자 무리를 보통 강입자의 "제트(jet)"라고 부른다.

이 예에서는 3개의 강입자 제트(두 쿼크와 하나의 반쿼크에 대해 하나씩)와 2개의 포티노가 상호작용이 일어나는 위치 근처에서 만들어진다. 글루이노가 붕괴할 때는 에너지가 쿼크, 반쿼크, 포티노에 나뉜다. 그러나 동일하게 나뉘지는 않는다. 경우에 따라 그중 어느 것이라도 가장 많은 에너지를 가질 수 있다. 이 에너지 불균형과 다른 관련 효과로 인해 이론과 실험에 적용할 때 양성자 충돌기를 이용하는 것이 전자 충돌기를 이용하는 것보다 어려워진다.

그 예로 1982년 미시건 대학교의 자크 레벌리(Jacques P. Leveille)와 우리 중 한 명인 케인(Kane)이 특정한 관측 결과(많은 양의 운동량이 사라진 상태에서 하나 이상의 입자 제트가 존재한다면)가 고에너지 강입자 충돌기에서 보이면 그것이 초대칭의 증거일 것이라고 한 이야기를 들 수 있다. 이듬해 유럽 입자물리 연구소(CERN)의 UA1(Underground Area 1)과 UA2(Underground Area 2) 검출기가 이 방식의 실험을 진행했을 때 학자들의 관심이 아주 높았다. 일단의 이론물리학자들이 초대칭 입자가 만들어졌을 가능성을 검사했다. 우리도 로렌스 버클리 연구소의 마이클 바넷(R. Michael Barnett)과 협력하여 세심한 분석을 진행했다. CERN의 존 엘리스와 독일 전자 싱크로트론 연구소(DESY) 의 헨리 코왈스키(Henry Kowalski), 위스콘신 주립대학교 매디슨 캠퍼스의 예르논 바거(Yernon D. Barger), 독일 도르트문트 대학교의 에발트 레야(Ewald Reya), 인도 타타 기초 연구소의 로이(D. P. Roy) 등도 분석을 진행했다.

비록 크지는 않은 값이었지만 에너지가 일부 사라진 경우의 데이터가 있었고, 이는 새로운 입자의 존재 가능성을 의미했다. 표준 모형에 의해 예측된 결과도 CERN에서 관측된 결과와 비슷했다. 결국 통계적 분석을 통해 새로운 입자의 존재 가능성을 살펴봐야 했다. 데이터가 모일수록 오히려 상황은 더 불분명해졌고, 처음에 예측했던 것보다 오히려 초대칭 입자가 존재할 가능성은 더 낮아졌다. 올해 CERN에서 더 많은 데이터가 수집될 것이고, 초대칭 입자가 정말 존재하는지 여부가 좀 더 확실해질 것이다.

우리는 바넷과 함께 CERN에서 수집된 데이터를 정밀 분석했다. 첫째, 포티노가 가장 가벼운 초대칭 입자라고 가정했다. 몇 가지 추가적 가정을 하면, 사라진 에너지는 표준 모형으로도 설명이 되었으므로 글루이노와 스쿼크가 양성자보다 적어도 75배 이상, 700억 전자볼트 이상 무거워야 한다고 결론지었다. 굉장히 큰 질량이지만 800억 전자볼트에 달하는 W 보손보다는 가벼운 질량이다.

하지만 일부 충돌 결과가 초대칭 입자가 만들어져서 일어난 것이라면, 우리의 분석은 포티노가 가장 가벼운 초대칭 입자가 아니라는 사실을 의미하게 된다. 초대칭 입자의 질량이 밝혀지지 않은 상태에서 이와 같은 결론은 주목할 만하다. 이런 결론에 도달할 수 있었던 것은 초대칭 이론이 매우 까다로운 조건 아래에서 만들어져서, 실험을 통해 결과를 자세하게 예측할 수 있기 때문이다.

스페인 과학 연구위원회 산하의 물질 구조 연구소의 마리아노 키로스(Mariano Quiros)와 협력해서 우리는 가장 가벼운 초대칭 입자가 힉시노(higgsino, 힉스 보손의 초대칭짝)일 것이라는 이론을 제시했다. 이것이 맞는다면 포티노는 불안정한 입자이고 광자와 힉시노로 붕괴할 것이다. 이 시나리오에서는 스쿼크와 글루이노 질량의 한계가 좀 느슨하게 주어진다.

향후 더 높은 에너지와 강도를 가진 충돌기가 도입되면 더 질량이 큰 초대칭 입자를 생성하고 검출도 가능해질 것이다. 향후 수년 이내에 가동될 전자-양전자 충돌기(1986년 일본의 TRISTAN, 1987년 스탠퍼드 선형가속기 센터의 SLC, 1989년 CERN의 LEP)들은 질량이 500억 전자볼트에 이르는 슬렙톤(slepton, 경입자의 초대칭짝)을 검출할 수 있다. 페르미 연구소에 있는 양성자-반양성자 충돌기도 올해 말부터 데이터를 수집할 것이고, 강도에 따라 질량이 1000억~1500억 전자볼트 사이의 스쿼크와 글루이노를 검출할 수 있다. 결국 1990년까지는 500억 전자볼트의 슬렙톤과 1500여 억 전자볼트의 스쿼크가 발견되거나, 초대칭 입자 후보에서 제외될 것이다.

이 이상의 질량을 가진 입자를 연구하려면 현재 계획 중이지만 아직 승인이 나지 않은 충돌기들이 있어야 한다. 미국의 입자물리학계는 초전도 초대형 충돌기(SSC)라는 이름의 양성자-양성자 충돌기를 제안했는데 이 시설은 빔당 20테라전자볼트의 에너지와 CERN과 페르미 연구소의 양성자-반양성자 충돌기의 대략 1,000배의 강도를 갖는다. SSC에서는 질량이 W 보손의 20배가 넘는 스쿼크와 글루이노를 검출할 수 있다. 이런 시설이 운영되면 물리학자들은 표준 모형을 뛰어넘는 이론의 결과를 실험으로 확인할 수 있을 것이다. 특히 SSC에서 얻어진 데이터는 자연이 전기약력의 수준에서 초대칭인지를 분명하게 밝혀줄 것이고 그 수준에서 우리가 자연법칙을 이해하도록 만들어줄 것이다. 그렇지 않다면 초대칭이 잘해야 양자장 이론의 수학적 특성이고, 물리학자들이 만들어서 직접 확인할 수 있는 수준보다 훨씬 높은 에너지와 관련이 있는 것이라고 해야 할 것이다.

고에너지 현상을 관측하는 저에너지 기법

데이비드 클라인

1993년 가을, 의회는 초전도 초대형 충돌기(SSC) 계획을 취소했다. SSC는 기존 가속기보다 더 높은 에너지의 입자를 연구하려는 목적으로 설계된 것이었다. 제네바 근교 유럽 입자물리 연구소(CERN)의 대형 강입자 충돌기(LHC)가 21세기 초면 완공될 것이다. 그러나 이곳의 에너지는 SSC가 계획했던 것의 절반 정도에 불과하다. 그렇다면 물질의 기본 입자와 관련된 이론에 대칭성과 타당성을 부여하는 무거운 입자를 어떻게 찾아낼 수 있을까?

다행히 자연에는 과학자들이 퍼즐을 깊이 들여다볼 수 있는 틈이 있다. 표준 모형 안에서도 일부 종류의 상호작용을 가정할 수 있지만 현실에서는 나타난 적이 없다. 예를 들어 기묘 쿼크가 아래 쿼크로 붕괴하는 경우가 그렇다. 상호작용이 다른 상호작용을 상쇄해버리는 것일 수도 있다. 물리학에서는 일어나지만 관측되지 않은 상호작용은 "금지되어 있다(forbidden)"고 표현한다.

아직 전혀 알려지지 않은 입자가 (알려진) 다른 입자가 되는 상호작용을 매개하는 일도 충분히 가능하다. 보다 정확한 실험이 가능하다면, 이런 과정에서 나타나는 가짜 신호를 찾아내는 데 성공할 가능성도 있다. 사실 표준 모형에서 기대되는 결과가 0이라는 사실에 의해 검출이 가능할 것이다. 보통 아주 큰 값(보통 정확하게 정의되지 않는다)에서 약간 벗어난 값을 찾아내는 일은 쉽지 않지만, 0에서 살짝 벗어난 값이라면 이야기가 다르다. 과학자들이 이 "금지된 상호작용"을 관측하는 데 성공한다면, 새로운 입자가 존재한다는 증거를 찾는 셈이 된다. 그러면 이 입자를 표준 모형에 추가해서 모형을 확장할 수 있는 것이다.

맛-변경 중성 흐름(flavor-changing neutral currents, 이하 FCNC)이 이런 상호작용의 한 종류다. 이런 상호작용들이 관측된 적은 아직 없지만, 새로운 입자는 대부분 아주 민감한 실험에서는 검출 가능한 FCNC를 만들어낸다. 이미 표준 모형을 벗어나는 입자들에 대한 첫 신호가 포착되었다.

전통적으로 물리학자들은 표준 모형의 추가적 특성을 찾을 때 이미 알려진 입자들을 가속기를 이용해 충돌시키는 방법을 썼다. 이들 입자의 질량-에너지가 종종 새로운 입자를 만들어냈다. 그러나 엄청난 에너지를 입력해야 얻어지는 무거운 입자들은 가속기를 이용해서 찾을 수 없다. 이런 점에서 FCNC는 유리한 면이 있다. 미지의 입자는 무거울수록 기존의 알려진 입자와 더 상호작용이 많다. 그러므로 무거운 입자를 가속기에서 만들어내는 일은 어렵지만, 낮은 에너지에서의 효과를 이용해서 찾아내기는 더 쉽다.

알려진 입자 중에서 에너지가 낮은 것들은 우리가 사는 일반적 환경에 존재한다. 경입자(전자, 뮤온, 타우)와 이들이 붕괴해서 만들어지는 세 종류의 중성미자 같은 것들이다. 여기에 더해 쿼크도 있다.

쿼크는 위, 아래, 기묘, 맵시, 바닥, 꼭대기의 6가지 종류 혹은 맛으로 분류된다. 각 쿼크는 이 순서대로 무거워진다. 에너지-질량 보존 법칙에 따라 쿼크는 더 가벼운 쿼크로 붕괴하고, 반대는 불가능하다.

위와 아래, 기묘와 맵시, 바닥과 꼭대기 쿼크는 서로 밀접하게 관련되어 있고 각각의 쌍을 족으로 나눈다. 예를 들어 위와 아래 쿼크는 가장 가벼운 쿼크 2개로 제1족에 속한다. 각 족마다 하나의 쿼크는 전기 전하가 2/3이고(위, 맵시, 꼭대기), 나머지 하나는 1/3이다.(아래, 기묘, 바닥) 이때 전하의 크기는 양성자의 전하를 기준으로 정해진다. 모든 쿼크와 경입자는 상응하는 반쿼크와 반경입자가 있는데, 이들은 전하의 부호가 반대인 것 말고는 모든 특성이 원래의 입자와 동일하다.

쿼크는 무거운 입자를 흡수하거나 만들어내면서 다른 쿼크로 변할 수 있다. Z^0, W^+, W^-의 3가지는 쿼크들 사이에서 약한 핵력을 전달하는 입자다.(첨자는 전기 전하가 0, +, - 임을 의미한다.) 예를 들어 아래 쿼크는 W^-가 추가적인 전하를 나르는 과정에 의해 위 쿼크로 변할 수 있다. 붕괴 과정이 대전된 W^- 입자와 관계가 있으므로, 대전된 흐름에 의해서 매개된다고 표현한다. 마찬가지로 쿼크는 Z^0를 흡수하거나 방출하는 식으로 스스로와 반응하기도 하는데 이를 약한 중성 흐름(weak neutral current, 이하 WNC)이라고 한다.

앞서 이야기했듯 실험에서는 절대로 기묘 쿼크가 아래 쿼크로 바뀌는 식의, 쿼크 맛이 변하는 일은 관측되지 않는다. 왜냐하면 이 두 쿼크의 전하가 같기 때문에 이런 상호작용은 맛이 변하는 중성 흐름(FCNC)이어야만 한다.

이제껏 이루어진 모든 실험에서 FCNC가 (거의) 존재하지 않은 덕택에 맵시 쿼크와 꼭대기 쿼크의 존재가 예견(혹은 발견)될 수 있었다. 물리학자들이 1960년대에 처음 FCNC가 일어나지 않는다는 사실을 알았을 때, 이를 어떻게 이해해야 할지 몰라서 매우 당황했다. 그때는 지금 텍사스 주립대학교 오스틴 캠퍼스에 있는 스티븐 와인버그, 이탈리아 트리에스테에 있는 국제 이론 물리 센터의 압두스 살람이 전기약 이론을 막 만든 때였다. 그 이전에 하버드 대학교의 셸던 리 글래쇼도 같은 이론을 제시하였다. 이들은 약한 상호작용과 전자기력을 하나의 틀에서 설명했고, Z^0, W^+, W^-의 존재를 예견했다. 이 입자들은 전자기력을 전달하는 광자와 유사하다.

이후 수십 년에 걸쳐 검증이 되었음에도 전기약 이론이 성립하려면 Z^0가 교환되는 중성 흐름이 있어야 한다. 특히 학자들은 Z^0가 기묘 쿼크가 아래 쿼크로 붕괴되는 과정을 매개할 가능성도 있다고 생각했다. 1963년 로렌스 버클리 연구소에서 이루어진 실험에는 필자도 초기에 관여했는데, 이런 붕괴는 전혀 발견되지 않았다. 당시 우리는 우리가 특수하고 금지된 과정(process)인 FCNC를 찾고 있다는 사실을 모르고 있었다. 실험 결과를 토대로 우리는 중성 흐름은 존재하지 않는다고 간단히 결론을 내렸다.

당시에 알려진 쿼크는 위, 아래, 기묘 쿼크뿐이었다. 1970년에 글래쇼와 파리 고등사범학교의 일리오풀로스와 로마 대학교의 마이아니가, 만약 네 번째 쿼크가 존재한다면 기묘 쿼크와 아래 쿼크의 상호작용을 상쇄할 수 있다는 사실을 알아냈다. 그 결과 FCNC가 존재하지 않는 이유가 설명되었다. 또한 쿼크의 맛을 바꾸지 않는 약한 중성 흐름도 존재할 수 있었다. 이로서 당시 오랜 동안 풀리지 않던 딜레마를 풀 수 있었고, 학자들은 이 가상의 네 번째 쿼크를 "맵시" 쿼크라고 이름 붙였다.

한편 CERN과 일리노이 주 바타비아의 페르미 연구소에 있던 학자들은 중
성미자와 관련된 문제를 풀려고 WNC를 열심히 찾고 있었다. 중성미자는
다른 입자와 오직 약한 상호작용을 통해서만 반응하고, 다른 중성미자와는
WNC에 의해서만 반응한다. 한동안 어느 주요 실험 결과에서 WNC와 관련된
매우 혼란스러우면서도 서로 다른 결과가 나와서 물리학자들은 "교류 중성
흐름"이 발견되었다고 생각했었다.

1973년 CERN과 페르미 연구소 양쪽에서 WNC가 발견된다. 1974년에는
페르미 연구소에서 맵시 쿼크가 발견되기에 이른다. 또한 1976년에는 스탠퍼
드 선형가속기 센터(SLAC)에서 많은 수의 맵시 쿼크가 만들어져서 그간의 이
론을 확인해주었다. GIM 메커니즘이라고 불리는, FCNC가 필요 없게 만드는
방법은 처음에 생각했던 것보다 더 폭넓은 의미가 있었다. 입자의 각 족 내에
서 한 쿼크가 다른 쿼크를, FCNC를 통해 붕괴되지 않도록 만들었던 것이다.

바닥 쿼크는 기묘 혹은 아래 쿼크로 붕괴하는 것이 발견되지 않았으므로
맵시 쿼크와 마찬가지로 꼭대기 쿼크의 존재도 예견되었다. 각각의 쿼크에
는 같은 부류에 속하는 짝을 이루는 쿼크가 있으므로 표준 모형에 의해서는
FCNC가 일어나기 어렵다. 무거운 쿼크가 GIM 메커니즘을 무시하는 아주 드
문 경우에 의해서만 가능한데 GIM 메커니즘은 가벼운 쿼크에 적합하다.

FCNC가 드물게 일어난다면 알려진 입자(실은 모든 입자의 상호작용)에 의해
서 매개된다는 이론은 리처드 파인먼이 고안한 다이어그램으로 잘 설명할 수
있다. 파인먼 다이어그램에서는 제트 비행기가 수증기 구름을 만들어내듯 입

자가 궤적을 남긴다. 두 입자가 상호작용을 하면, 이들의 궤적이 한 꼭짓점에서 만난다. 입자가 붕괴할 때는 궤적이 끊어진다.

꼭대기 쿼크가 펭귄(penguin)이라는 이름으로 알려진, 복잡한 파인먼 다이어그램으로 설명되는 상호작용을 매개할 때도 FCNC가 나타날 수 있다.(이런 이름이 붙은 이유는 좀 특이하다. CERN의 존 엘리스가 현재 하버드 대학교에 있는 멜리사 프랭클린과의 다트 게임에서 진 적이 있다. 그때 벌칙이 '펭귄'이라는 단어를 다음 발표할 논문에 써넣는 것이었고, 그래서 이 그림 이름이 펭귄이 되었다.) 그런데 이 붕괴는 아주 드물게 일어난다. 많은 종류의 펭귄 다이어그램 변종이 있다. 대부분은 특별한 입자들이 붕괴를 매개한다.

이런 입자들은 표준 모형이 해결하지 못하는 문제를 보완한 새로운 이론에서 예측되는 것들이다. 일례로 꼭대기 쿼크는 통상적인 물질의 주된 구성 요소 중 하나인 위 쿼크보다 3만 배나 무겁다.

입자는 무거운 힉스 입자와 상호반응하면서 질량을 얻는 것으로 보이는데, 힉스 입자도 전기약 이론에 의해 존재가 예견된다. 그런데 쿼크는 종류에 따라 질량이 다르므로, 힉스 입자와 서로 다른 강도로 결합해야 한다. 이 결합 강도, 다른 말로 하자면 쿼크의 질량은 표준 모형에 있는 21개의 변수에 포함되는데, 이 변수의 값은 어떤 근본적 가정에 의해 얻어지는 것이 아니다. 실제로는 그저 실험에 의해 측정될 뿐이다. 이처럼 여러 변수가 존재한다는 점은 그리 바람직하게 인식되지 않는다. 적어도 우주가 아주 근본적으로는 단순한 원리에 의해서 만들어진 곳이어야 한다는 믿음을 가진 과학자들에게는 그렇다.

이론물리학자들은 이런 문제를 풀려고 또 다른 무겁고 특별한 입자를 도입하는 처방을 내놓았다. 표준 모형의 확장판 중 하나인 '대통일 이론'도 그중 하나다. 아주 높은 에너지에서는 강력(원자핵을 유지하는 힘)이 전기약력과 통합된다고 볼 만한 충분한 이유가 있다. 이 힘들은 모두 같은 정도로 강해져서 대통일력(grand unified force)이 된다. 그렇다면 경입자는 쿼크의 사촌이 되고, 강력과 관련된 여러 변수가 약력의 변수와 같아진다. 대통일 모형의 전체적인 구조는 표준 모형보다 훨씬 단순하고, 더 이성적이다. 그러나 이 이론 또한 엄청나게 무거운 10^{16}기가전자볼트(양성자의 질량이 대략 1기가전자볼트다)의 질량을 갖는 대통일 입자의 존재를 필요로 한다는 문제가 있다.

이처럼 질량이 매우 무거운 입자는 쿼크가 경입자로 변하도록, 즉 양성자가 붕괴하도록 해준다. 물리학자들은 양성자 붕괴를 10년 이상 찾고 있다. CERN의 카를로 루비아와 이탈리아의 다른 학자들 그리고 필자가 함께 이탈리아 그란 사소 연구소에서 양성자 붕괴 실험인 ICARUS를 진행 중이다. 거대한 검출기가 그란 사소와 함께 일본에도 건설 중이다.

대통일 이론에는 문제가 하나 있다. 이 이론이 주장하는, 기존의 알려진 입자와 반응하는 아주 무거운 입자는 기존 입자의 질량을 증가시킨다. 쿼크와 경입자의 질량이 10^{16}기가전자볼트에 달해야 하는 것이다. 이 경우 이 입자들을 관측하지 못하는 것은 물론, 입자들이 적어도 지금의 형태로는 존재도 하지 않아야 한다.

이 '계층 구조' 문제를 푸는 유일한 방법이 초대칭이다. 초대칭 이론은 알려져 있는 모든 입자에 대응하는 초대칭 입자인 초대칭짝이 있다고 가정한다. 쿼크의 초대칭짝은 더 무겁고, 다른 값의 스핀을 가진다. 그 결과로 무거운 대통일 입자와 실재하는 쿼크 및 경입자 사이의 상호작용을 상쇄시켜 계층 문제를 해결하는 것이다.

이론물리학자들 사이에서는 초대칭 입자의 존재를 확신하는 사람이 많다. 하지만 아직 초대칭 입자는 발견되지 않았다. 브루클린 국립연구소의 모리스 골드하버(Maurice Goldhaber)는 이런 상황이 그리 나쁜 것만은 아니라고 가끔 농담을 던지기도 한다. 적어도 우주에 있는 초대칭 입자의 절반(쿼크와 경입자)은 이미 찾았다면서 말이다. 초대칭의 결과로 나타나야 하는 것 중 하나는 쿼크의 맛을 바꾸는 중성 흐름의 존재다. 예를 들어 초대칭 입자는 바닥 쿼크가 기묘 쿼크로 변할 수 있는 길을 터줘야 한다. 실제로 FCNC가 너무 커서 이 반응이 일어나지 않는 것일 수도 있다.

만약 초대칭 쌍을 이루는 입자의 질량이 서로 비슷하다면, 초대칭 입자에 의해 매개되는 FCNC가 줄어들게 된다. 질량이 비슷하다는 것은 초대칭 입자의 질량이 지금 알려진 입자 정도로 작다는 뜻이다. 그러나 아직까지 실험에서 이런 입자가 발견된 적이 없으므로, 초대칭 입자가 존재한다면 훨씬 무거워야 한다. 이들의 질량은 100기가전자볼트에서 10테라전자볼트 사이일 것으로 추측된다. 초대칭 입자의 질량이 이런 모순적인 값을 가져야 한다는 결과는 대부분의 초대칭 이론을 곤란에 빠뜨렸다.

표준 모형을 확장하는 보다 직접적인 방법은 쿼크를 추가하는 것이다. 물리학자들은 네 번째 족 쿼크의 존재 가능성에 대해서 여러 해 동안 고민해왔다.

대통일 이론에 의하면 쿼크의 족은 경입자와도 관련이 있고, 전자와 중성미자는 위 쿼크와 아래 쿼크의 사촌쯤 된다. 물리학자들이 네 번째 중성미자를 찾아낸다면, 네 번째 족의 쿼크가 존재함을 의미하게 된다. CERN에 있는 대형 전자-양전자 충돌기에서 얻어진 결과에 의하면 오로지 3개의 가벼운 중성미자만 존재한다. 그러나 여전히 네 번째의 무거운 중성미자가 존재할 가능성은 있다.

네 번째 족의 쿼크와 무거운 중성미자가 존재한다면 거의 확실히 쿼크의 맛이 변하는 반응을 이끌어낼 것이다. 앞서 언급했듯 가벼운 쿼크의 FCNC를 상쇄하는 GIM 메커니즘은 무거운 쿼크에는 맞지 않다. 쿼크의 맛이 변하는 일은 제4족 쿼크가 붕괴하면서 제3족과 관련되어 일어날 가능성이 가장 높다.

캘리포니아 주립대학교 버클리 캠퍼스의 와인버그와 로렌스 홀(Lawrence J. Hall) 및 몇몇 학자들이 최근 새로운 이론을 제시했다. 이들은 자연에 존재하는 힉스 입자의 개수에는 이론적으로 한계가 없다고 주장한다. 표준 모형에서는 오로지 1개의 힉스 입자만을 가정하지만, 그렇다고 힉스 입자가 더 많으면 안 된다고 하지는 않는다.

힉스 입자가 또 존재한다면 상대적으로 낮은 질량인 100기가전자볼트 정도일 수 있다. 이 입자는 오늘날의 가속기로는 찾기 어려운 수준이지만(반응성이 높지 않으므로) 거의 분명히 맛이 변하는 붕괴를 매개할 것이다. 이런 붕괴는 바닥 쿼크와, 어쩌면 꼭대기 쿼크와도 관련 있을 가능성이 제일 높다.

테크니컬러라는 이름의 또 다른 이론은 힉스 입자가 무거운 2가지 입자의 복합 입자라고 주장한다. 이 가정에 의하면 힉스 메커니즘(W 입자와 Z 입자가 질량을 획득하는)은 보다 자연스런 구조를 갖는다. 테크니컬러 입자의 질량은 아마도 1테라전자볼트가 넘을 것으로 본다. 테크니컬러 입자는 상대적으로 큰 FCNC를 만들어내는데, 현재로서는 분명치 않다. 이것을 더 다듬은 달리는 테크니컬러(running technicolor) 혹은 걷는 테크니컬러(walking technicolor) 이론에서는 맛 변화 흐름을 제거하지는 않지만 상당히 줄인다.

그 결과 이론물리학자들은 표준 모형보다 훨씬 입자가 많은 모형을 고안해서 FCNC가 가능하다는 주장을 하고 있는 셈이다. 실험물리학자들은 30년 가깝게, 점점 향상된 감도로 FCNC를 찾고 있다.

중성 흐름을 찾는 실험은 앞서 이야기했듯 1960년대 초기에 시작되었다. 당시 첫 시도에서 로렌스 버클리 연구소의 케이온 빔을 이용했다. 케이온은 1개의 기묘 쿼크가 1개의 위 반쿼크 혹은 아래 반쿼크와 결합한 것이다. 혹은 기묘 반쿼크가 위 혹은 아래 쿼크와 결합한 것일 수도 있다. 케이온은 쿼크와 반쿼크로 이루어진 복합 입자로, 이런 입자를 메손이라고 한다. 쿼크는 자연상태에서 단독으로 존재하지 않는 반면 메손은 대체로 불안정하긴 해도 존재한다. 그래서 실험은 대개 메손 빔을 만드는 것에서부터 시작된다.

케이온 안에 있는 기묘 쿼크가 아래 쿼크로 붕괴한다면, 케이온은 분해되어 파이온이 된다. 파이온은 1개의 아래 쿼크와 1개의 위 반쿼크(혹은 1개의 위 쿼크와 1개의 아래 반쿼크)로 이루어진 메손이다. 붕괴하는 케이온은 중성미자와 반중성미자를 방출한다. 대부분의 핵반응에서* 파이온이 만들어지므로 파이온은 아주 흔하다. 그러나 함께 방출되는 이 두 중성미자는 맛이 변하는 반응을 나타내는 분명한 신호다.

> *원자핵이 다른 원자핵이나 소립자와 충돌하여 다른 원자핵으로 변화하는 현상. 핵분열이나 핵융합 따위도 이러한 핵반응의 한 예이다.

실험에서 이 붕괴를 관측하기란 쉽지 않다. 중성미자의 궤적은 검출기에서 관측된 적이 없다. 오늘날 가장 정교한 실험으로도 표준 모형을 확장하기란 매우 어려운 실정이다.

다음으로 맵시 쿼크(기묘 쿼크의 무거운 친척)는 최근까지도 특별한 입자로 여기지 않았다. 왜냐하면 표준 모형에서 맵시 쿼크는 상대적으로 빠르게 붕괴하기 때문이다. 하지만 이제는 다른 이유 때문에 이 입자가 흥미를 끈다. 맵시 쿼크는 꼭대기 쿼크와 약하게 묶인다. 그래서 꼭대기 쿼크가 맵시 쿼크로 붕괴하면서 매우 높은 에너지의 중성미자를 방출할 수 있다. 이 중성미자가 맵시 쿼크와 상호작용을 하는 것도 FCNC의 신호가 된다. 이 과정은 중성자 빔을 만들어내는 것이 가능해질 미래의 페르미 연구소 실험에서 확인이 가능할 것이다.

FCNC를 찾아낼 가능성이 가장 높은 입자는 바닥 쿼크다. 이 쿼크는 기묘 쿼크나 맵시 쿼크보다 훨씬 무거워서, 표준 모형의 확장 이론에서 예측되는 무거운 입자와 훨씬 잘 결합한다. 또한 바닥 쿼크는 수명이 10^{12}초에 이르러서 상대적으로 긴 B 메손에서도 발견된다. 이는 기대했던 것보다 100배나 긴 값이다. B 메손은 안정하므로 고에너지 빔으로 대량 만들어낼 수 있다.

바닥 쿼크는 FCNC를 통해서 다양한 방법으로 붕괴한다. 그중 어느 붕괴라도 관측되면 표준 모형의 확장 가능성을 보여주는 것이 된다. B 메손 빔을 만들어내는 것 외에, 매우 성능 좋은 검출기가 준비되어 있다는 점도 중요하다. B 메손은 붕괴하기 전까지 단 수십분의 1밀리미터만 움직인다. 최신 검출기에는 메손과 다른 입자들의 전자 전하 흔적이 남는 실리콘 판이 있다. 여기에는 아주 짧은 거리일지라도 입자의 궤적이 선명하게 남는다.

바닥 쿼크가 기묘 쿼크로 붕괴하면서 알려지지 않은 입자, 그러니까 어쩌면 또 다른 힉스 입자의 초대칭 입자를 방출하는 반응이 있다. 이 방출되는 입자는 붕괴하면서 경입자와 반경입자 쌍이 된다.

이 붕괴를 지금까지 가장 정밀하게 찾으려는 시도는 우리 연구팀이 CERN의 양성자-반양성자 충돌기에 설치된 UA1 검출기에서 실시한 것이었다.(1983년 UA1 보고서에서 W 입자와 Z 입자가 최초로 보고되었다.) 우리는 4기가전자볼트 이상의 에너지로 뮤온-반뮤온 쌍을 찾고 있었다. 분석 결과에 의하면 10만 번의 붕괴에서 5번 이하의 맛 변화 붕괴가 일어나고 있었다. 이 결과는 테크니컬러 입자와 힉스 입자의 질량을 추정하는 데 사용되었다. 만약 이론물리학자들의 예상대로 이 입자들이 강하게 반응한다면, 이들의 질량은 400기가전자볼트보다 분명히 낮아야 한다.

다양한 붕괴 과정에서 바닥 쿼크는 기묘 쿼크로 바뀌면서 광자를 방출한다. 이 과정은 펭귄 다이어그램으로 확인할 수 있다. 실제로는 붕괴하는 바닥 쿼크가 B 메손 내부에 들어 있는 상태다. B 메손이 들뜬 상태의 케이온으로 붕괴하면서 광자를 방출하는 것이다.

1993년 말, 코넬 대학교의 전자-양전자 저장 고리에서 이런 붕괴가 발견되었다. 지금껏 발견된 붕괴는 몇 번 안 된다. 이 과정이 일어날 가능성을 계산하기는 매우 어렵다. 이 과정은 특수한 입자의 존재나 꼭대기 쿼크가 관련된 상호작용의 가능성을 의미한다. 우리가 분명히 아는 것은 이것이 펭귄 과정을 암시한다는 점이다. 체계적 연구가 가능할 정도로 붕괴가 충분히 많이 일어나지 않으면 펭귄 과정의 매개 입자가 무엇인지 정확히 알 방법은 없다. 현재로선 찾고자 하는 바람만 커지고 있을 뿐이다.

또 다른 상호작용(앞선 경우와 달리 이론적 불확실성이 없는)은 B 메손이 기묘 쿼크가 들어 있는 어떤 입자로든 붕괴해서 광자를 방출하는 것이다. 이 과정에는 앞서의 과정이 아주 일부를 차지하며 포함되어 있지만 계산은 쉽다. 코넬 대학교에서의 실험을 통해서 현재 실험적으로 값이 파악되어 있다. 1만 번의 B 메손 붕괴마다 5번 이내의 맛 변화 붕괴가 일어난다.

바닥 쿼크의 붕괴에는 또 다른 흥미로운 가능성도 존재한다. 이 과정은 B 메손이 붕괴하는 FCNC를 다른 쿼크가 아니라 하나의 경입자 쌍과 관련짓게 만든다. 특히 B 메손은 타우와 반타우 입자로 붕괴한다. 대통일 이론에 의하면 타우 입자와 바닥 쿼크는 한 족에 속한다. 그 결과 이 붕괴는 제3족 입자와만 관계가 있고 FCNC도 필요해진다. 만약 이 붕괴가 상대적으로 많이 일어난다면, 초대칭 입자의 존재를 의미하는 셈이다.

실험에서 이 붕괴를 발견하는 일은 입자물리학에서 가장 어려운 과제 중 하나다. 최근 콜로라도 주 스노우매스에서 열린 학회에서 우리 연구팀이 이에 관한 새로운 제안을 내놓았다. 이와 관련해서 우리 연구팀은 현재 캘리포니아 주립대학교 엘에이 캠퍼스에서 다양한 컴퓨터 시뮬레이션을 진행 중이다.

방법 가운데 하나는 경입자가 붕괴할 때 만들어지는 뮤온을 검출하는 것이다. 여기에 필요한 검출기로 최근 확정된 것이 콤팩트 뮤온 솔레노이드 (Compact Muon Solenoid, 이하 CMS)다. 이 장비는 CERN의 대형 강입자 충돌기(LHC)에서 쓰일 예정이다. 우리 연구팀은 이 장비 설계의 일부를 맡았고, 제작에도 참여한다. 현재 이 실험은 CERN의 미셸 델라 네그라(Michel Della Negra)가 이끌고 있다.

검출 방법 이외에 B 입자를 다량으로 만들어낼 방법에 대해서도 준비가 필요하다. 페르미 연구소의 양성자-반양성자 빔도 후보 중 하나다. 두 빔이 충돌하면 10^9개에서 10^{10}개의 B 메손을 포함하는 엄청난 양의 입자가 만들어진다. 현재 스탠퍼드 선형가속기 센터(SLAC)와 일본 국립 고에너지 가속기 연구기구(보통 KEK라고 부름) 두 곳의 'B 공장'이 계획 단계에 있다. 양쪽 모두 10^8여 개의 B 메손을 만들어낼 예정이다.

이런 입자의 발견에는 향후 건설될 충돌기들도 중요한 역할을 한다. 유럽연합은 LHC를 건설하면서 앞서 나가고 있다. 이 충돌기는 각각 7테라전자볼트의 에너지를 갖는 두 양성자 빔을 충돌시킨다. 계획대로 진행된다면 LHC는

2003년 이전에 가동이 시작될 것이다. 여기서는 빔이 충돌할 때 10^{12}개의 B 메손이 만들어진다. LHC에서 B 붕괴를 검출하는 또 다른 가능성은 초고정 목표 실험(super fixed target experiment)이다. 주 빔의 일부를 고정된 목표에 쏘면 최대 10^{11}개의 B 메손을 만들 수 있다.

　미국의 여러 연구 팀이 현재 LHC에서 연구에 참여 중이다. 스탠퍼드 선형 가속기 센터(SLAC)의 시드니 드렐(Sidney D. Drell)이 의장으로 있는 고에너지 물리학 자문위원회의 분과위원회는 최근 미국 에너지부에게 이 협력을 증진할 방안을 찾아야 한다고 권고했다. 다행히 캘리포니아 대학교 로스앤젤레스의 우리 연구진은 CMS 과제에 초기부터 참여했던 덕택에 LHC에서의 연구에도 참여할 수 있었다.

　꼭대기 쿼크의 발견으로 인해 물리학자들은 바닥 쿼크의 붕괴를 평가하는 보다 정교한 도구를 손에 쥐었다. 꼭대기 쿼크의 질량을 알았으므로, 학자들은 꼭대기 쿼크와 관련된 펭귄 반응의 빈도를 계산할 수 있다. 꼭대기 쿼크의 역할을 아는 상태에서는 어떤 FCNC가 특이한 입자의 존재를 암시하는지를 더 정확하게 판단할 수 있는 것이다.

　꼭대기 쿼크도 아주 생소한 방식으로 붕괴할 수 있다. 예를 들어 1개의 맵시 쿼크와 2개의 중성미자로 붕괴할 수 있는데, 이 경우엔 테크니컬러 입자나 복수 개의 힉스 입자에 의해서 붕괴가 매개된다. 꼭대기 쿼크의 큰 질량(174 기가전자볼트)은 미지의 입자들이 학자들 생각보다 더 무거울 수도 있음을 암시하는 대표적인 특징일 수도 있다. 이 입자들의 질량은 수백 기가전자볼트에서 1테라전자볼트에 이를 수 있다.

코넬 대학교에서 관측된 쿼크의 맛이 바뀌는 붕괴와, UA1에서 알게 된 미지의 입자들 질량 범위는 과학자들로 하여금 표준 모형을 벗어난 새로운 현상을 찾아 나서도록 만들었다. B 메손이 충분히 많이 만들어지는 실험이 가능해지고 꼭대기 쿼크의 정보를 알았으므로, 머지않아 쿼크의 맛이 바뀌는 반응에 대한 의문이 풀리기 시작할 것이다.

FCNC는 아무것도 관측되지 않는 실험이 입자물리학의 발전에 큰 기여를 했음을 보여준다. 입자를 찾아 나섰던 30여 년에 걸친 힘든 여정이 머지않아 큰 성과를 이루게 되기를 바랄 뿐이다. 대형 강입자 충돌기가 가동을 시작하기 전이라도 물리학자들은 조금씩 기본 입자들의 정체를 밝혀 나갈 수 있을 것이다.

3

계속되는 탐색

3-1 차세대 충돌기의 건설

배리 배리시·니콜라스 워커·야마모토 히토시

이제껏 건설된 충돌기 중 가장 고에너지를 만들어내는 대형 강입자 충돌기 (LHC)가 가동되면 입자물리학 연구의 신기원이 열린다. 그런데 스위스와 프랑스 국경에 위치한 이 충돌기의 가동이 시작되기 전인데도, 학자들은 이미 그다음 입자가속기를 그리고 있다. 현재 입자물리학계의 의견은 길이가 30킬로미터를 넘으며 전자와 양전자를 거의 빛의 속도로 충돌시키는 국제 선형가속기(International Linear Collider, 이하 ILC)로 모아지고 있다.(양전자는 전자의 반물질로, 질량은 같지만 전하는 반대다.)

이전의 전자-양전자 충돌기보다 훨씬 강력한 ILC를 활용해서 LHC에서 이루어진 수많은 획기적 발견을 발판으로 더욱 연구가 촉진될 것이다. LHC는 양성자의 충돌을 연구하기 위한 장비로, 양성자는 3개의 쿼크가 글루온(강력으로 쿼크를 묶는 입자)으로 묶인 입자다. 양성자 내부의 쿼크와 글루온은 지속적으로 상호작용하므로, 양성자-양성자 충돌이 일어나면 결과가 태생적으로 복잡하다. 충돌 순간에 쿼크가 지녔던 에너지를 정확히 알 수 없으므로 충돌로 인해 만들어지는 입자의 특성을 정확하게 파악하기 힘들다. 그러나 전자와 양전자는 복합 입자가 아닌 기본 입자이므로 이들이 충돌할 때의 에너지는 훨씬 정확하게 알 수 있다. 이런 특성 때문에 ILC는 새로 발견되는 입자의 질량을 비롯한 여러 특성을 측정하는 데 있어서 훨씬 유용한 도구다.

전 세계 300곳 이상의 연구소와 대학교에서 온 1,600명 이상의 과학자들이 ILC의 설계 작업과 입자 충돌 결과를 분석할 검출기 개발에 참여하고 있다. 2007년 2월 우리 연구팀이 예상되는 비용을 추산하였는데, 67억 달러(검출기 관련 비용은 제외)에 달했다. ILC의 후보지로 세 곳, 즉 제네바 인근의 CERN, 일리노이 주 바타비아의 페르미 연구소, 일본의 산악 지대를 검토했으며, 국제 공동 운영을 위한 방법도 준비 중이다. ILC 건설 비용이 매우 높아 보이겠지만, LHC나 ITER* 등의 대형 과학 기술 과제와 비슷한 수준이다. 계획대로 일이 진행된다면 2020년대에는 입자물리학의 최전선에서 ILC가 활약을 시작할 수 있을 것이다.

*ITER은 국제 열핵융합 실험로(International Thermonuclear Experimental Reactor)를 뜻한다. 1980년대 후반부터 국제원자력기구(IAEA)의 지원 아래 한국, 미국, 유럽연합, 일본, 러시아, 중국, 인도의 공동협력 과제로 진행되고 있는 핵융합 에너지 연구 프로젝트.

충돌기의 탄생

2005년 8월, 전 세계에서 온 600여 명의 물리학자들이 콜로라도 주 스노우매스에 모여서 ILC 개발 계획을 만들기 시작했다. 그러나 실질적으로 이 계획의 시작은 1989년 CERN에서 대형 전자-양전자 충돌기(LEP)를 논의할 때로 거슬러 올라간다. LEP는 전자와 양전자를 둘레 27킬로미터의 원형 고리 안에서 가속시킨 뒤 최대 180기가전자볼트의 에너지로 충돌하도록 한다. 이런 종류의 충돌기로서 전자와 양전자를 테라전자볼트 수준의 에너지로 가속하려면 원형가속기의 둘레가 수백 킬로미터에 이르러야 하니 비용을 고려할 때 현실적으로 불가능한 이야기이므로 LEP는 실제로 만들 수 있는 최대 규모라고 봐도 무방하다.

원형가속기에서 가장 문제가 되는 부분은 싱크로트론 복사(synchrotron radiation)다. 전자나 양전자처럼 상대적으로 가벼운 입자는 가속기에 장착된 자석에 의해 지속적으로 경로가 꺾이면서 에너지를 방출한다. 이 손실 때문에 입자를 계속 가속하기가 힘들어지고, 그 결과 이런 원형가속기의 건설비는 충돌 에너지의 제곱에 비례해서 상승한다. LEP보다 2배의 에너지를 가진 가속기의 건설비는 4배에 달할 것이라는 뜻이다.(양성자처럼 무거운 입자를 가속하는 경우에는 에너지 손실이 그다지 심각하지 않다. 그래서 LEP를 설치하느라 만들어진 원형 동굴에는 현재 LHC가 설치되어 있다.)

비용 면에서 가장 효율적인 방식은 입자를 직선 경로를 따라 가속하여 싱크로트론 복사가 일어나지 않는 선형 충돌기다. ILC는 11.3킬로미터짜리 선형가속기(linear accelerator) 두 대가 서로 마주보고 중간 지점에서 충돌이 일어난다. 단점은 원형 경로를 돌면서 계속 속도를 높이는 원형가속기와 달리 전자와 양전자가 양쪽에서 동시에 정지 상태에서 똑같이 가속되어야 한다는 점이다. 충돌 에너지를 높이려면 더 긴 가속기를 만들면 된다. 선형가속기는 충돌 에너지를 높이는 것에 비례해서 비용이 증가하므로 테라전자볼트 수준의 에너지를 갖는 가속기 건설에는 선형가속기가 분명한 우위에 있다.

LEP가 유럽에서 건설 중인 동안, 미국 에너지부는 스탠퍼드 선형가속기 센터(SLAC)에 이와 경쟁할 가속기를 짓고 있었다. 이 시설은 3킬로미터 길이로 전자와 양전자를 최대 50기가전자볼트의 에너지로 가속할 수 있었다. 입자 빔은 자력을 이용해 충돌 위치 부근에서 경로를 조절하여 정면으로 충돌시킨다. SLAC의 시설은(1989년부터 1998년까지 가동된) 1개의 선형가속기만으로 이루어져 있었으므로 진정한 의미의 선형가속기는 아니었지만 ILC의 초석을 다진 의미는 충분했다.

테라전자볼트 수준의 선형 충돌기 계획이 실질적으로 시작된 것은 1980년대 후반에서 1990년대 초반으로, 다양한 기술이 후보로 제안되었다. 이후 10여 년 동안 면밀한 검토가 이루어졌고, 특히 경제성이 중요하게 다뤄졌다. 최종적으로 2004년 8월, 12명의 전문가로 구성된 위원회가 독일 함부르크의 DESY가 이끌고 40여 연구 기관이 속한 TESLA 그룹이 제안한 설계를 선정했다. 이 제안에 의하면 전자와 양전자는 여러 개의 긴 진공 공동(cavity)이 연결된 통로를 지난다. 나이오븀(niobium)으로 만들어진 공동은 초전도성을 가져서, 아주 낮은 온도로 냉각되면 전기를 저항 없이 흘릴 수 있다. 이 덕분에 초당 10억 회 진동하는 강력한 전기장을 공동 내부에 효과적으로 만들어낼 수 있다. 이 전기장이 입자가 충돌 지점에 이를 때까지 계속 가속시키는 것이다.

이 초전도 라디오 주파수(SCRF) 방식 설계의 기본 요소는 절대온도 2K(섭씨 영하 271도)까지 냉각이 가능한 9개의 공간으로 구성된 1미터 길이의 나이오븀 동공이다. 8~9개의 동공이 일렬로 연결되어 극저온 모듈(cryomodule)이라고 불리는 극저온의 액체 헬륨 통에 담긴다. ILC에 설치되는 두 선형가속기마다 900여 개의 저온 모듈이 설치되므로 충돌기 전체적으로는 1만 6,000

여 개의 동공이 있는 셈이다. 독일 DESY의 연구진이 지금까지 10개의 저온 모듈 시제품을 제작하였고, 그중 5개는 DESY의 고에너지 전자 레이저인 FLASH에 설치되었다. SCRF 기술은 앞으로 DESY에 설치될 예정인 유럽 X선 자유 전자 레이저(X-ray Free Electron Laser, XFEL)에도 적용된다. 이 설비에는 101개의 저온 모듈이 연결되어 전자를 17.5기가전자볼트까지 가속하는 초전도 선형가속기를 이루게 된다.

동공이 더 강한 전기장을 만들어낼 수 있다면 ILC의 선형가속기 길이를 더 짧게 만들어도 되므로, 설계팀은 SCRF 시스템의 성능을 가능한 한 개선하려는 목표를 세웠다. 이 목표에 따르면 입자는 1미터 진행할 때마다 35메가전자볼트에 이르는 추가 에너지를 공급받는다. 이미 여러 시제품에서 이 목표가 달성되었으나, 이 장비를 대량으로 만들어내는 일은 여전히 쉽지 않다. 고성능을 유지하려면 동공의 안쪽 표면에 아무런 흠이 없고 극도로 청결해야 한다. 동공과 저온 모듈의 제작은 클린룸 환경에서 이루어져야 하는 작업이다.

ILC를 간단하게 설명하면

ILC 설계 팀은 이미 설계에 필요한 기본적 내용을 완성했다. 충돌기의 길이는 31킬로미터에 달하고, 길이의 대부분은 500기가전자볼트의 에너지로 전자와 양전자를 충돌시키는 2개의 초전도 선형가속기가 차지한다.(250기가전자볼트의 전자와 반대 방향에서 오는 250기가전자볼트의 양전자가 질량 중심 에너지 500기가전자볼트로 충돌한다.) 1초당 5회씩 ILC는 거의 3,000개의 전자와 양전자 무리

＊시간의 단위로 1,000분의 1
초. 통상 msec, 또는 ms라고
쓰인다.

를 1밀리초(ms)의＊ 시간 동안 만들어내고 가속
하고 충돌시키므로, 전체적으로 각각의 빔은 10
메가와트 정도의 출력을 갖는다. 설비의 전체적인
효율(투입된 전기 중 빔으로 변환된 비율)은 20퍼센트가량이므로 두 대의 선형가
속기가 합쳐서 100메가와트의 전기를 소모한다.

갈륨-비소로 만들어진 목표물을 향해 레이저 펄스를 쏘면 매 펄스마다 수
십억 개의 전자가 만들어진다. 이 입자들의 스핀이 모두 같은 방향이 되도록
정렬한다. 스핀 정렬은 결과를 분석할 때 아주 중요한 요소다. 짧은 SCRF 선
형가속기를 거치며 5기가전자볼트의 에너지를 갖도록 급속히 가속된 전자를
단지 중심에 위치한 6.7킬로미터 길이의 저장 고리로 쏘아 보낸다. 전자가 원
형 고리 내부를 순환하면서 싱크로트론 복사를 하면 일부 입자의 부피가 줄
어들면서 전하 밀도가 증가해서 빔의 강도가 최대치에 이르도록 증가한다.

전자 뭉치로 이루어진 빔이 200밀리초 후 원형 고리를 벗어날 때의 길이는
9밀리미터이고 굵기는 머리카락보다도 가는 상태다. ILC는 이 빔을 가속하기
에 최적의 크기이고, 나중에 양전자 빔과 검출기 내부에서 충돌할 때 가장 적
절한 크기인 길이 0.3밀리미터로 압축한다. 압축 과정 중에 전자 뭉치는 15기
가전자볼트까지 에너지가 올라간 뒤, 11.3킬로미터 길이의 SCRF 선형가속기
둘 중 한 곳으로 쏘아지며 이후 다시 250기가전자볼트까지 가속된다.

입자가 선형가속기를 통과하면서 에너지가 150기가전자볼트일 때, 전자
뭉치는 약간 경로를 바꾸면서 양전자 뭉치를 만들어낸다. 에너지의 일부를 감

마선으로 방출하는 특별한 자석인 언듈레이터(undulator)에 의해 경로가 휜다. 감마 광자가 1분에 1,000회전하는 얇은 티타늄 합금 타깃을 향해 발사되고, 이 충격에 의해 엄청난 수의 전자-양전자 쌍이 만들어진다. 그중 양전자만 골라내어 5기가전자볼트까지 가속한 뒤 다른 붕괴 고리에 보낸 후 최종적으로 다른 SCRF 선형가속기의 반대쪽 끝으로 보낸다. 전자와 양전자 모두 250기가전자볼트로 가속되어 충돌 지점으로 향하면, 줄지어 설치된 자기 렌즈가 이 고에너지 입자 뭉치들을 폭 640나노미터(nm),* 높이 6나노미터의 평평한 판에 초점이 맞도록 한다. 충돌이 일어나면 입자 뭉치들은 입자

*빛의 파장같이 짧은 길이를 나타내는 단위. 1나노미터는 1미터의 10억분의 1이다.

의 에너지를 안전하게 방출하고 입자를 흡수하는 빔 회수통으로 모아진다.

　ILC 시스템은 모든 부분에서 기술적으로 최첨단일뿐더러 공학적으로도 최고 난이도를 갖는다. 붕괴 고리는 기존의 어떤 전자 저장 고리에 비해서도 몇 배는 성능이 좋아야 한다. 게다가 고품질의 빔이 압축·가속·충돌의 모든 단계에서 지속적으로 유지되어야 한다. 설비의 운영에도 최첨단 빔 조정 기능을 비롯한 정밀 조정 기능이 요구된다. 양전자 생성 시스템과 나노미터 크기의 빔을 조절해서 정확하게 충돌시키는 시스템을 만들기란 결코 쉬운 일이 아니다.

　검출기 제작도 쉽지 않다. 힉스 보손과 다른 입자의 상호작용 강도를 측정하려면, 대전된 입자가 만들어진 위치와 운동량을 기존 검출기보다 훨씬 정확하게 알아내야 한다. 연구진이 현재 ILC의 역량을 최대한 발휘할 수 있는 새

로운 추적 장치와 열량 측정 시스템 개발에 매진 중이다.

다음 단계는

ILC에 적용될 설계가 결정되었지만, 앞으로도 할 일은 많다. 향후 몇 년간 LHC에서 양성자-양성자 충돌에 의해 모아진 데이터를 분석하는 동안 ILC의 전자-양전자 충돌기가 적절한 비용으로 최상의 성능을 발휘할 수 있는 방법이 계속 모색될 예정이다. 아직까지 ILC의 위치도 확정되지 않았다. 건설비를 상당 부분 부담할 용의가 있는 국가가 유력한 상황이다. 당분간은 유럽, 미국, 일본에 있는 시험 설비에서 분석이 계속될 것이다. 지질학적이고 지형학적인 고려와 함께 각 후보지 국가의 행정적인 면에 따라 건설 비용은 달라진다. 최종 비용은 ILC의 입지가 어디냐에 따라 결정될 것이다.

어찌되었건 우리로서는 LHC에서 이루어진 성과가 더욱 향상될 수 있는 방법을 찾아야 한다. 기술적인 면에서의 설계와 함께 ILC 프로젝트를 효과적으로 운영할 수 있는 체계도 마련해야 한다. 이 프로젝트는 개념을 비롯해 설계와 개발 모든 측면에서 진정으로 국제적인 협력의 사례이고, 건설과 운영에 있어서도 그렇게 될 것으로 믿어 의심치 않는다.

힉스 입자를 만나려면 아직 조금 더 기다리자

그레이엄 콜린스

세계적 연구소 중의 한 곳에서 어쩌면 금세기 입자물리학 분야에서 최고의 업적이 될 만한 입자를 찾을 수 있는 여러 조짐이 있는데도 불구하고, 관련 실험을 더는 진행하지 않겠다는 발표를 내놓아 많은 물리학자에게 놀라움과 실망을 안겨주었다. 이 실험은 스위스 제네바 근교에 위치한 유럽 입자물리 연구소(CERN)의 대형 전자-양전자 충돌기(LEP)에서 이루어진 마지막 실험이었다. 이 입자는 바로 물리학자들이 오랜 시간 찾아 헤매던 힉스 입자로, 지금껏 인류가 찾아낸 입자들과는 근본적으로 다를뿐더러 입자물리학의 표준 모형에 필요한 마지막 퍼즐 조각이기도 하다. CERN의 사무총장인 루치아노 마이아니는 CERN의 차기 프로젝트인 대형 강입자 충돌기(LHC)가 2005년에 예정대로 완공될 수 있도록 LEP를 폐쇄하기로 결정을 내렸다.

영국의 물리학자 피터 힉스가 1964년에 존재를 주장한 힉스 입자는 입자물리학에서 특별한 역할을 한다. 힉스 장은 우주 모든 곳에 존재하며 다른 입자에게 질량을 부여한다. 힉스 장이 없다면 인체를 포함해서 모든 물질을 구성하는 입자가 빛의 속도로 분리될 것이다. 힉스 장은 어디에나 있지만 이것을 직접적으로 감지할 방법은 없다. 하지만 이 장을 엮어주는 매듭과 마찬가지인 힉스 입자는 입자가속기에서 입자끼리 강력한 충돌을 일으키면 만들어낼 수 있다. 이 입자를 연구하면 이론을 입증함은 물론, 그간 알려지지 않았던

236

여러 특성도 밝혀낼 수 있다.

2000년, 지은 지 11년 된 LEP가 폐기되기 전에 마지막 실험으로 힉스 입자를 찾기 위해 LEP의 충돌 에너지를 원래 설계보다 약 14기가전자볼트 높여서 206.5기가전자볼트까지 올렸다. 아마도 힉스 입자는 이 정도 출력으로 찾기에는 너무 무거울 가능성이 높았지만, 그 해 여름 물리학자들은 힉스 입자의 존재 가능성을 찾아내는 데에 성공했다. 수백만 번의 충돌 중에서, 힉스 입자일 수도 있는 입자가 9번 만들어졌다. LEP를 예정보다 한 달 연장 가동하는 동안 더 많은 결과가 얻어졌고, 관측 결과가 잡음에 의한 오류일 가능성이 250분의 1로 낮아졌다. 하지만 힉스 입자를 '발견'했다고 선언하기엔 여전히 무리가 있는 수준이었다. 실험 결과에 따르면 힉스 입자의 질량은 대략 115 기가전자볼트(충돌 에너지의 나머지 부분은 91기가전자볼트의 소위 Z 입자가 만들어지는 데 쓰였다)정도였다. 참고로 양성자의 질량이 1기가전자볼트다. 힉스 입자의 질량이 115기가전자볼트면 초대칭 모형(표준 모형의 확장판으로 모든 입자가 초대칭짝 입자를 갖는다는 이론)에서의 예측에 아주 잘 들어맞는다.

오류의 가능성을 100만분의 1 이하로 줄일 정도로 충분한 데이터를 확보하기 위해 연구진은 LEP의 폐쇄를 1년 연기해 달라고 요청했지만, 면밀한 검토 끝에 결국 이 요청은 허락되지 않았다. 이제 40억 달러의 예산을 들인, 둘레 27킬로미터의 LHC를 건설해야 할 때가 되었던 것이다. 2001년 CERN이 LEP를 운영하는 데 들인 비용은 LHC 건설 지연으로 인한 보상금 4000만 달러를 포함해서 총 6500만 달러였다.

LEP에 설치된 4대의 검출기 중 1대의 책임자인 동시에 네 검출기의 데이터를 모두 통합하는 업무를 맡고 있는 크리스 툴리(Chris Tully)는 CERN의 과학적 의사 결정 체계가 무너졌다는 점에 대해서 당혹감을 감추지 못했다. 두 위원회가 힉스 입자의 증거와 운영 연장 요청을 검토했는데, 두 곳 모두 확실한 결정을 내리지 못했다. 각 위원회에는 거의 같은 수의 LEP와 LHC 관련 위원들이 있었다. 툴리는 위원회가 적절한 운영 기준을 갖지 못한 것도 문제라고 본다. 예를 들어 LEP 과학 위원회는 과학적 측면의 검토에만 집중하지 않고 LHC의 재정적 측면까지 들여다보고 있었다.

마이아니의 결정은 11월 17일의 CERN 이사회 특별 회의에서 번복될 수도 있었지만(이사회는 CERN을 구성하는 20개국의 대표로 이루어져 있다) 결과는 변함이 없었다. "CERN은 아무것도 결정하지 않는 방식으로 과학 프로그램을 운용한다." 툴리는 지적한다. 그렇다고 연구소의 미래인 LHC를 가장 중요하게 다루어야 하는 사무총장의 입장에서 "최악의 결정을 한" 마이아니를 탓할 수도 없다는 것이 그의 생각이다.

LHC 옹호론자들은 이 결정이 합리적이라고 주장한다. LHC에 설치될 ATLAS 검출기 건설을 이끄는 안나 헨리크 코레이아(Ana Henriques Correia)는 이야기한다. "(힉스 입자 존재의) 과학적 근거가 LHC 건설을 연기할 정도로 충분치 못하다." 또한 2001년의 LEP 운영 기간 동안에도 많은 경우에 힉스 입자의 흔적을 전혀 발견하지 못한 경우가 많다고 지적한다.

LEP 지지자들은 115기가전자볼트의 힉스 입자를 발견하거나 배제하기에

LEP가 최적이라고 주장한다. 11년에 걸친 LEP 운영 기간 동안 얻은 LEP와 검출기 운영의 노하우도 쌓여 있다. 이와는 대조적으로 LHC의 검출기는 훨씬 복잡하고 아직 검증도 되지 못했다. LHC의 가동이 2005년으로 예정되어 있지만, 실질적으로 의미가 있는 데이터는 오랜 기간에 걸쳐 새 가속기를 검증하고 이해하고 교정한 뒤인 2007년이 되어야 수집 가능하리라는 점도 있다. 게다가 CERN은 가동 예정일을 2005년 말로 미루는 것에 대한 논의를 이미 시작했다.

이제 당분간 힉스 입자가 발견될 가능성이 있는 곳은 일리노이 주 바타비아에 있는 페르미 연구소의 테바트론 양성자 충돌기다. 이곳에서는 1995년 꼭대기 쿼크를 발견했고, 대대적인 성능 개선을 거치고 지난 3월부터 재가동에 들어갔다. 그러나 힉스 입자의 질량이 115기가전자볼트(이곳에서는 180기가전자볼트까지는 발견이 가능하다) 근처라 하더라도 이곳에서 힉스 입자의 발견을 선언할 정도로 의미 있는 양의 데이터가 수집되려면 2006년은 되어야 한다. 테바트론의 디제로(D-Zero) 실험에 참여 중인 폴 그래니스(Paul Grannis)는, CERN의 결정에 대해서 말을 아꼈지만, "왜 중단 결정을 내렸는지"에 대해서는 여전히 이해하기 힘들어한다. "힉스 입자가 있는지 아닌지를 알 수 있었다면 향후의 가속기 프로그램을 어떤 식으로 진행할지 계획하는 데 훨씬 도움이 되었을 겁니다." 하고 그는 이야기했다.

이런 문제는 LHC 이후에 지어질 가속기와 관련해서 학자들의 관심을 끌고 있다. 미국, 일본, 독일은 LEP보다 고에너지의 차세대 전자-양전자 충돌기 계획을 입안 중이다. 이런 시설에서는 힉스 입자와 더불어 LHC에서 발견될 것으로 기대되는 초대칭 입자 같은 새로운 입자의 특성을 찾아낼 수 있을 것이다. 힉스 입자의 질량이 130기가전자볼트 이하이면 초대칭 입자의 존재 가능성이 높고, 이를 발견하려면 무엇이 필요한지 물리학자들은 잘 알고 있다. 그래니스는 130기가전자볼트가 넘어가면 "아마도 초대칭은 없을 겁니다. 그러면 다시 뭐가 뭔지 모르는 상태가 되는 거죠." 하고 말한다.

3-3 대형 강입자 충돌기

크리스 르웰린 스미스

빛의 속도의 99.999999퍼센트로 움직이는 양성자 2개가 정면으로 부딪히면 내부의 입자 구조가 부서지면서 14테라전자볼트의 에너지가 발생한다. 양성자가 정지 상태일 때 에너지의 1만 4,000배인 이 에너지는 양성자를 구성하는 입자인 쿼크와 글루온들이 나눠 갖는다. 대부분의 충돌에서 에너지는 쿼크와 글루온이 만들어내는 익히 잘 알려진 입자들을 옆으로 튀어내며 순간적으로 방출하는 데 쓰인다. 그러나 가끔은 두 쿼크가 2테라전자볼트 이상의 에너지로 정면으로 충돌한다. 물리학자들은 자연이 감춰둔 비밀이 이때 살짝 드러난다고 믿는다. 어쩌면 힉스 보손이라고 알려진 입자일 수도 있고, 어쩌면 초대칭이라는 신비한 효과의 결과일 수도 있으며, 이것도 저것도 아니면 입자이론물리학이 전혀 모르는 완전히 새로운 무엇일 수도 있다.

쿼크가 대량으로 충돌한 마지막 사례는 수십억 년 전, 대폭발 직후의 수 피코초 동안이다. 비슷한 일이 2007년부터 제네바 근교 프랑스와 스위스의 국경 아래 원형 터널 내부에서 다시 일어나려고 한다. 그때가 되면 수십 개국에서 온 과학자와 엔지니어들이 대형 강입자 충돌기(LHC)의 건설을 완료할 예정이기 때문이다. 유럽 입자물리 연구소(CERN)가 이끄는 이 원대하고 까다로운 프로젝트의 핵심인 가속기의 건설은 이미 시작되었다.

LHC는 일리노이 주 바타비아에 있는 페르미 연구소의 테바트론 충돌기보다 그 에너지가 7배에 달한다. 이곳에서는 1992년부터 1995년까지의 실험을 통해 오랫동안 찾지 못하던 꼭대기 쿼크를 발견하였다. LHC는 기존 터널을 활용해서 짓는데, 사상 최대 에너지를 갖는다. 이 터널은 원래 1989년부터 2000년까지 CERN이 다양한 정밀 입자물리학 실험을 진행했던 대형 전자-양전자 충돌기(LEP)가 설치되었던 곳이다. LEP의 에너지는 LHC의 1퍼센트에 불과하다. LEP가 사용하던 기존 터널을 활용함으로써 LHC는 부지 확보 및 터널 건설 문제에서 벗어났을 뿐 아니라, 4대의 입자 분출기를 비롯한 지원 설비들도 활용할 수 있었다. 그러나 7테라전자볼트인 양성자의 진로를 기존 터널의 모양에 맞춰 휘게 하려면 기존의 어느 가속기보다 강력한 자기장이 있어야 한다. 15미터 길이의 자석이 1,232개 연결되어 터널 둘레의 85퍼센트에 설치된다. 자석에는 1만 2,000암페어(A)의 전류가 흐르는 초전도 전선을 이용해 전원을 공급하고, 액체 헬륨이 절대온도보다 2도 높은 섭씨 영하 271도까지 온도를 낮춘다.

단지 고에너지 양성자만 있어서는 실험이 효과적으로 진행될 수 없다. 중요한 점은 양성자의 구성 입자인 쿼크와 글루온의 충돌시 에너지로, 이 입자들은 양성자의 에너지를 나눠 갖고 있다. LHC는 양성자 빔을 엄청난 강도로 충돌시켜 쿼크와 글루온이 양성자 에너지의 상당 부분을 갖도록 만든다. LHC의 강도 혹은 광도(luminosity)는 이전 충돌기들보다 100배는 크고, 미국에서 건설이 취소된 초전도 초대형 충돌기(SSC)보다도 10배 크다. 20테라전자볼트의 양성자 빔을 둘레 87킬로미터의 터널에서 쏘는 SSC가 예정대로 텍사스 주

웍서해치(Waxahachie)에 건설되었다면 LHC와 직접 경쟁했을 것이다. LHC의 높은 광도로 빔의 낮은 에너지를 보상할 수 있지만, 실험은 훨씬 어려워진다.

*복잡, 무질서, 불규칙한 상태. 장래의 예측이 불가능한 불규칙한 이동 현상을 가리킨다.

게다가 이런 높은 강도는 빔 궤도에서의 카오스(chaos)* 같은 문제를 일으켜서 빔의 진로를 안정시키기 힘들어질 가능성도 있다.

LHC 둘레의 네 곳에서 매초마다 십억 회의 충돌이 일어나고, 각각의 충돌마다 100개의 입자가 만들어진다. 수천 개 부품으로 이루어진, 6층 건물 높이와 비슷한 거대한 검출기가 이 입자들을 모두 추적한다. 복잡한 컴퓨터 프로그램이 이 데이터를 실시간으로 분석해서, 추후의 보다 철저한 조사를 위해 어떤 사례들이 별도로 기록해둘 가치가 있는지를 결정한다.

풀어야 할 문제들

보다 고에너지로 자연을 들여다본다는 것은 물질을 더 작은 수준까지 들여다본다는 의미다. 기존 가속기에서는 10억분의 1의 1억분의 1미터(10^{-18}미터)까지 가능했다. LHC에서는 이보다 더 작은 10^{-19}미터 수준에 도달하려 한다. 이것만으로도 과학적 호기심이 충분히 자극되겠지만, 지금껏 답을 알 수 없던 문제의 해답을 찾을 수 있다는 것을 알면 물리학자들은 심장 박동이 빨라질 것이다.

지난 35년간 입자물리학자들은 상대적으로 단순하게 물질의 구조를 10^{-18}미터 수준의 정확도로 묘사하는 방법, 즉 표준 모형을 만들어냈다. 표준 모형은 지금까지 알려진 물질의 구성 요소 모두와 4가지 힘 중 3가지를 간결하게 표현한다. 물질의 구성 요소는 경입자 6가지와 쿼크 6가지다. 힘 중 하나인 강력은 쿼크를 묶는 힘으로, 그 결과 수백 가지의 강입자가 만들어진다. 양성자와 중성자는 강입자이고, 쿼크를 묶고 난 강력의 잔여 힘이 강입자를 묶어서 원자핵을 만든다. 나머지 두 힘은 전자기력과 약력으로, 이것들은 아주 짧은 거리에서만 작용하고 방사선 베타 붕괴와 태양에서의 핵융합을 만들어내는 힘이기도 하다. 이 두 힘은 매우 달라 보이지만, 표준 모형에서는 이 두 힘을 '합쳐서' 전기약력을 만들어냈으며 아주 잘 설명된다.

지금까지 양자 전기역학(1965년)부터 중성미자와 타우 입자의 발견(1995년), 위트레흐트 대학교의 헤라르트 엇호프트와 마르티뉘스 펠트만의 이론 연구(1999년)에 이르기까지 20명 이상이 표준 모형을 연구한 업적으로 노벨상을 받았다. 표준 모형은 엄청난 과학적 성과이며 수많은 실험에서 입증된 이론이기도 하지만, 여기에도 몇 가지 중대한 결함이 존재한다.

첫째, 아인슈타인의 이론에서 나타나는 시공간의 특성이 포함되어 있지 않고, 시공간과 물질 사이의 상호작용에 대한 일관된 설명이 결여되어 있다. 이 일반 상대성 이론은 표준 모형에 포함되지 않은 네 번째 힘인 중력을 매우 우아하게 설명하며, 실험을 통해서 충분히 입증되었다. 표준 모형은 완벽한 양자 역학 이론이므로, 아주 작은 크기의 수준까지도 다룬다.(실험에서 다뤄진 규모와는 비교도 할 수 없을 정도로 작다.) 중력을 양자 역학적으로 설명하지 못하는 한 표준 모형은 논리적으로 불완전한 이론에 머문다.

둘째, 표준 모형이 엄청난 양의 데이터를 단순한 방정식으로 설명할 수 있지만, 근거가 불충분한 부분이 많다. 자세한 내용을 여기서 다루기엔 너무 복잡하다. 예를 들어 표준 모형은 왜 쿼크와 경입자가 4가지씩이 아니라 6가지씩 있는지 설명하지 못한다. 쿼크와 경입자의 수가 같은 것도 마찬가지다. 이런 것들이 그저 우연일까? 이론적으로야 쿼크와 경입자가 어떻게 얽혀 있는지 화려하게 설명할 수 있는 방법이 많지만, 그중 어느 것이 맞는지 알 길은 없다.

셋째, 표준 모형에는 아직 완성되지 않았고 입증되지 않은 요소가 들어 있다. 그것도 사소한 부분이 아니라, 입자의 질량이 어떻게 해서 만들어지는가 하는, 아주 핵심적인 부분이다. 입자의 질량은 아주 중요하다. 예를 들어 전자의 질량이 달라진다면 화학은 완전히 딴판이 될 것이고, 중성미자의 질량이 달라진다면 우주의 팽창이 달라진다.(중성미자의 질량은 기껏해야 전자의 100만분의 1 정도에 불과하지만, 최근의 실험에 의하면 질량이 0은 아니다. 이 실험을 이끈 과학자 2명이 2002년 노벨 물리학상을 수상했다.)

힉스 메커니즘

물리학자들은 입자의 질량이 온 우주 구석구석에 퍼져 있는 장을 통해서 생긴다고 믿는다. 입자가 이 장과 더 강하게 상호작용하면 질량이 더 무거워진다. 그러나 이 장은 여전히 미지의 존재다. 어쩌면 영국의 물리학자 피터 힉스의 이름을 딴 힉스 장이라는, 새로운 기본 장일 수도 있다. 아니면 새로운 입자로 이루어진 복합 구조인 테크니쿼크(techniquark)가 새로운 힘인 테크니컬러에 의해 결합된 것일 수도 있다. 이것이 새로운 기본 장이더라도 다양한 변종이 있을 수 있다. 힉스 장은 몇 개이고, 각각의 특성은 무엇일까?

현재 적어도 수학적으로는 어떤 특성이어야 하는지는 알고 있으며, 그러려면 LHC에서 힉스 입자(힉스 장의 움직임을 보여주는 입자)나 테크니쿼크 같은 입자가 발견되는 식의 새로운 현상이 일어나야 한다. LHC의 주요 설계 목표는 자연이 질량을 만들어내는 메커니즘을 알아내는 것이다.

이런 새로운 현상은 LHC가 가동되기 전이라도, 2001년의 대대적인 성능 개선 이후 다시 양성자와 반양성자 빔 충돌 실험을 시작한 페르미 연구소의 테바트론 가속기에서 발견될 가능성도 있다. 이 실험도 LEP보다는 더 큰 에너지를 갖는다. 그러나 이곳에서 LHC를 앞선다 해도 이는 빙산의 한쪽 끝을 먼저 본 것에 불과하고, 심도 깊은 연구는 LHC에서만 가능하다.

테바트론에서 새로운 발견이 이루어지지 않는다면, LHC가 나서야 한다. LHC는 LEP 및 테바트론보다 더 뛰어난 탐사력을 지닌 현존하는 최고의 가속기다. 또한 지난 10년간 LEP, 스탠퍼드 선형가속기 센터, 페르미 연구소에서 이루어진 고정밀 측정에 의하면 힉스 입자가 LHC에서 발견될 것은 분명해 보인다. 이제 문제는 LHC에서 발견될 것이 힉스 입자일지, 아니면 질량을 만들어내는 또 다른 새로운 물리현상일지일 뿐이다.

대폭발 흉내 내기

이런 물리 현상을 살펴보려면 대폭발 직후 수조분의 1초 사이에 일어난 것과 같은 환경을 재현해야 하고, 이는 오늘날의 최첨단 기술을 이용해야만 가능하다. 7테라전자볼트 양성자 빔의 경로를 적절하게 조절하려면 지구 자기장의 10만 배 정도인 8.3테슬라의 자기장을 유지해야 한다. 이정도 수준의 자기장은 여태까지 어디에서도 쓰인 적이 없다. 해결책은 엄청난 양의 전기가 거의 저항이 없는 초전도 전선을 따라 흘러서, 통상의 구리선을 이용한 자석에서는 만들어낼 수 없는 크기의 자기장을 작은 자석으로 만들어내는 초전도 기술이다. 1만 2,000암페어의 전류를 감당할 초전도성을 유지하기 위해 자석의 코어는 22.4킬로미터 길이의 터널 내에서 섭씨 영하 271도로 유지된다. 이 정도 극저온은 지금껏 구현된 적이 없다.

1994년 12월 LHC의 일부를 구현한 시제품이 24시간 동안 가동되어 자석과 관련된 기술적 요소들의 검증을 끝냈다. 이후 시제품을 이용해서 LHC를 10년간 가동하는 모의실험이 이루어졌다. 현재 설계 사양을 뛰어넘는 자석이 제작되고 있으며 최종 검사와 설치를 위해 CERN에 인도되었다.

40테라전자볼트의 성능으로 계획되었던 SSC가 1993년에 취소되자, 14테라전자볼트의 LHC는 고에너지 입자물리 실험에 사용 가능한 전 세계 유일의 가속기가 되었다. LHC 입자 빔의 강력한 강도는 실험 정보 수집에 아주 큰 장애물이다. 빔은 체인에 매달린 구슬 닮은 모양이어서, 매 250억분의 1초마다 양성자 뭉치가 계속해서 지나간다. 충돌 지점마다, 서로 반대 방향에서 다가

오는 한 쌍의 양성자 뭉치들이 서로 초당 4000만 번씩 마주친다. 충돌로 인해 만들어진 입자가 검출기를 통과하는 동안 다음 번 충돌이 일어날 정도로 충돌이 자주 일어난다.

초당 8억 번의 충돌에서 겨우 10억분의 1만이 쿼크끼리의 정면충돌이다. 검출기는 수천 번의 충돌이 일어나는 길이의 전자 파이프라인을 이용해서 이 충돌을 찾아낸다. 충돌이 향후 분석을 위해 자세히 기록할 만한 가치가 있는지를 여기서 판단하는 것이다. LHC의 검출기는 수천만 개의 신호를 기록할 수 있다. 양성자-양성자 충돌에서 일어나는 모든 신호를 정렬하는 일은 생각만 해도 엄청난 일이다.

쿼크끼리 충돌하면

모든 충돌에서 좀 더 들여다볼 만한 충돌을 찾아내는 입자 검출기는 물리학자들에게는 전자 눈이나 마찬가지다. LHC에는 4대의 검출기가 있다. 2대는 마치 러시아 인형처럼 모듈 안에 또 모듈이 있는 구조로 만들어진 거대한 규모로, 모듈마다 중심부에서 빔이 충돌한다. 모듈은 최첨단 기술을 이용해서 입자가 다음 층으로 움직이기 전에 특정한 관측을 수행할 수 있도록 만들어졌다. 높이가 22미터에 이르는 이 두 대의 검출기는 각각 ATLAS(고리형 LHC 장비)와 CMS(Compact Muon Solenoid)라고 불리며, 힉스 입자와 초대칭 입자 그리고 예상치 못한 충돌 결과가 있다면 모두 기록한다. 이보다 작은 ALICE(A Large Ion Collider Experiment)와 LHCb 검출기는 다른 종류의 보다 특정한 분야 현상에 초점이 맞춰져 있다.

ATLAS와 CMS는 힉스 보손처럼 새로운 입자의 존재 가능성을 알리는, 에너지가 높은 뮤온, 전자, 광자를 잘 검출하도록 만들어져 있다. 그러나 이 둘의 방식은 사뭇 다르다. 수년에 걸친 컴퓨터 모의실험 결과에 의하면, 이 검출기들은 모두 새로운 자연현상이 있다면 이를 찾아낸다. ATLAS는 공기 중에서 뮤온을 감지하는 검출기가 거대한 고리형 자석에 설치되어 있다. CMS는 뮤온을 검출하는 매우 강력한 전자석의 내부에 설치된 공간을 이용하는, 보다 전통적인 방법으로 만들어져 있다.

CMS 검출기의 일부는 전자와 광자가 들어오면 불꽃이 일어나는 크리스털로 이루어졌다. 이런 크리스털은 굉장히 만들기가 어려운데, CMS는 CERN에서 크리스털을 이용하는 최근의 실험인 L3에서의 경험에서 많은 도움을 받았다.(L3 검출기는 1989년부터 2000년까지 운용된 LEP 충돌기에 쓰인 4대의 검출기 중 하나로, 3가지 종류의 가벼운 중성미자가 존재함을 확인해준 약력 관련 정밀 연구에 주로 쓰였다.) L3가 만들어지기 이전까지는 이런 크리스털이 아주 소량으로만 생산되었으나, L3에서는 무려 1만 1,000개가 필요했다. L3에서 쓰인 것과 같은 종류의 크리스털은 의료용 영상 기기에서 널리 쓰인다. CMS에는 이보다 더 내구성이 높은 크리스털이 7배나 더 소요된다. 결과적으로 의료 분야에서도 더욱 발전이 예상된다.

ALICE는 LHC에서 납의 원자핵을 1.150테라전자볼트라는 엄청난 에너지로 충돌시킬 때 사용하는 보다 특수한 장비다. 이 에너지는 400개가 넘는 양성자와 중성자를 쿼크-글루온 플라즈마(QGP)로 '녹여서' 쿼크와 글루온이 방출시키면서 대폭발 직후 10마이크로초 동안 우주를 가득 채웠던 것과 같은 QGP 덩어리를 형성한다. ALICE는 QGP에 최적화된 신형 검출기와 함께 L3의 자석 둘레에 설치되어 있다.

CERN에서 이미 성공적으로 쿼크-글루온 플라즈마가 만들어졌다는 증거가 있다. 앞으로 몇년 내에, 브룩헤이븐 국립연구소의 상대론적 중이온 충돌기(Relativistic Heavy Ion Collider, 이하 RHIC)에서 CERN보다 원자핵 당 에너지를 10배 더 높여 QGP를 상세하게 연구할 가능성이 높다. LHC도 이 수치를 30배로 늘릴 예정이다. LHC 쪽의 에너지가 더 높지만 RHIC에서는 보다 다양한 종류의 실험을 수행할 수 있으므로, 우주의 초기 진화 단계에 관한 보다 깊은 연구가 가능할 것이다.

LHCb의 주요 과제인 B 메손 입자는 우주가 왜 같은 양의 물질과 반물질이 아니라 물질로만 이루어져 있는지에 대한 해답을 알려줄 것이다. 이런 불균형은 무거운 쿼크와 반쿼크가 보다 가벼운 쿼크로 붕괴하는 속도가 달라야만 일어난다. 표준 모형에서는 이 현상을 CP 깨짐이라고 하는데, 이것만으로는 우주에서의 물질과 반물질 사이 불균형을 충분히 설명하지 못한다. 물리학자들이 CP 깨짐을 발견한 것은 1960년대 기묘 쿼크의 붕괴에서였는데, B 메손의 구성 입자인, 이보다 무거운 바닥 쿼크와 반쿼크의 붕괴를 분석하면 표준 모형이 맞는지 확인할 수 있다.

1999년, 캘리포니아와 일본에 있는 두 곳의 B 공장에서 매년 수천만 개의

B 메손을 만들기 시작했다. 실험에서 표준 모형의 B 메손 붕괴 모드 하나에 의해 예측되는 CP 깨짐이 관측되었다. LHC 빔의 높은 광도는 매년 1조 개의 B 메손을 만들 수 있다. 그렇게 되면 보다 광범위한 환경에서 고정밀도의 실험이 가능해지므로, 다른 B 공장에서는 확실하게 보기 힘들었던 특수한 붕괴도 밝혀낼 수 있을 것이다.

전 세계를 위한 시설

LHC처럼 대규모의 과학 시설은 어느 한 국가가 독자적으로 감당하기엔 너무 비용이 많이 든다. 물론 그동안 입자물리학 분야에서는 국제 협력이 드물지 않았고, 과학자들은 연구에 적합한 곳이라면 어디로든 모여들었다. 가속기의 규모가 커지고 비용도 늘어나면서, 여기에 참여하는 인력의 규모뿐 아니라 지역적 분포도 따라서 방대해졌다. CERN의 팀 버너스리(Tim Berners-Lee)가 월드와이드웹을 만든 이유가 전 세계에 퍼져 있는 연구진 사이의 정보 교류를 위해서였다.

　LHC의 건설 자금을 지원한 국가는 최초에는 CERN에 가입한 19개(당시의 가입 국가) 유럽 국가뿐이었고, 2단계에 걸친 공정은 기술적으로 불완전한 데다가 비용은 많이 들었을 뿐더러 매우 느리게 진행되었다. 다행히 다른 국가들(LHC 사용자의 40퍼센트가 비가입국 학자들이다)로부터 자금 지원을 받는 데 성공함으로써 건설 속도를 높일 수 있었다. 캐나다, 인도, 이스라엘, 일본, 러시아, 미국 등에서 금전적 혹은 인력 지원이 제공되었다. 일례로 일본의 KEK

연구소는 16개의 특수 초점 자석을 공급할 예정이다. 이미 550명의 과학자들이 참여중인 미국은 단일 국가로는 가장 많은 인력 수를 자랑한다. 가속기 부품 여러 가지가 브룩헤이븐 연구소와 페르미 연구소, 로렌스 버클리 국립연구소에서 설계 및 제작될 예정이다.

추가적으로 전 세계 50개국의 300개가 넘는 대학과 연구소에서 ATLAS와 CMS 제작에 참여 중이다. 이들은 현지에서 현지 업체와 함께 부품을 제작하게 된다.(특히 학생들은 이런 프로젝트를 통해 엄청난 교육 효과를 얻는다.) 데이터 분석도 여러 곳에서 이루어진다. 까다로운 기술적 요구 사항과 빠듯한 일정을 고려하면 이런 대규모 프로젝트를 과학 연구의 자율성을 유지하면서 민주적으로 운영하는 일은 결코 쉽지 않으나 연구의 성공에 필수적인 요소임은 분명하다.

CERN은 아직까지는 여전히 유럽의 연구소다. 그러나 LHC가 완공되면, 전 세계의 연구소로 탈바꿈할 것이다. 이미 CERN을 이용하는 7,000명이 넘는 학자들의 수는 입자물리학을 연구하는 전 세계 실험물리학자의 반을 넘는다. 1994년 당시 페르미 연구소의 소장이던 존 피플스 2세(John Peoples, Jr.)의 다음 말이 모든 것을 말해준다. "40년 동안 CERN은 전 세계에 인류의 지식 향상을 위한 국제 협력의 살아 있는 모범을 보여주었다. 앞으로 40년 동안도 CERN은 우주에 대한 인류의 이해를 높이는 일뿐 아니라 국가들 사이의 이해를 새로운 단계로 도약시켜줄 것이다."

3-4 입자 발견 기계

그레이엄 콜린스

역사상 가장 거대하고 강력한 현미경이 있다. 제네바 근처의 시골 마을 지하에 설치된 대형 강입자 충돌기(LHC)는 사상 최고의 에너지로 가장 작은 크기 (10억분의 1의 10억분의 1미터)까지 들여다본다. 입자물리학자들은 10년 이상 이 시설의 에너지 수준인 1테라전자볼트를 의미하는 테라(Tera) 급의 이 장치가 완공되기를 기다려왔다. 이 수준의 에너지를 이용하면 미지의 힉스 입자 (다른 입자에게 질량을 부여하는 입자로 본다), 우주 대부분을 차지하는 암흑 물질의 구성 요소와 같은 완전히 새로운 물리학을 연구할 수 있게 된다.

9년에 걸친 건설 끝에 완공된 이 거대한 기계는 올해 말에 가동이 시작될 예정이다. 현재 계획은 일단 1개의 빔을 성공적으로 만들어낸 뒤 두 번째 빔을 낮은 에너지 수준부터 시작해서 테라 규모로까지 만드는 것이다. 빔의 강도가 높아지면 확보할 수 있는 데이터가 많아지지만 그만큼 제어가 어렵다. 모든 과정은 5,000명이 넘는 과학자와 엔지니어, 학생들의 대규모 협력을 통해서만 성공적으로 완수될 수 있다. 지난 가을 필자가 이 시설을 방문했을 때, 계속 지연되는 일정에도 불구하고 그곳의 모든 사람이 성공을 확신하고 있음을 느낄 수 있었다. 입자물리학계는 LHC에서의 첫 실험 결과를 애타게 기다리고 있다. 매사추세츠 공과대학교(MIT)의 프랭크 윌첵(Frank Wilczek)이 한 말처럼 LHC가 "물리학의 황금시대"를 열어주기를 고대하고 있는 것이다.

최고의 기계

LHC는 테라 급 시설인 만큼 모든 면에서 기존 가속기들을 뛰어넘는다. 여기에서 만들어지는 양성자 빔의 에너지는 사상 최고 수준이다. 초전도 기술과 액체 헬륨에 의해 절대온도 2도 이하로 유지되는 7,000개의 자석을 이용하여 광속에 거의 가까운 속도로 움직이는 2개의 양성자 빔의 경로와 초점을 조절한다. 각각의 양성자는 아인슈타인의 유명한 $E=mc^2$ 공식에 따라 정지 상태일 때 에너지의 7,000배에 달하는 7테라전자볼트의 에너지를 갖는다. 이는 현재 최고 기록을 갖고 있는, 일리노이 주 바타비아에 위치한 페르미 국립연구소의 테바트론 충돌기보다 7배가량 높은 수치다. 가속기가 최고 출력을 내면 원형 통로에서 최고로 가속되는 입자가 갖는 에너지는 900대의 자동차가 시속 100킬로미터로 달릴 때의 운동 에너지 혹은 2,000리터의 커피를 끓일 수 있는 에너지와 맞먹는다.

원형가속기 내에서 움직이는 양성자 뭉치는 3,000개에 달한다. 각 뭉치는 최대 1조 개의 양성자로 이루어지며 충돌 지점에서의 크기는 길이 수 센티미터에 지름 16마이크로미터(μm)로서, 가장 가는 머리카락과 비슷한 굵기에 불과한 아주 가느다란 바늘과 비슷하다. 원형의 가속기 내부 4곳에서 이 뭉치들이 서로 엇갈려 지나가며 매초 6억 번의 충돌이 일어난다. 물리학자들이 '사건(event)'이라고 부르는 이 충돌은 실제로는 양성자를 구성하는 입자인 쿼크와 글루온들이 부딪히는 것이다. 가장 강력한 충돌에서는 충돌하는 양성자 2개가 갖고 있는 에너지의 7분의 1인 2테라전자볼트의 에너지가 방출된다.(테바트론은 양성자와 반양성자가 1테라전자볼트의 에너지를 가짐에도 테라 급 규모의 5분의 1밖에 미치지 못한다.)

네 대의 거대한 검출기(가장 큰 검출기는 파리 노트르담 성당의 거의 절반 크기이고, 가장 무거운 검출기는 에펠 탑보다 많은 철근이 들어 있다)가 검출기 중심부에서 일어난 수천 개의 충돌을 모두 추적하고 기록한다. 검출기의 크기가 엄청남에도 불구하고 일부 부품들은 50마이크로미터의 정밀도로 위치가 맞춰져 있다.

큰 검출기 두 대에서만도 초당 10만 장의 CD를 채우고, 이 CD를 쌓으면 6개월 만에 달에 도달하는 양인 거의 1억 개의 데이터 열이 만들어진다. 이처럼 많은 데이터를 모두 기록하는 일은 효과적이지 않으므로, 대규모 실시간 필터를 이용해서 초당 100개의 사건만 골라서 데이터를 취득하고 나머지는 버리는 방식으로 CERN에 위치한 중앙 컴퓨터로 데이터를 보낸다. 모아진 데이터는 추후에 분석된다.

CERN에서는 수천 대의 컴퓨터를 이용해서 이 데이터에서 유용한 것만 다시 솎아낸다. 이 작업은 전 세계에 있는 협력 연구 기관의 컴퓨터를 망으로 묶어서 활용하는 방식으로 이루어진다. 각각의 컴퓨터들은 세 대륙에 위치한 6곳의 거점 컴퓨터에 연결되고, 이 거점 컴퓨터가 전용 광케이블을 이용해서 다시 CERN에 연결되는 식이다.

완공을 향하여

앞으로 몇 달간 모두의 눈이 가속기를 향할 것이다. 자석을 최종적으로 설치하는 작업이 11월 초에 있었고, 기자 회견이 있던 12월 중순에는 8개 구역 중 한 곳에서 극저온 가동이 이루어졌으며, 두 번째 가동이 예정되어 있다. 2007년에는 한 구역을 극저온으로 냉각했다가 다시 실온으로 되돌렸다. 모든 구역의 시험이 완료된 뒤 양성자 빔을 구역별로, 나중에는 전체 통합 시스템에서 가속기 내 2개의 빔 파이프 중 한 곳에서 쏠 예정이다.

주 LHC에 양성자 빔을 공급하는 소형 가속기들은 이미 시험을 끝마쳤고, 양성자를 0.45테라전자볼트의 에너지로 LHC에 주입한다. 첫 번째 빔 주입이 중요한 단계이며, 혹시 모를 시설 손상을 막기 위해 처음에는 약한 강도의 빔으로 시험이 진행된다. 이 단계에서의 결과를 이용해서 LHC 내부에 대한 미세 조정을 마친 뒤 더 높은 강도의 빔을 사용한다. 설계상의 최대 에너지인 7테라전자볼트를 처음으로 쏠 때도 3,000개의 뭉치가 아니라 1개만 쏘는 것으로 시험을 시작한다.

이처럼 여러 단계를 밟아 완전한 가동에 이르는 방식을 취하면 문제가 드러나게 마련이다. 문제를 해결하는 데 얼마나 시간이 걸릴지는 예측하기 어렵다. 만약 수리를 위해 한 구역의 온도를 실온으로 올려야 하는 경우가 생기면 몇 달씩 시간이 필요하기 때문이다.

ATLAS, ALICE, CMS, LHCb 등 4개의 실험도 실제 실험에 돌입하기 전에 긴 준비 과정을 거쳐야 한다. LHCb에 설치될 모서리 위치 측정기 같은 아주 민감한 기기들이 11월 중순 현재 아직 설치 중이다. 대학원에서 실험물리학이 아니라 이론물리학을 전공했던 필자는 이곳을 방문했을 때 검출기로부터의 데이터 전송에 쓰이는 수천 개의 케이블을 보고 놀라움을 금치 못했다. 각각의 케이블에는 이름표가 붙어 있었고, 대학원생들이 이 모든 케이블이 정확히 연결되도록 작업 중이었다.

아직도 실제 빔 충돌까지는 몇 개월을 더 기다려야 하지만, 우주에서 쏟아지는 우주선(cosmic ray)이 산발적으로 지층을 뚫고 검출기를 통과하는 덕분에 일부 대학원생들과 연구원들 손에는 이미 실제 데이터가 들려 있다. 검출기가 우주선에 어떻게 반응하는지를 보면 검출기가 제대로 동작하는지(전압 공급기부터 검출 부위의 부품, 전자 회로, 계수기, 수백만 개의 신호를 분류해서 '사건'을 정리하는 데이터 수집 소프트웨어 등) 확인이 가능하다.

모두 함께

빔이 충돌하는 부위가 있는 검출기를 포함해서 모든 구성품의 조립과 설치가 끝나면, 이제 검출기와 데이터 처리 시스템이 해야 할 일이 많아진다. 가속기가 설계 광도에서 동작하는 경우 양성자 뭉치가 엇갈려 지나갈 때마다 최대 20개의 사건이 일어난다. 뭉치 사이의 간격은 25나노초(ns)에 불과하다.(이보다 큰 경우도 있다.) 충돌로 인해 만들어진 입자가 검출기 안에서 다음 층으로 튕겨나가고 있는 동안에 이미 다음 번 양자 뭉치가 충돌한다. 검출기의 각 층에서는 해당 층을 지나는 특정 종류의 입자를 감지한다. 이처럼 수백만 개 입자마다의 정보를 저장하느라 매 사건마다 1메가바이트(MB)의 데이터가 만들어진다. 2초마다 10억 메가바이트, 즉 1페타바이트(PB)의 데이터가 생성되는 것이다.

이처럼 무지막지하게 많은 데이터의 양을 줄이는 장치가 여러 단계로 구성된다. 첫 단계에서는 에너지가 높은 뮤온이 양성자의 진행 경로에서 크게 튀어 나간 경우가 있는지와 같은 기준을 이용해서 검출기에서 보낸 데이터를 일부만 분석한 뒤, 추가로 분석할 가치가 있어 보이는 데이터를 골라낸다. 레벨 1이라고 불리는 이 단계는 수백 개의 전용 컴퓨터 기판이 수행한다. 여기서는 매초마다 10만 개의 데이터 뭉치를 다음 단계로 넘긴다.

상위 단계에서는 이와 반대로 수백만 가지에 달하는, 검출기에서 얻은 모든 정보를 수신한다. 이 단계에서의 계산은 컴퓨터 망을 활용해서 이루어지며, 아래 단계에서 보내주는 각 데이터 뭉치마다의 간격은 평균 10밀리초에 불과하다. 다른 말로 하자면 이 단계에서는 역으로 원래 데이터의 공통부분으로 되돌아가서 각각의 사건에 대해 일관성 있는 데이터(에너지, 운동량, 궤적 등)을 만들어낸다. 여기서 초당 약 100개의 사건을 망으로 구성된 컴퓨터 시스템인 LHC 망의 중앙 처리 장치로 넘긴다. 이 망은 여러 컴퓨터 센터를 연결하여 원격으로도 데이터에 접근할 수 있도록 해준다.

LHC 컴퓨터 망은 단계를 이루는 구조다. 0단계(Tier 0)는 수천 개 프로세서로 구성된 CERN의 컴퓨터다. 개인용 컴퓨터 형태도 있고 혹은 피자 배달 상자 같은 모양의 컴퓨터 보드가 책꽂이의 책처럼 길게 늘어서 있기도 하다. 컴퓨터는 지속적으로 구입되어 시스템에 추가된다. 개인과 마찬가지로, 값이 너무 비싼 최신형 제품보다는 경제성을 우선 고려해서 제품이 선정된다.

LHC의 데이터 수집 시스템에서 0단계로 넘겨진 데이터는 자기 테이프에 저장된다. 플래시 메모리나 DVD-RAM이 흔한 오늘날 시각으로 보기에 너무 옛날식이고 시대에 뒤처진 기술로 생각될지 모르겠지만, CERN 컴퓨팅 센터의 프랑수아 그레이(François Grey)에 의하면 이 방법이 가장 안전하면서 가격이 저렴하다고 한다.

0단계에서는 12곳의 1단계 컴퓨터 센터로 데이터를 보낸다. 1곳은 CERN 내부에 있고, 나머지 11곳은 미국의 페르미 연구소와 브룩헤이븐 국립연구소, 그 외 유럽, 아시아, 캐나다의 연구소 등이다. 결과적으로 아무런 처리가 되지 않은 원본 데이터가 CERN에, 그리고 데이터가 나뉘어 전 세계 여러 곳에 저장되므로 원본이 2개 보관되는 셈이다. 대신 각각의 1단계 센터에서는 단순화된 형식으로 변환된 데이터를 물리학자들에게 제공한다.

LHC 망의 제일 하위 단계는 대학과 소규모 연구소들인 2단계 컴퓨터 센터들이다. 이곳에 위치한 컴퓨터는 그리드 컴퓨팅* 망을 형성하는 데 활용되어 전체적인 데이터 분석 성능을 높여준다.

*여러 대의 컴퓨터를 하나의 네트워크로 연결하여 마치 하나의 대용량 고성능 컴퓨터와 같이 활용하는 기법.

험난한 길

온라인으로 놀라운 기술을 활용할 수 있긴 하지만, LHC에서도 문제가 없지는 않았다.(일부는 상당히 심각했다.) 지난 3월, 충돌 지점 바로 앞에서 양성자 빔의 초점을 맞추는 데 사용되는 4중극 자석의 코일이 동작 중에 '초전도성을 잃어버리는 상황(quenching)'을 가정한 시험에서 심각한 문제가 발생했다. 시험에서 발생한 압력 때문에 자석의 지지대 일부가 무너져 굉음을 내면서 헬륨 가스가 새어나왔다.(다행히 현장의 작업자와 방문 중이던 기자들은 안전용 호흡 장비를 갖추고 있었다.)

이 자석은 3개씩 한 묶음을 이루어 처음에는 옆 방향으로, 그러고는 위아래 방향으로 빔의 경로를 바꾸어 빔의 초점을 정확히 맞춘다. LHC에는 이런 자석이 총 24개가 사용되며, 4곳의 검출기마다 양쪽에 하나씩 설치된다. 처음에는 모든 자석을 분리해서 지상으로 옮겨야 할지 현장의 과학자들도 알 수 없었다. 그렇게 되면 일정이 몇 주는 지연될 판이었다. 원인은 설계 오류였다. 자석 설계에서(페르미 연구소 담당) 자석이 견뎌야 할 모든 힘을 고려하지 못했던 것이다. CERN과 페르미 연구소 연구원들의 노력 덕분에 원인이 신속히 발견되었고, 손상을 입지 않은 자석을 지상으로 꺼내지 않고 추가적인 대책을 마련하는 데 성공했다.(사고가 난 자석만 지상으로 옮겨졌다.)

CERN의 소장인 로버트 아이마르(Robert Aymar)는 6월, 자석의 결함을 비롯한 몇몇 사소한 문제 때문에 가속기의 첫 가동 날짜를 2007년 11월에서 2008년 봄으로 미루었다고 발표했다. 예정대로 7월에 실질적인 실험에 돌입하려면 빔 가동은 계획보다 더 단시간 내에 최고 출력에 이르러야 한다.

일부 직원들은 필자에게 시간이 더 생겨서 좋겠다고 이야기하지만, 첫 가동일이 미뤄져서 충분한 데이터 확보가 늦어지면 테바트론(여전히 가동 중인)이 힉스 입자를 먼저 발견할 기회를 잡을 수도 있다. 힉스 입자의 질량이 테바트론에서 검출 가능성이 있는 수준이고, 지금처럼 데이터가 쌓여가다 보면 테바트론도 얼마든지 힉스 입자 존재의 증거를 찾을 가능성이 있다.

가동 지연은 연구에 참여하고 있는 학생과 과학자들의 개인적 연구 성취에도 문제를 일으킬 수 있는 요소다.

또 다른 우려 중 하나가 9월에 일어났다. 한 구역에서 가속기가 가동에 필요한 극저온 상태로 냉각되었다가 실온으로 돌아온 뒤 빔 파이프 내부의 구리 부품(플러그인 모듈이라고 부르는)이 휘어져버린 것을 기술자들이 발견했던 것이다.

처음에는 문제의 심각성이 파악되지 않았다. 냉각 시험이 이루어진 구역에는 총 366개의 플러그인 모듈이 쓰였으므로 이를 하나씩 살펴보고 수리하는 일은 상상조차 어려웠다. 기술진은 탁구공보다 살짝 작은 크기의 공을 빔 파이프 내부에 집어넣는 방법을 고안해냈다. 그렇게 하면 압축 공기에 의해 공이 움직이다가 변형된 부품이 있는 곳에서 걸릴 터였다. 공 안에는 (양성자 뭉치가 가속기 내부를 최고 속도로 지날 때 내는 주파수와 동일한) 40메가헤르츠(Mhz)의 주파수를 내는 발신기가 들어 있었으므로, 50미터 간격으로 설치된 빔 센서가 공의 위치를 추적할 수 있었다. 이렇게 확인을 진행하자 다행히 6곳의 모듈에서만 문제가 있는 것으로 드러났다.

11월에 마지막 자석의 설치가 완료되고 전체 가속기가 완공되어 모든 구역의 냉각 시험을 시작할 수 있게 되었을 때 프로젝트 책임자인 린 에번스(Lyn Evans)는 다음과 같이 기쁨을 표현했다. "이처럼 복잡한 기계에서 다행히 매끄럽게 일이 진행되었고, 드디어 내년 여름이면 LHC에서 실험이 시작되기만을 우리 모두가 고대하고 있습니다."

3-5 다가오는 입자물리학의 혁명

크리스 퀴그

대형 강입자 충돌기(LHC)가 왜 필요한지 이유를 명쾌하게 답하라는 질문에 대해 물리학자들은 보통 '힉스 입자' 때문이라고 이야기한다. 힉스 입자(오늘날의 물리 이론에서 아직 발견되지 않은 유일한 입자)는 상징적인 입자다. 하지만 자세히 들여다보면 훨씬 더 복잡하고 흥미로운 이야기가 있다. 새 충돌기는 지금까지의 모든 충돌기보다 성능 면에서 뛰어나다. 여기서 무엇이 발견될지는 알 수 없지만, 어떤 발견이건 입자물리학의 새로운 시대가 시작되고, 다른 과학 분야에도 영향을 미치게 될 것임은 분명하다.

이 시대가 오면 자연에 존재하는 힘 중 2가지(전자기력과 약력)를 일상적인 의미에서 이해가 가능한 수준으로 구분이 가능해질 것으로 기대된다. 원자가 왜 존재하는가? 화학은 왜 존재하는가? 안정된 구조는 왜 존재하는가? 같은 단순하면서 심오한 질문에 대한 답을 얻을 수 있을 것이다.

힉스 입자의 발견은 기념비적 사건이겠지만, 사실상 새 시대의 첫걸음이다. 중력은 왜 자연의 다른 힘에 비해 터무니없이 작은지, 우주는 왜 암흑 물질로 가득 차 있는지와 같은 의문도 밝혀야 한다. 보다 심오하게는 왜 입자들은 명확하게 세대로 구분되는지, 이들과 시공간의 통합은 어떻게 이루어지는가 하는 질문도 있다. 이 모든 질문들은 서로 연결되어 있고, 이 매듭을 풀려면 힉스 입자에서부터 시작해야 한다. LHC는 이 질문들에 대한 답을 구하는 데 도움을 주고 우리로 하여금 답을 찾도록 만들어줄 것이다.

물질

입자물리학에서 '표준 모형'은 아직 완성되지 않은 이론이지만 우리가 아는 세계의 많은 부분을 설명해준다. 표준 모형의 기본적인 부분은 창의적이고 건설적인 논의를 통해 만들어진 이론들과 기념비적인 실험들이 맞물렸던 1970년대와 1980년대에 만들어졌다. 많은 물리학자들은 지난 15년이, 입자물리학의 기초를 닦은 이전 시대와 비교했을 때 통합의 시대라고 생각한다. 실험물리학을 통해서 표준 모형이 점차 입지를 굳혀갔지만 그것만으로 설명하기 힘든 현상도 계속 발견되었고, 이에 따라 이를 포함하는 새로운 세계관을 담은 새로운 이론도 계속 만들어졌다. 이론과 실험 양측에서의 움직임을 함께 고려하면 앞으로 10년의 물리학계가 얼마나 활발할지 예상할 수 있다. 그때가 되면 지금을 되돌아보며 혁명이 이미 시작된 시기였다고 느낄지도 모를 일이다.

오늘날 우리는 물질이 크게 보아 쿼크와 경입자의 2가지 입자가 4가지의 기본 힘 중 3가지인 전자기력, 약력, 강력과 결합하여 이루어져 있다고 생각한다. 현재로서는 중력은 논외다. 양성자와 중성자를 구성하는 쿼크는 3가지 힘 모두와 관련이 있다. 경입자 중에서 대표적으로 잘 알려진 입자는 전자이고, 경입자는 강력에는 반응하지 않는다. 이 2가지 입자를 구분하는 것은 색으로, 마치 전기 전하와 비슷한 개념이다.(색이라는 표현은 은유적인 것이다. 실제의 색과는 아무런 관련이 없다.) 쿼크에는 색이 있고, 경입자에는 없다.

표준 모형의 기본 원리는 여기 쓰이는 방정식이 대칭이라는 것이다. 공을 어느 방향에서 바라보아도 같은 모양이듯, 이 방정식들은 정의된 방식을 바꾸어도 달라지지 않는다. 또한 시공간의 모든 점에서 다른 점으로 관점을 다른 값만큼 이동시켜도 변하지 않는다.

물체가 기하학적으로 대칭이 유지되려면 형태에 엄청난 제약이 따른다. 어딘가 튀어나온 곳이 있는 공은 이제 보는 방향에 따라 다른 모양이 된다. 마찬가지로 방정식이 대칭이려면 조건이 있어야 한다. 이런 대칭성으로 인해서 보손이라고 불리는 특별한 입자들이 매개하는 힘이 만들어지는 것이다.

이런 방식으로 표준 모형은 건축가 루이스 설리번의 격언을 뒤집는다. 설리번은 "형태는 기능을 따른다"라고 말했지만 기능이 형태를 따르는 셈이다. 즉 이론을 정의하는 방정식의 대칭성으로 표현된 이론의 형태에 의해서 이론의 기능적 결과(입자들 사이의 상호작용)가 만들어지는 것이다. 예를 들어 쿼크를 표현하는 방정식은 쿼크의 색을 무엇이라고 정의하건 (심지어 시공간의 모든 점에서 모두 독립적으로 정의된다고 해도) 동일해야 한다는 조건에 의해 강한 핵력이 만들어진다. 강력은 글루온이라는 이름이 붙은 8개의 입자로 매개된다. 나머지 두 힘인 전자기력과 약력은 '전기약력'으로 통합되며 강력과는 다른 대칭에 근거한다. 전기약력은 광자, Z 보손, W^+ 보손, W^- 보손 등 4가지 입자에 의해 전달된다.

거울 깨기

전기약력 이론은 셸던 글래쇼, 스티븐 와인버그, 압두스 살람이 만들었으며 이들은 이 업적으로 1979년 노벨 물리학상을 수상했다. 방사선 베타 붕괴와 관련이 있는 약력은 모든 글루온과 경입자에 작용하지는 않는다. 이들 입자는 모두 거울 대칭인 입자가 존재하며(각각 왼손 방향, 오른손 방향이라고 부른다), 베타 붕괴의 힘은 왼손 방향 입자에만 작용하는데 발견된 지 50년이 지난 지금까지도 이유가 밝혀지지 않았다. 왼손 방향 입자들 사이의 대칭성은 전기약 이론을 세우는 데 큰 기여를 했다.

이 이론에는 처음 만들어질 때 2가지 큰 문제가 있었다. 첫째, 먼 거리에서도 작용하는 4가지 입자(게이지 보손이라고 불림)가 있으리라고 예상했는데, 당시에 알기론 광자 하나밖에 없었다. 나머지 3개의 보손은 작용 범위가 양성자 반지름의 1퍼센트에도 못 미치는 10^{-17}미터에 불과하다. 하이젠베르크의 불확정성 원리에 따르면, 이처럼 작용 범위가 작으면 입자의 질량이 1테라전자볼트에 이르러야 한다. 두 번째 문제는 같은 종류 입자들의 대칭성으로 인해 쿼크와 경입자가 질량을 가질 수 없는데 실제로는 질량이 있다는 점이다.

이 문제가 풀린 것은 자연법칙의 대칭성이 이 법칙의 결과물에도 반영될 필요가 없다는 사실을 인식하게 되면서였다. 물리학자들은 이를 대칭이 "깨졌다"라고 표현한다. 이를 반영한 입자가 1960년대 중반에 피터 힉스, 로버트 브라우트, 프랑수아 앙글레르 등에 의해 만들어졌다. 이 이론에 영감을 준 것은 보기에 별로 관련이 없어 보이는, 특정 물질이 낮은 온도에서 전기 저항이 거의 0이 되는 초전도(superconductivity) 현상이었다. 전자기력 법칙 자체는 대칭이지만, 초전도 물질 내에서 전자기력의 모습은 대칭이 아니다. 초전도 물질 내부에서는 광자가 질량을 지니므로, 그 결과 자기장이 물질 내부로 침투하지 못하게 한다.

이 현상은 전기약 이론의 완벽한 시제품이라고 할 만했다. 만약 우주가 전자기력 대신 약력에 영향을 주는 '초전도 물질'로 가득 차 있다면, W 보손과 Z 보손이 질량을 얻어서 약력의 작용 범위를 제한한다. 이 초전도 물질이 힉스 보손으로 이루어져 있는 것이다. 쿼크와 경입자도 힉스 보손과의 상호작용을 통해서 질량을 얻는다. 질량이 원래부터 지닌 특성이 아니라 이런 식으로 얻어지는 것이라면, 이 입자들은 약력의 대칭 요구에 부합하는 것이 된다.

오늘날의 전기약 이론(힉스 입자를 포함하는)은 광범위한 실험 결과를 매우 정확하게 설명해준다. 사실 물질이 쿼크와 경입자로 구성되고 게이지 보손을 통해서 상호작용 한다는 개념은 물질에 대한 인식을 완전히 뒤집어놓은 것이고, 입자가 아주 높은 에너지를 지니면 강력·약력·전자기력이 하나로 통합될 가능성을 열어놓은 것이기도 하다. 전기약 이론의 개념은 놀랄 만한 것이지만, 아직까지 완성되지는 못했다. 쿼크와 경입자의 질량이 어떻게 해서 얻어지는지 설명하긴 하지만, 질량이 어떤 값이어야 하는지를 설명하지는 못한다. 전기약 이론은 힉스 보손 자체의 질량에 대해서 아무런 기준을 제시하지 못한다. 이 이론에 힉스 입자가 꼭 있어야 하지만 질량은 예측하지 못하는 것이다. 입자물리학과 우주론의 여러 문제들은 전기약 이론의 대칭이 어떻게 깨지는지를 답할 수 있어야 풀 수 있다.

표준 모형을 넘어서

1970년대에 얻은 희망적인 관측 결과에 힘입어 물리학자들은 표준 모형에 보다 진지하게 접근해서 이론의 한계를 살펴보기 시작했다. 1976년 말경, 페르미 국립연구소의 벤저민 리와 현재 버지니아 주립대학교에 재직 중인 해리 새커(Harry B. Thacker)와 필자는 아주 높은 에너지에서 전기약력이 어떤 모습을 보일지에 관한 사고실험을 고안했다. W, Z, 힉스 보손의 충돌에 관한 것이었다. 당시는 이들 입자가 하나도 발견되지 않은 시절이었으므로 좀 비현실적인 면이 있긴 했다. 하지만 물리학자라면 어떤 이론이건 이론의 내용이 사실이라고 생각하고 검증하려는 자세를 가져야 한다.

이 실험에서 깨달은 것은 입자들이 만들어내는 힘들 사이의 미묘한 관계였다. 아주 높은 에너지 상태에서라면 힉스 보손의 질량이 1조 전자볼트, 즉 1테라전자볼트를 넘지 않을 정도로 너무 크지 않아야만 우리가 한 계산이 타당했다. 힉스 입자가 1테라전자볼트보다 가벼우면 약력이 아주 약한 상태를 유지하므로, 모든 에너지 상태에서 이론이 성립한다. 1테라전자볼트보다 무거우면 약한 상호작용이 이 에너지와 같은 수준으로 강해지면서 입자들의 움직임은 예측하기 힘들어진다. 전기약 이론이 직접적으로 힉스 입자의 존재를 예측하지는 않으므로 이 조건을 찾아내는 일은 흥미롭다. 이 질량 조건은 LHC가 가동되어 사고실험을 실제로 구현해볼 수 있게 되면 무언가 새로운 존재(그것이 힉스 보손이건 아니면 새로운 무엇이건)가 발견되리라는 점을 의미한다.

그간의 실험에서 힉스 입자의 영향은 이미 간접적으로 드러났다. 이런 결과는 힉스 보손 같은 입자가 일시적으로만 모습을 드러내지만 다른 입자의 반응에 뚜렷하게 흔적을 남기는 데 충분한 시간 동안 존재함을 의미하는 것으로, 불확정성 원리의 결과이기도 하다. CERN의 LHC가 설치된 터널에 이전에 자리했던 LEP에서도 이런 보이지 않는 손의 흔적이 발견된 적이 있다. 정밀 측정 결과를 이론과 면밀히 비교해보면 힉스 입자는 분명히 존재하고, 질량은 192기가전자볼트보다 작다는 결론에 도달한다.

힉스 입자가 1테라전자볼트보다 무거우면 수수께끼가 펼쳐진다. 양자 역학에서 질량은 한 번 정해지면 불변이 아니라 양자 효과에 의해서 변하는 값이다. 힉스 입자가 장막 뒤에서 다른 입자들에게 영향력을 행사하듯이, 다른 입자도 힉스 입자에게 마찬가지일 수 있다. 이런 입자들의 질량은 다양하고, 이 효과를 설명하려면 표준 모형이 아닌 더 심오한 이론이 필요해진다. 어떤 모형이 강력과 전기약력이 통합되는 수준인 10^{15}기가전자볼트에서도 잘 들어맞는다면, 정말로 엄청난 질량의 입자가 힉스 입자에 영향을 미치고 힉스 입자에게 상당히 큰 질량을 주어야 한다. 그렇다면 왜 힉스 입자는 질량이 1테라전자볼트를 넘지 않아야 할까?

이것이 바로 계층 문제라고 불리는 것이다. 방법 하나는 다른 경쟁 입자의 영향력을 상쇄하도록 아주 큰 수를 더하거나 빼는 것이다. 학자들은 이론적 근거가 완벽하지 않은 상황에서 아주 큰 수를 서로 상쇄하는 방법에 대해 항상 의문을 갖고 있다. 필자의 동료들과 마찬가지로 필자도 힉스 보손과 다른 새로운 현상이 LHC에서 발견될 가능성이 아주 높다고 본다.

말도 안 되는 소리로 들리겠지만

물리학자들은 그간 계층 문제를 해결할 여러 방법을 찾으려 애썼다. 가장 유력한 이론은 초대칭 이론으로, 모든 입자가 아직 발견되지 않은 대응 입자인 스핀 값만 다른 초대칭짝 입자를 갖고 있다고 가정한다. 자연이 완벽하게 초대칭이라면 입자와 초대칭짝 입자의 질량은 같고, 힉스 입자에게 미치는 영향은 완벽히 상쇄되어 사라진다. 하지만 그렇다면 이미 초대칭짝이 발견되었어야 한다. 그러므로 초대칭이 존재한다고 해도, 깨진 대칭이어야 한다는 의미다. 초대칭짝 입자의 질량이 LHC에서 만들어낼 수 있는 수준인 약 1테라전자볼트 이하이면 힉스 입자에 미치는 순영향은 이론적으로 설명 가능한 수준이다.

테크니컬러라고 불리는 다른 접근 방법은, 힉스 보손이 진정한 의미에서의 기본 입자가 아니라 아직 발견되지 않은 다른 입자로 구성된 구조체라고 가정한다.('테크니컬러'라는 어휘는 강력을 규정하는 색전하와 비슷하게 들리도록 선택된 것이다.) 그렇다면 힉스 입자는 기본 입자가 아닌 게 된다. 1테라전자볼트(힉스 입자를 묶어두는 수준) 언저리에서의 충돌을 만들어내면 힉스 입자의 내부를 들여다볼 수 있을 것이다. 초대칭과 마찬가지로, 테크니컬러 이론도

LHC가 그동안 감춰져 있던 입자들을 드러내 보여줄 가능성이 있음을 암시한다.

세 번째 이론은 상당히 도발적인데, 공간에는 3차원 이외에도 다른 차원이 존재하기 때문에 면밀히 들여다보면 계층 문제가 자연스럽게 사라질 것이라고 주장한다. 이 추가 차원이 힘의 에너지를 움직이므로 궁극적으로 힘이 통합된다는 이론이다. 이 통합(새로운 물리학의 시작)은 10^{12}테라전자볼트가 아니라, 추가 차원의 크기와 관련된 훨씬 작은 에너지에서 일어나야 한다. 그렇다면 LHC에서 이 추가적인 차원을 조금이라도 엿보는 일이 가능할 터다.

테라전자볼트 규모에서는 새로운 현상이 드러날 또 하나의 이유가 있다. 우주의 상당 부분을 차지하는 암흑 물질은 새로운 종류의 입자로 이루어진 것으로 보인다. 이 입자가 약력과 상호작용하고 질량이 대략 100기가전자볼트에서 1테라전자볼트 사이라면 대폭발이 암흑 물질을 만들어내었을 것이다. 어떤 이론에 의해서 계층 문제가 풀리건 암흑 물질 입자로 추정되는 입자가 드러날 것이다.

다가오는 혁명

테라전자볼트 규모의 실험이 가능해진다는 것은 실험물리학이 새로운 세계로 진입함을 의미한다. 가속기 실험의 가장 중요한 목적은 우주란 무엇인지를 알아내는(전기약 대칭 깨짐, 계층 문제, 암흑 물질 같은 개념의 답을 구하는) 것이다. 이런 목표는 명확하며, 페르미 연구소의 테바트론 충돌기에 이어 LHC도 이에 맞춰 만들었다. 여기서 얻은 답은 입자물리학에서만 의미가 있는 것이 아니고, 인간의 세계관 자체에도 영향을 준다.

이것이 전부는 아니다. LHC에서 모든 힘을 통합하는 방법의 실마리를 찾을 수도 있고, 입자의 질량이 결정되는 이유를 논리적으로 설명하는 근거를 발견할 수도 있다. 새로운 입자를 발견함으로써 이미 알려진 입자들의 붕괴를 더 잘 설명할 수도 있다. 전기약력에 관한 의문이 점차 풀리면서 이런 문제들에 대한 명쾌한 해답을 얻을 가능성이 매우 높고, 결과적으로 입자에 대한 시각이 바뀌면서 향후 추진할 시험의 동력도 얻을 것이다.

1950년 세실 파월(Cecil Powell)은 극도로 감도가 높은 감광 물질을 고산지대에서 우주선(cosmic ray)에 노출시켜 파이온(유카와 히데키가 1935년에 핵력을 설명하면서 존재를 예견한 입자)을 발견한 공로로 노벨 물리학상을 받았다. 그는 나중에 "브리스틀에서 감광지를 현상하면서, 새 시대가 열리고 있음을 너무나 분명하게 느낄 수 있었다. …… 마치 온갖 나무와 열매가 넘쳐나는 과수원의 담장이 걷히며 모습을 드러내는 것 같았다." 하고 회상했다. 테라전자볼트 규모의 실험을 눈앞에 둔 필자가 딱 이런 심정이다.

쿼크(QUARKS)

쿼크는 양성자와 중성자를 비롯한 다양한 입자를 구성한다.
단독으로는 관측된 적이 없다.

위(up) 쿼크 u

전하 : +2/3
질량 : 2 MeV
물질의 구성 요소.
양성자는 위 쿼크 2개와
아래 쿼크 1개로 이루어짐.

맵시(charm) 쿼크 c

전하 : +2/3
질량 : 1.25 GeV
위 쿼크와 비슷하나 불안정.
표준 모형을 만드는 데 활용된
J/ψ 입자의 구성요소.

꼭대기(top) 쿼크 t

전하 : +2/3
질량 : 171 GeV
가장 무거운 기본 입자.
오스뮴(Os) 원자의 무게와
거의 같으며 수명이 매우 짧음.

아래(down) 쿼크 d

전하 : -1/3
질량 : 5 MeV
물질의 구성 요소.
중성자는 2개의 아래 쿼크와
1개의 위 쿼크로 이루어짐.

기묘(strange) 쿼크 s

전하 : -1/3
질량 : 95 MeV
아래 쿼크와 비슷하나 불안정. 많이
연구된 케이온(kaon) 입자의 구성
요소.

바닥(bottom) 쿼크 b

전하 : -1/3
질량 : 4.2 GeV
불안정하지만
아래 쿼크보다 무거움.
많이 연구된 B 중간자의 구성 요소.

경입자(LEPTONS)

강력에는 반응하지 않으며, 단독으로 관측된다.
중성미자의 질량은 수 전자볼트 미만에 불과하다.

전자 중성미자 ν_e

전하 : 0
전자기력과 강력에 반응하지 않음.
상호 작용이 거의 없으나
방사능에는 필수적.

뮤온 중성미자 ν_μ

전하 : 0
뮤온 경입자가 관련되는
약한 상호작용에 나타남.

타우 중성미자 ν_τ

전하 : 0
타우 경입자가 관련되는
약한 상호작용에 나타남.

전자 e

전하 : -1
질량 : 0.511 MeV
전하를 가진 입자 중 가장 가벼움.
전류의 매개체이자,
원자핵 주변을 도는 입자로 친숙.

뮤온 μ

전하 : -1
질량 : 106 MeV
전자와 비슷하나 무거움.
수명은 2.2 ms.
우주선(cosmic ray)에서 관측됨.

타우 τ

전하 : -1
질량 : 1.78 GeV
전자와 비슷하지만
더 무겁고 불안정.
수명은 0.3 ps.

보손(BOSONS)

양자 수준에서는, 자연에 존재하는
힘이 입자에 의해서 전달된다.

광자(photon) γ

전하 : 0
질량 : 0
전자기력의 매개 입자로 대전된
입자에 작용. 작용 범위는 무한대.

Z 보손 Z

전하 : 0
질량 : 91 GeV
입자의 정체성을 바꾸지 않는 약력의
매개 입자.

W⁺/W⁻ 보손 W

전하 : 0
질량 : 0
입자의 맛을 변화시키는 약력의
매개 입자.
작용 범위는 10^{-18}m

글루온(gluon) g

전하 : 0
질량 : 0
8가지의 글루온이 쿼크와 다른
글루온에 작용해서 강력을 매개.
전자기력이나 약력에는 반응하지 않음.

힉스 보손(아직 미발견) H
(현재는 발견됨–옮긴이)

전하 : 0
질량 : 1 TeV이하. 114~192 GeV일 가능
성이 높음 (실제로 126 GeV)
W와 Z 보손, 쿼크, 경입자에게 질량을
부여하는 것으로 믿어짐.

3-6 힉스 보손의 존재 가능 범위를 점점 찾아내는 중인 페르미 연구소

존 맷슨

표준 모형의 마지막 퍼즐이면서 아직 발견되지 않은 힉스 입자는 점점 숨을 곳이 없어지는 중이다. 존재한다면 말이다. 일리노이 주 바타비아에 있는 페르미 국립 가속기 연구소는 힉스 입자가 발견될 가능성이 있는 질량 범위를 더욱 좁혔다.

영국의 물리학자 피터 힉스의 이름을 딴 힉스 보손은 W 보손과 Z 보손 같은 다른 입자에게 질량을 부여한다고 생각되므로, 이를 발견하거나 존재하지 않는다는 사실을 입증하면 이 세계가 어떤 식으로 이루어져 있는지에 대한 관념이 완전히 바뀐다.

캘리포니아 주립대학교 데이비스 캠퍼스의 물리학자이자, 힉스 보손의 질량 범위를 찾는 두 연구팀 중 하나인 페르미 연구소 충돌기 검출기 협력단(Collider Detector at Fermilab, 이하 CDF) 위원인 존 콘웨이(John S. Conway)는 이렇게 말한다. "지난 30년 간 우리가 관측한 모든 것과 알고 있는 모든 것을 큰 무리 없이 담아낸 표준 모형이 만들어져 있다는 점을 생각하면, 지금은 입자물리학에서 매우 흥미로운 시대입니다. 게다가 표준 모형으로 충분치 않다는 것도 이미 알고 있죠." 표준 모형의 마지막 단추인 이 입자의 질량을 알게 되면 물리학에서 오랫동안 풀리지 않던 문제의 답이 구해지거나, 적어도 문제가 분명해지게 된다. "뭘 찾게 되건 놀라울 겁니다."

이전의 충돌 실험에서 힉스 입자 질량의 하한선이 114기가전자볼트라는 것이 드러났고, 이론적 계산에 의하면 상한선은 185기가전자볼트다. 페르미 연구소의 테바트론 충돌기에서 얻은 이번 실험의 결과는 힉스 입자의 질량 범위를 160~170기가전자볼트로 좁혔다.(모두 95퍼센트의 신뢰 수준)

테바트론에서 이루어지는 것과 같은 충돌 실험은 입자를 아주 높은 에너지에서 충돌시킨 뒤 만들어지는, 아주 수명이 짧거나 특수한 입자를 관측하는 일이다. "우리가 아는 현상의 흔적, 힉스 입자처럼 예상되는 현상의 흔적을 찾는 겁니다." 협력단 위원이자 매사추세츠 주 월섬에 있는 브랜다이스 대학교 교수인 크레이그 블로커(Craig Blocker)는 설명한다. 그러고는 덧붙인다. "힉스 입자가 이 범위 안에 있다면 발견의 가능성이 아주 높습니다."

콘웨이는 페르미 연구소에서 찾아낸 힉스 입자의 질량 범위가 "정말 대단한 성과"라고 이야기한다. 그는 힉스 입자가 발견된다면 작년 9월 가동하려 했다가 올해 후반 정상 가동을 앞둔 스위스 제네바 인근에 있는 훨씬 강력한 대형 강입자 충돌기(LHC)에 의해서일 것으로 본다.(콘웨이와 블로커는 둘 다 LHC 프로젝트에 참여 중이다.) 콘웨이는 힉스 입자를 찾는 일이 "일종의 경주입니다. 하지만 돈을 건다면 LHC에 걸겠습니다." 하고 말한다.

페르미 연구소가 이길 가능성도(LHC가 정상 가동되지 못한 동안 계속 가동 중이므로) 없는 건 아니다. 콘웨이는 그럴 가능성은 희박하다고 이야기하지만, 힉스 입자의 질량이 만약 150기가전자볼트 언저리(120기가전자볼트 정도의 입자가 존재한다는 증거도 있다)라면, 테바트론에서 머지않아 발견될 수도 있다.

아니면 데이터를 모을 시간이 더 충분하다면 테바트론에서 힉스 입자의 질량 하한선을 점차 높일 수도 있다.

만약 힉스 입자의 질량 하한선이 높아져서 입자가 존재하지 않는다는 것이 실험으로 입증된다면 어떻게 될까? "그건 표준 모형이 어딘가 근본적으로 잘못되어 있다는 뜻입니다." 블로커는 대답한다. "힉스 입자 혹은 그와 비슷한 무언가가 W 보손과 Z 보손에게 질량을 부여하지 않는다면 우린 뭐가 뭔지 아무것도 모르는 상태가 되는 겁니다."

3-7 힉스의 패배 : 스티븐 호킹이 물리학 사상 가장 말도 안 되는 내기에서 이긴 걸까?

아미르 악젤

몇 년 전, 영국의 유명한 물리학자 스티븐 호킹(Stephen Hawking)이 대형 강입자 충돌기(뿐 아니라 이전의 모든 가속기)에서 절대로 힉스 보손이 발견되지 않을 것이라고 공개적으로 내기를 한 사실이 대대적으로 보도되었다. 소위 '신의 입자'로 불리는 힉스 보손은 우주가 아주 어렸을 때 다른 입자들이 질량을 갖도록 만든 존재라고 사람들은 믿어왔다.

그의 발언은 당연히 물리학계를 뒤흔들었다. 이 입자에 이름이 붙은(힉스는 1960년대에 관련 연구를 했으며, 다른 여럿과 함께 이 입자의 존재에 관한 이론적 토대를 만들었다.) 스코틀랜드의 물리학자 피터 힉스를 비롯한 여러 물리학자들이 반론을 제기했으며 나중에는 호킹의 주장을 반박하는 것이 마치 "돌아간 다이애나 왕세자비를 욕하는 것"이나 다름없다고까지 표현했다.

사실 지난 10년간 물리학자들 절대 다수는 힉스 입자의 존재 여부란 이미 논의의 대상이 아니고 그저 대형 강입자 충돌기(LHC)가 가동만 되면 조만간 발견되리라고 믿었다. 사람들은 (논란이 많은 반대 의견을 제시하는) 호킹이 그저 자신의 명성을 이용해서 나댄다고 생각했다.

하지만 힉스 입자는 여전히 발견되지 않았다. 2010년 3월 31일 이후 사상 최고의 에너지 강도인 7테라전자볼트 수준으로 LHC에서 실험을 계속하며, 여기서 만든 엄청난 양의 데이터를 전 세계적으로 연결된 수많은 컴퓨터에서 계속 분석하고 있다. 그리고 어제인 8월 22일, 인도 뭄바이의 타타 기초 연구소에서 격년으로 열리는 국제 경입자-광자 상호작용 심포지엄에서 엄청난 일이 일어났다. 유럽 입자물리 연구소(CERN)의 과학자들이 145~466기가전자볼트에 이르는 모든 범위에서 힉스 입자가 95퍼센트의 신뢰도로 발견되지 않았다고 발표한 것이다.

힉스 입자를 찾는 일은 LHC 내부에서 일어난 고에너지 양성자 충돌로 만들어진 입자를 들여다보면서 증거를 찾아내는 통계적인 사냥이라고 할 수 있다. 입자의 에너지, 운동 방향, 여타 변수들을 측정하고 그중 일부가 힉스 보손의 붕괴에 의한 것인지를 찾는 일이다. 판단은 95퍼센트, 99퍼센트, 혹은 입자물리학에서 새 입자의 존재가 '입증'되었다고 표현하는 99.99997퍼센트 (유명한 '5-시그마' 조건) 같은 통계적인 방법에 의존한다.

실은 어제 뭄바이에서 발표된 결과는 전혀 다른 의미다. 그 말은 지금까지 LHC가 탐색한 145~466기가전자볼트 범위에서 힉스 입자가 95퍼센트의 확률로 존재하지 않는다는 뜻이다. 여전히 힉스 입자가 이 범위 어딘가에 존재할 확률이 5퍼센트다. 더 중요한 점은 페르미 연구소에서 실험을 통해 힉스 입자가 존재할 것으로 좁혀놓은 114~145기가전자볼트에 이르는 범위가 힉스 입자의 존재 가능성이 없는 범위로 확정되지 않았다는 사실이다. 하지만 힉스 입자의 발견 가능성이 점차 낮아지는 것은 분명하다. 낮은 에너지 영역은 페르미 연구소의 테바트론이나 CERN의 이전 가속기인 LEP에서도 탐색이 가능한 대역이었으나 어디서도 힉스 입자는 발견되지 않았다. 어쩌면 힉스 입자가 정말 존재하지 않는지도 모른다.

CERN에서 올해 말까지 힉스 입자를 찾는 실험을 계속해도 결과가 흡족하지 못하면 스티븐 호킹(물리학계 전체를 상대로 내기를 건)이 이기는 셈이다. 그러면 1993년에 CERN과 경쟁할 미국판 가속기인 초전도 초대형 충돌기(SSC) 계획을 취소해서 미국 물리학계의 원성을 들었던 미국 의회는 자신들 결정이 옳았다고 여길 것이다. 있지도 않은 입자를 찾겠다고 수십억 달러의 세금을 낭비했다고 납세자들이 비난해도 할 말이 없지 않은가.

힉스 입자가 존재하지 않는다면, 대체 우주 어디에서 질량이 만들어질까? 그렇게 되면 표준 모형(우주의 근원을 밝히는 데 있어서 힉스 입자가 열쇠인)을 뛰어넘은 입자물리학 이론이 필요해진다. 1967년에 발표한, 전자기력과 약력의 통합 이론으로 유명한 스티븐 와인버그는 힉스 입자를 '대칭 붕괴' 그리고 전자기력과 약력 분리의 핵심 요소로 이용했는데, 이후 표준 모형을 넘어서는 이론을 연구했다. 그는 테크니컬러 이론을 제안했는데, 이에 의하면 우주가 갖고 있던 태초의 대칭이 힉스 입자가 아닌 다른 메커니즘에 의해서 붕괴될 수 있다. 하지만 테크니컬러 이론을 증명하려면 LHC보다 훨씬 큰, 비용도 이에 비례해서 엄청난 가속기가 있어야만 한다.

3-8 힉스 입자를 기다리며

팀 폴저

한가로이 풀을 뜯는 소들이 거니는 일리노이 주의 대평원 아래에서는 양성자와 반양성자가 서로 반대 방향으로 6.4킬로미터 길이의 터널에서 맹렬히 움직이고 있다. 매초 수십만 개의 입자가 부딪히며 다양한 입자를 만들어낸다. 이것이 시카고 서쪽으로 80여 킬로미터에 위치한 바타비아의 27.5제곱킬로미터 부지에 자리한 페르미 국립 가속기 연구 단지 지하에 설치된 입자가속기인 테바트론의 일상적인 모습이다. 딱히 별다르지 않은 날도 있었지만, 그렇지 않은 날도 있다. 물리학자들이 우주를 구성하는 입자라고 믿는 17개의 기본 입자 중 3개가 이곳에서 발견되었다. 하지만 앞으로 그런 날은 없을 것이다. 최근까지 전 세계에서 가장 강력했던 이 입자가속기는 10월 1일, 마지막으로 쏜 약한 빔이 금속 목표물에 흡수되면서 액체 헬륨으로 냉각되는 1,000개가 넘는 초전도 자석의 전원을 28년 역사와 함께 영구히 내렸다.

수백 명의 물리학자들이 이곳에서 거의 20년 동안 가상의 입자인 힉스 입자를 찾았지만, 더 이상의 탐색을(노벨상을 수상할 영광도 함께) 끝내고 그 기회를 스위스와 프랑스의 국경 지대에 건설된 신형 가속기인 대형 강입자 충돌기(LHC)에게 넘겼다. LHC는 둘레 27킬로미터의 규모와 더 높은 에너지를 자랑하며 테바트론을 대신해서 세계에서 가장 강력한 입자가속기의 자리를 향후 10년 동안 유지할 것이다.

LHC를 만든 사람과 함께 힉스 입자를 기다리며

다비데 카스텔베키

대형 강입자 충돌기(LHC)에 근무하는 수천 명의 물리학자들이 힉스 보손과 새로운 입자를 찾고 있으며, 이들 중 많은 수가 최근 언론의 주목을 받는 거대한 검출기 제작에 참여했다.

핵심은 프랑스와 스위스 국경 지하 100미터에 건설된 거대한 장비다. 여기서는 충돌기 전체를 그냥 '기계(the Machine)'라고 부른다. 입자가속기는 머리카락 굵기의 양성자 뭉치를 강력한 자기장을 통과시켜 검출기로 보낸다. 높은 에너지로 속도를 높여서 입자들이 교차하는 지점에서 충돌시키는 것이다. 입자가속기 제작은 입자 검출기 제작이나 새로운 입자를 찾는 것과는 전혀 다른 일이다. 이런 일의 전문가들을 가속기 물리학자라고 부른다.

입자물리학자들의 머릿속은 양자 생각과 21세기의 새로운 자연법칙을 찾아낼 꿈으로 가득 차 있다.

전파와 거대한 코일을 이용해서 100년도 넘은 물리학 이론인 전자기학을 활용하고 가끔 특수 상대성 이론을 활용하며 힘들게 일하는 가속기 물리학자들에 대해서는 잘 알려져 있지 않다.

힉스 보손에 관련된 최신 결과를 기다리며 제네바에 머무는 동안, 필자는 유럽 입자물리 연구소(CERN)에서 40년 동안 가속기 물리학자로 근무하고 최근 은퇴한 린 에번스를 만났다. 그는 1994년 LHC의 시작 과정부터 참여하면서 설계와 건설의 모든 부분을 겪었다.

오늘 아침 에번스가 CERN의 방문자 센터에서 필자와 만났다. 복잡하게 얽힌 복도를 지나 그의 차에 올랐다. 그러고는 금방 이 과학의 성채라고 불릴 만한 곳 외곽에 있는 건물에 도착했다.

그곳 그의 사무실에서 우린 마주 앉았다. 그간 만났던 다른 전문가들과 마찬가지로 에번스도 내일의 발표가 힉스 입자에 관한 최종 발표가 아니라 약간의 진전에 대한 것이라고 이야기한다. 그는 "아직 데이터가 충분치 않거든요"라고 이유를 설명해주었다.

더 많은 데이터를 신속하게 얻으려면, 입자물리학자들은 기계에 의존해야 하고 이제 기계는 준비된 상태다. 올해 CERN의 가속기 물리학자들은 빔의 강도를 예상보다 빠르게 올리는 데 성공했고, 입자물리학자들의 기대보다 무려 5배에 이르는 충돌을 만들어내고 있다. 이런 성과에 대해 그의 말을 들어보자. "모두 놀랐을 겁니다. 저도 그렇거든요."

항상 이렇지는 않았다. 3년 전만 해도, 심각한 사고로 인해 전체 시스템이 큰 손상을 입었다. 사고는 34구역에서 일어났다. LHC가 처음 가동되고 불과 1주일 뒤인 2008년 9월 19일이었다. 2개의 15미터 길이, 35톤의 자석을 연결하는 케이블이 불꽃을 튀며 녹아내렸다. 자석이 초전도 상태가 되도록 절대온도 1.9도를 유지해주던 액체 헬륨이 순식간에 증발했다. 이런 경우에 발생하는 가스를 배출하도록 설계된 밸브가 가스를 충분히 신속하게 배출하지 못했고, 뒤따른 엄청난 충격파에 의해 53개의 자석이 심각하게 손상되었다.

"충격을 극복하기가 정말 힘들었습니다." 당시 에번스는 다른 곳에 있다가 관제실로부터 호출을 받았다. 터널이 헬륨 가스로 가득 차 있었으므로 호흡기를 장착한 뒤, 피해를 확인하기 위해 급히 지하로 내려갔다. 그는 전기 연결 부위에 문제가 일어난 사실 자체는 놀랍지 않았다고 말했다. "피해가 정말 상상도 못할 정도였습니다."

LHC에서는 더 많은 전류를 흘려 더 높은 에너지로 자석을 구동하기 위해 자석을 초전도 상태로 유지하는 데 헬륨을 이용한다. 그러나 절대온도 1.9도는 에번스의 설명에 따르면 시카고 근처에 있는 페르미 연구소의 테바트론보다도 낮은 것이다. 그리고 이 온도는 헬륨이 초유체(superfluid)가 되는 온도보다도 낮다.

초유체는 점성이 극단적으로 낮아지는 특별한 상태로, 이 상태에서는 액체가 자석 같은 다공성 물질에 침투하게 되고 열이 손쉽게 발산된다.(에번스의 설명에 따르면 초유체 헬륨은 다른 어떤 물질보다도 전기가 1만 배 잘 흐른다고 한다.)

(보다시피 자석의 초전도성과 헬륨의 초유체성은 양자 역학적 효과에 의한 것이므로, 입자가속기가 고전 물리학에 의존해서 만들어졌다는 것은 사실이 아니다.)

입자물리학자들이 역사적 발견을 위해 애쓰는 동안, CERN의 장비 전문가들은 이미 성능 개선에 관한 논의를 진행 중이다. 34구역에서의 사고도 일부 영향을 미쳐서, CERN은 첫 가동 때의 에너지 수준을 절반으로 줄이기로 했다. 2013년에는 전체 가속기의 운영을 1년 내내 중단할 계획이다.

첫째, 액체 헬륨을 펌프로 모두 뽑아내야 한다. 일부는 액체 상태로 저장되겠지만, CERN에는 150톤 모두를 저장할 공간이 없으므로 절반 정도는 매각할 것이다. 그리고 터널 내부의 헬륨 가스를 순환해 최종적으로 5만 톤의 가스가 실온에 이르도록 하는 데 몇 주가 걸린다. "그러려면 여러 가지 조건이 있습니다." 에번스가 설명하기를, 온도 변화가 조금만 심해도 모든 것이 어그러진다고 한다.

운영 중단 기간 동안 CERN은 LHC를 다시 설계 사양대로 돌려놓을 것이고, 힘든 냉각 과정이 시작되며 가속기가 재가동될 수 있을 것이다. 이번에도 장비 담당자들의 손에 모든 것이 달린 것이다.

3-10 초대칭 이론은 끝났는가

다비데 카스텔베키

물리학자들은 수십 년 간 기본 입자의 감춰진 세계에 관한 이론인 초대칭 이론에 노력을 쏟았다. 이 이론은 암흑 물질처럼 표준 모형에서 설명되지 않는 문제들을 우아하게 해결할 수 있다. 그런데 일부에서 회의론이 고개를 들고 있다. 역사상 가장 강력한 가속기인 대형 강입자 충돌기(LHC)에서 이에 부합하는 결과가 전혀 만들어지지 않기 때문이다. 실험은 이제 초기 단계지만, 이미 일부 이론물리학자들은 만약 초대칭이 사실이 아니라면 물리학이 어떤 방향으로 나아가야 할지에 대해서 고민 중이다.

"아직까지 아무것도 찾아내지 못했습니다. 표준 모형과 다른 것은 전혀 없었다는 뜻이죠." 이탈리아 파비아에 있는 국립 핵물리학 연구소의 자코모 폴레셀로(Giacomo Polesello)는 말한다. 그는 LHC에 있는 2개의 거대한(성당만한 크기) 검출기 중 하나인 ATLAS의 제작과 운영을 위한 3,000명의 국제 협력팀 일원이다. 3월에 이탈리아 알프스 지역에서 열린 학회에서의 보고에 따르면 또 다른 검출기인 CMS에서도 별다른 성과가 없다.

이론물리학자들이 초대칭 개념을 도입한 것은 1960년대로, 자연을 이루는 기본적 두 입자인 페르미온과 보손을 연결하기 위해서였다. 간단하게 표현하자면, 페르미온은 물질의 구성 요소(전자가 대표적이다)이고, 보손은 기본 힘의 매개체(전자기력의 매개체가 광자다)다. 초대칭 이론에 따르면 알려진 모든 보손에 대응하는 무거운 페르미온인 '초대칭짝'이 존재하고, 모든 페르미온에는 대응하는 무거운 보손인 '초대칭짝'이 존재한다. "세계가 수학적으로 대칭이고 미학적으로 아름다운 곳이라는 관점을 한층 심화한 개념이지요." 스탠퍼드 선형가속기 센터(SLAC)의 이론물리학자인 마이클 페스킨(Michael Peskin)은 이야기했다.

제네바 근교에 위치한 CERN의 거대한 충돌기는 이런 초입자를 만들 수 있는 성능을 갖고 있다. 현재 LHC에서는 작년의 3.5테라전자볼트에서 증가한, 각각 4테라전자볼트의 에너지를 갖는 양성자를 충돌시키고 있다. 이 에너지는 양성자를 구성하는 쿼크와 글루온에 나뉘어 있으므로 충돌의 결과로 1테라전자볼트의 질량을 갖는 새로운 입자가 만들어질 수 있다. 그러나 높은 기대(와 에너지)에도 불구하고 아직까지 자연은 전혀 협조하지 않는다. 새로운 과학이 탄생하는 신호를 찾는 LHC의 물리학자들은 아직껏 아무것도 손에 넣지 못했다. 초입자가 정말 존재한다면, 많은 물리학자들의 생각보다 훨씬 무거워야 한다. "직설적으로 말하자면, 입자를 발견하기 좋은 몇몇 손쉬운 모형들은 이미 용도 폐기됐습니다."라고 폴레셀로는 이야기했다. 그의 동료인 로렌스 버클리 국립연구소의 힌클리프(Hinchliffe)도 이에 동의했다. "지금까지 제외된 입자와 질량의 범위를 본다면, 의미심장합니다."

아직 많은 사람들은 희망을 놓지 않는다. "초대칭 모형을 만들 방법은 아직 많아요." 페스킨은 말한다. CMS 팀의 이론물리학자인 조셉 리켄(Joseph Lykken)은 데이터를 수집하기 시작한 지 1년 만에 새로운 물리학이 탄생하기를 바라는 것은 비현실적이라고 지적했다.

이론물리학자들의 신경을 곤두서게 하는 것은 애당초 초대칭이 풀려고 했던 문제를 해결하려면, 몇몇 초입자가 너무 무겁지 않아야 한다는 점이다. 예를 들어 초입자가 암흑 물질의 구성 입자이려면 1테라전자볼트의 절반 이하 질량이어야 한다.

많은 물리학자들이 초입자가 가벼워야 된다고 생각하는 이유 중 하나는 LHC가 발견하고자 하는 주요 목표인 힉스 보손에 있다. 질량을 가진 모든 기본 입자는 힉스 보손과 "가상의 입자 무리"에 의해서 질량을 획득한다고 본다. 대부분의 경우 표준 모형에서는 대칭성이 이 가상의 입자가 서로 상쇄되도록 만들어서 이 입자가 질량에 미치는 영향이 미미해지도록 만든다. 어이없는 것은 힉스 보손 그 자체의 경우다. 표준 모형에 따라 계산하면 힉스 보손의 질량이 무한대여야 한다는 말도 안 되는 결과가 나온다. 초대칭짝 입자를 이용하면 상쇄 효과에 의해 이 문제를 해결할 수 있다. 2011년 12월에 발표된 바에 따르면 힉스 입자의 질량은 0.125테라전자볼트로, 초대칭 이론이 예측한 범위 안에 들어간다. 그러나 그러려면 초입자가 상당히 가벼워야 한다.

이것이 맞지 않다면 런던 유니버시티 칼리지의 브라이언 린(Bryan Lynn)이 작년에 제안한 설명을 들어봄 직하다. 이에 따르면 지금까지는 과소평가 되었으나 표준 모형의 대칭성이 힉스 입자의 질량을 유한하게 유지하도록 해준다고 한다. 다른 학자들은 이 의견이 현상의 일부만을 설명할 수 있을 뿐이고 초대칭 이론이 아니더라도 다른 물리학자들이 만들어낸 여러 이론 중 하나를 끌어들여야 하므로, 물리학적으로 볼 때 정작 핵심적인 부분은 표준 모형에 포함시키지 못한다고 이야기한다. 보통 대안으로 많이 선택되는 설명은 힉스 입자가 기본 입자가 아니라, 양성자처럼 또 다른 입자로 이루어진 복합 입자라는 것이다. 그러나 CERN의 크리스토프 그로진(Christophe Grojean)에 따르면 LHC에서 얻은 데이터의 양은 이런 이론들에 대해서 확실하게 결론을 내릴 수준이 아직 아니라고 한다. 우리가 익숙한 3차원을 넘어선 새로운 차원이 존재한다는 등의 보다 과격한 이론은 어차피 LHC에서의 실험으로 밝힐 수 없는 것들이다. "지금으로선 모든 이론이 다 조금씩 문제가 있는 상황입니다." CERN의 이론물리학자 잔 프란체스코 주디체(Gian Francesco Giudice)는 지적한다.

ATLAS와 CMS에서 데이터를 계속 모으고 있으므로 머지않아 초입자의 존재가 확인되거나, 초입자가 존재할 수 없는 질량 범위가 파악될 것이다. 발견되지 않는다고 해도 존재가 부정되는 것은 아니지만, 초대칭 이론은 점점 설 자리를 잃고 이 이론을 연구하는 사람도 줄어들 것이다. 이는 초대칭 이론 자체뿐 아니라, 끈 이론처럼 초대칭을 가정한 여타 이론에도 상당한 타격이 된다. LHC에서 일하는 물리학자들은 이런 불확실성을 당연하게 받아들이면서, 이론물리학자들이 원하는 입자뿐 아니라 무엇이건 새로운 입자를 발견하려고 애쓰는 사람들이다. 힌클리프의 말처럼, "가장 신나는 일은 아무도 생각 못 했던 것을 발견하는 것"이니까.

4

게임은 진행 중

존 맷슨

뉴욕, 이 잠들지 않는 도시가 거의 잠들고, 왁자지껄하던 술집도 영업을 끝낸 새벽 4시 45분, 컬럼비아 대학교 맨해튼 캠퍼스의 도서관에서는 마이클 투츠 (Michael Tuts)가 샴페인을 터뜨리려고 준비 중이었다.

그럴 만했다. 그가 속한 대규모 연구팀(유럽에 있는 대형 강입자 충돌기의 ATLAS 실험팀 3,000명)이 방금 새 입자가 발견되었음을 공표했기 때문이다. 이 입자는 오랜 세월 동안 그토록 발견하려고 애쓰던 가상의 입자인 힉스 보손 으로서, 쿼크 같은 기본 입자에게 질량을 부여하는 존재로 유명하다. 대형 강 입자 충돌기(LHC)에서 함께 이 입자를 찾던 CMS 실험팀도 매우 유사한 결과 를 얻었다.

두 연구팀 모두 LHC를 운용하는 유럽 입자물리 연구소(CERN)의 아침 세미 나에서 결과를 발표했다. 하지만 제네바의 아침은 미국에서는 먼동도 트기 전 이다. 투츠와 그의 컬럼비아 대학교 동료들은 커피, 과자, 음료수 등을 준비하 고 CERN에서 실시간으로 보내는 동영상을 보면서 도서관에서 파티를 준비 하기로 했다. 대부분이 학생들인 50여 명이 새벽 2시 반에 시작하는 행사 중 계를 보려고 모여들었다.

이번 발표는 모호함과 혼란스런 결과만을 만들어내었던 지난 몇 년간의 힉 스 입자에 대한 발표와는 달랐다. ATLAS 팀의 물리학자들은 최근 실험 결과에 의하면 질량이 126.5기가전자볼트 정도인 새로운 입자의 존재가 확인되었다고 발표했다. 전자볼트(electron volt)는 물리학자들이 질량이나 에너지를 표현할 때 쓰는 단위다. 참고로 양성자의 질량이 1기가전자볼트 정도다. CMS팀은 질량이 125.3기가전자볼트인 새로운 입자의 존재를 확인했다.

결정적으로 양 연구팀의 결과는 모두 신뢰도가 높았다. 물리학에서는 새로운 입자의 존재가 확인되려면 소위 "3-시그마"(오류일 확률이 740분의 1) 기준을, 새 입자의 발견을 선언하려면 5-시그마(오류일 확률이 350만분의 1) 기준을 충족해야 한다. 양쪽 실험팀에서는 12월 데이터에서 "흥미로운 조짐"이 발견되었다고 발표했었다. 하지만 그 결과는 3-시그마 조건을 충족하지 못했다. ATLAS에서의 이번 결과는 3-시그마는 물론이고 5-시그마 조건도 훌쩍 뛰어넘었고, CMS에서도 4.9-시그마 수준의 결과를 얻었다.

양쪽 실험팀의 발표가 있은 후, 투츠는 말했다. "정말 보람 있는 결과입니다. 이걸 위해서 그토록 애썼던 거죠." 함께 이론을 만들었던 물리학자들과 제네바에 가 있던 피터 힉스 자신도 비슷한 내용의 말을 남겼다. "제가 살아 있는 동안 이 입자가 발견되었다는 사실이 믿기지 않습니다." 힉스는 CERN에 모인 청중에게 이야기했다. 그는 오늘날 힉스 메커니즘으로 알려진, 우주에 질량을 부여하는 장과 입자가 존재한다는 이론을 처음 만들어낸 물리학자 6명 중 하나다. 이 장은 인간이 공기 중보다 물속에서 걸을 때 더 저항을 받는 것처럼, 다른 입자들에게 일종의 저항처럼 작용하면서 질량을 부여한다.

이번에 발견된 입자의 질량이 힉스 보손의 예측 질량과 비슷하긴 하지만,

학자들은 이것이 정말 힉스 입자인지를 확인하려면 보다 면밀한 검토가 필요하다는 점을 주지했다. 사실 LHC의 검출기는 힉스 입자 자체를 직접적으로 식별하지 못한다. LHC는 양성자를 4테라전자볼트라는 엄청난 속도로 양쪽 방향으로 가속해 충돌시킨다. 충돌로 인해 만들어진 새로운 입자 중 일부는 붕괴하면서 아주 순간적으로만 존재한다.

힉스 입자의 경우에는 힉스 입자가 붕괴하면서 만들어내는, 감마선이나 광자 혹은 전자 쌍 등과 같은 흔한 입자들의 특성으로부터 존재를 추측할 수 있을 뿐이다. 새로 발견된 입자의 질량은 힉스 입자의 질량으로 예측되던 값과 들어맞고 붕괴도 예측과 같지만, 아직 불분명한 구석도 있다. 다행히 데이터가 계속 쌓이고 있다. "지금까지는 2012년에 수집하려고 계획했던 데이터의 단지 3분의 1만 확보한 상태입니다." ATLAS 실험팀의 대변인인 파비올라 자노티(Fabiola Gianotti)는 밝혔다. "이제 시작일 뿐입니다. 앞으로도 더 많은 결과가 있을 겁니다."

자노티와 CMS 팀의 대변인인 캘리포니아 주립대학교 산타 바버라 캠퍼스의 조 인칸델라(Joe Incandela) 모두 실험 결과를 보여주는 슬라이드를 공개했을 때 청중으로부터 엄청난 박수를 받았다.

컬럼비아 대학교의 물리학자 브라이언 콜(Brian Cole)은 새벽에 모인 사람들에게 이렇게 말했다. "이런 종류의 발견은 아주 드문 사건입니다. 제 물리학 인생에서 최고의 순간이고, 여러분도 이 순간을 평생 간직하기 바랍니다."

먼동이 트기 직전, 컬럼비아 대학교의 학부생 4명이 도서관을 나와 캠퍼스를 가로질러 걸어갔다. 이들 중 2명만이 물리학과 학생이었고 1명은 화학과 또 1명은 수학과 학생이었다. 하지만 이들 모두 역사적 순간을 보기 위해 밤을 새울 만한 가치가 충분했다는 데 이견이 없었다.

4-2 미약한 존재 가능성이 확인된 힉스 입자

다비데 카스텔베키

제네바. 물리학 역사상 가장 대규모로 이루어진 실험 현장 두 곳에서 물질에게 질량을 부여하는 것으로 여겨지는 힉스 보손의 존재 가능성에 대한, 흥미롭지만 아직 확신하기는 어려운 결과를 얻어냈다.

대형 강입자 충돌기(LHC)에 설치된 두 대형 검출기 CMS와 ATLAS에 참여한 6,000여 명의 물리학자를 대표한 두 대변인이 양쪽 실험의 결과가 일치한다고 발표한 것이다. 두 곳 모두에서 힉스 보손의 질량이 수소 원자 질량의 약 125배에 달하는 것으로 나타났다. LHC는 제네바 외곽에 위치하며, 유럽 입자물리 연구소가 운영하는 시설이다.

CMS 대변인인 귀도 토넬리(Guido Tonelli)는 수십 명의 기자와 텔레비전 카메라 앞에서 이야기했다. "아주 흥미로운 결과를 얻었지만, 아직 확실한 증거라고 할 수는 없다."

양성자를 거의 빛의 속도로 충돌시키는 방식의 실험으로 10억분의 1초보다 훨씬 짧은 시간 동안에 다른 입자로 붕괴해버리는 힉스 보손을 직접 발견할 수는 없다. 그래서 물리학자들은 충돌에서 만들어지는 다양한 입자와 이들의 붕괴 과정을 관찰하여 힉스 입자로 인해 만들어졌을 결과를 찾아내, 서로 다른 붕괴가 일어나도 동일한 결과가 관측될 수 있다는 점에 주목했다. 특정한 조합의 결과가 기대된 다른 현상보다 많이 발견된다면, 이런 조합을 만들어내는 '배경' 현상이 힉스 입자일 가능성을 보여주는 것으로 해석할 수 있다. 그러나 이런 현상이 충분히 많이 일어나지 않는다면 그저 데이터를 처리하는 과정에서 일어나는 통계적인 오차 때문으로 보는 편이 타당하다. 오늘 현재로 는 CMS와 ATLAS 모두 새로운 입자의 존재를 주장할 만한 근거가 되는 3-시그마 수준의 데이터를 보여주지 못하고 있다. 새로운 입자의 발견을 선언하려 면 5-시그마 수준이 되어야 한다.(3-시그마는 통계적 오류일 확률이 1퍼센트보다 도 훨씬 낮은 수준이다.) 현재의 수준은 2-시그마 정도에 머무르고 있다.

연구진에 따르면 검출기와 LHC 가속기 모두 예상보다 순조롭게 가동되고 있고, 계산을 기다리는 데이터도 준비된 상황이라고 한다. "좋은 소식은 2012 년 말이면(운이 좋으면 더 일찍) 최종 결과를 발표할 수 있으리라는 겁니다." 기자 회견에서 ATLAS 팀의 대변인인 파비올라 자노티가 말해주었다.

유럽 입자물리 연구소(CERN)의 사무총장인 롤프디터 호이어(Rolf-Dieter Heuer)는 "첫 번째 실험에서 고무적인 결과가 나왔다는 사실이 엄청난 일이 라고 생각하지만, 이제 시작일 뿐입니다. 충분치 않은 데이터로 얻은 결과니 까요."라며 오늘 아침 일찍 있었던 토넬리와 자노티의 발표 결과를 요약해주 었다.

텍사스 주립대학교 오스틴 캠퍼스의 이론물리학자이자 노벨 물리학상 수 상자인 스티븐 와인버그도 "희망적이지만 아직 뭐라고 확실히 말하긴 이릅니 다."라며 이에 동의했다.

1970년대에 개발된 표준 모형을 연구하면서, 고에너지 물리학자들은 입자물리학의 한 시대를 풍미하는 동시에 실험 과정에서 많은 어려움을 겪었다. 여기에 필요한 마지막 퍼즐 하나가 빠져 있었고, 그것이 없다면 사실 표준모형은 성립할 수 없기도 하다. 그건 바로 힉스 보손으로, 이것이 없다면 다른 입자들은 질량을 가질 수 없다. 힉스 입자 자체도 질량을 갖고 있고, LHC를 비롯한 그 이전 세대 충돌기에서의 연구 결과를 토대로 학자들은 힉스 입자의 질량 범위를 115~140기가전자볼트 사이로 좁혀놓았다.(1기가전자볼트는 대략 수소 원자의 무게다.)

이번 LHC의 두 검출기에서의 실험은 그 범위를 더욱 좁혔다. CMS 팀의 데이터에 의하면 질량이 127기가전자볼트를 넘을 수 없다고 토넬리는 이야기한다. 이건 데이터가 부족해서가 아니라, 오히려 반대다. 그는 세미나에서 그 이유를 설명했다. "127기가전자볼트 이하를 제외할 수 없었던 건 힉스 입자가 나타나지 않을 때 만들어지는 다른 입자가 생각보다 너무 많아서였습니다." 이 말은 힉스 입자의 질량이 124기가전자볼트 언저리라는 가능성이 CMS 실험에서 확인되었다는 의미를 너무 겸손하게 표현한 것이다. ATLAS 팀에서도 비슷한 에너지 범위에서 유사한 현상이 관측되었으나 둘 사이의 결과가 확실하게 일치하진 않았다. ATLAS에서의 데이터에 의하면 힉스 입자의 질량은 126기가전자볼트 부근으로 보였다.

발표를 보고 모두가 만족한 건 아니다. "데이터가 설득력이 부족하다." CERN을 방문 중이던 러트거스 대학교의 이론물리학자 맷 스트라슬러(Matt Strassler)는 지적했다. "저는 약간 실망했습니다." 또한 '힉스테리(Higgsteria)'

라는 이름이 붙을 만큼 모두가 발표를 애타게 기다릴 때 떠돌던 소문만큼 데이터가 기대에 미치지는 못했다고 덧붙였다. 하지만 그도 현재 단계에서 힉스 입자가 확실하게 발견될 것으로 생각한 사람은 아무도 없었다는 점은 인정했다. 아직은 실험 데이터가 충분한 단계가 아닌 것이다.

CMS 실험팀의 비벡 샤르마(Vivek Sharma)도 양쪽 실험의 힉스 입자 질량 추정 값이 일치하지 않는 점을 인정하면서, 이런 결과는 통계적인 오차에 의한 것일 수 있다고 설명했다. 그는 "너무 흥분할 필요는 없어요."라고 말하기도 했다.

페르미 국립연구소의 이론물리학자이자 CMS 실험팀의 일원인 조 리켄은 양쪽 결과가 다른 것에 대해 낙관적인 편이다. "힉스 보손의 존재에 대한 힌트만 얻었을 뿐이지만, CMS와 ATLAS 양쪽 팀의 분석 결과에는 일관성이 있습니다." 그는 이야기한다.

모든 입자가 아직 발견되지 않은, 자신보다 더 무거운 짝 입자를 갖고 있다고 주장하는, 표준 모형의 확장판 이론인 초대칭 이론에 의하면 힉스 보손의 질량은 125기가전자볼트다. CERN의 호이어는 "초대칭 이론의 관점에서 외교적으로 표현하자면, 힉스 입자의 질량이 가벼운 건 나쁜 일은 아닙니다."라고도 했다.

LHC가 처음 가동된 것은 2008년 9월이지만, 불과 1주일 뒤에 일어난 큰 사고로 1년 이상 멈춰 있었다. 1994년부터 LHC의 건설을 지휘하다가 작년에 은퇴한 이론물리학자인 CERN의 린 에번스는 "아주 손실이 컸습니다."라고 이때를 돌이켰다. 다행히 수리가 끝나고 2009년 재가동에 들어간 LHC는 예상보다 더 많은 충돌을 만들어내어 ATLAS와 CMS 실험팀은 예상보다 무려 5배나 많은 데이터를 수집할 수 있었다.

페르미 연구소에서 최근 폐쇄된 테바트론 가속기의 디제로 실험팀 대변인인 드미트리 데니소프(Dmitri Denisov)는 말한다. "LHC는 모두의 기대를 뛰어넘고 있어요." 그는 1년 전만해도 LHC에서 힉스 입자 탐사가 이렇게 진전이 많으리라고는 아무도 생각하지 못했다고 알려주었다.

힉스 입자가 정말 존재한다면 입자가 질량을 어떻게 획득하는가 하는 오래된 질문에 답을 줄 것이다. 또한 전기약 상호작용이라는 이름으로 불리는, 약력과 전자기력 사이의 연관 관계도 밝혀줄 것이다. 이 두 힘은 우주가 탄생한 최초에는 하나였으나 지금은 상당히 다른 모습을 보인다. 와인버그는 이번 실험 결과에 대해 다음과 같이 이야기했다. "힉스 입자가 전기약 이론의 대칭이 깨지는 것과 관련이 있는지에 대해 명확한 답을 얻을 수 있을지를 알려줄 것입니다. 자신 있어요."

켈리 옥스

유럽 입자물리 연구소(CERN) ATLAS 실험팀의 연구원인 헤더 그레이(Heather Gray)는 올해 린다우 회의(Lindau Nobel Laureate Meeting)에* 참석 중이었다. 필자는 실험 결과가 발표되기 전에 그녀에게 이메일을 통해 연락을 하였고, 발표가 끝난 뒤 그녀는 다른 젊은 연구원

* 매년 노벨상 수상자들이 전 세계의 박사과정 학생을 비롯 한 젊은 학자들과 함께 독일 린 다우에 모여서 개최하는 회의.

들과 함께 CERN의 발표를 보고 난 인상을 알려주었다. 그녀는 비디오로 당시의 모습을 담기도 했다.

○ 이곳에 도착했을 때의 인상은 어땠나요?

– 항공사에서 짐을 엉뚱한 곳으로 보낸 데다가, 새 옷으로 갈아입다 지갑을 떨어뜨려서 정신이 없었어요. 다행히 린다우 회의 운영진이 잘 대처해 주셨습니다. 결국 처음 회의 시작 때는 제가 집중을 못했습니다. 전통적이고 격조 높은 개회식 모습에 큰 감명을 받았고, 이 회의의 역사에 대해 더 잘 이해할 수 있었지요. 물론 1주일이 넘어가면서는 익숙해졌지만, 그처럼 많은 노벨상 수상자를 한꺼번에 한곳에서 볼 수 있다니 엄청나게 흥분되는 일이었습니다. 무엇보다도 수많은 젊은 학자들을 보고 너무나 놀랐습니다. 정말 전 세계 곳곳에서 매우 많은 젊은이들이 흥미진진한 연구를 진행하

고 있더군요.

o 마지막 질의응답 시간에 힉스 보손 연구를 하고 있다고 말씀하셨습니다. 회의에 오기 전에 얼마나 바빴고, 결과가 발표되던 수요일에는 어떤 기분이었는지요?

- 아, 데이터가 어떤 것이건 우리는 항상 그 내용을 파악하느라 바빠요. 저는 운영 담당자인데 이번 주 여기 오기 전에 휴가여서 굉장히 바빴습니다. 일주일간의 실험 데이터를 확인하고 마지막 며칠은 결과를 만들어내는 데 쓰인 데이터를 수집하려니 힘든 시간이었지만, 일이 잘 되길 원하는 누구나 바라던 시간이기도 했죠. 힉스 입자 관련 업무를 맡긴 했지만, 이번 발표에 사용된 ATLAS의 두 채널 데이터는 제가 담당한 게 아닙니다. 그러니 저로서는 데이터가 더 쌓이고 나면 더 바빠질 겁니다. 어떤 실험이건 결과를 공식적으로 발표하기 전에는 관련자들이 모두 모여서 그 내용을 이해하고, 발표 내용에 대외적으로 어떤 메시지를 담아서 전달할지를 결정합니다.

린다우에서는 두 실험 대변인들의 발표가 여기서의 일정과 겹쳐서 다른 참석자들이 모두 함께 이를 볼 수가 없었어요. 하지만 많은 사람이 모여서 노트북 컴퓨터로 즐겁게 중계를 봤습니다. 저는 ATLAS 팀에서 발표할 내용을 미리 알고 있었음에도 매우 흥미진진했습니다. 사무총장님이 "힉스 입자를 찾았다고 생각합니다!" 하고 말할 때는 굉장히 감정적이 되기도 했고요. 모두들 함박웃음을 지으며 박수를 쳤습니다.

O 힉스 입자 이후에는 뭘 해야 할까요? 당신의 개인적인 연구는 어떻게 되나요?

- 그건 명확하게 말씀드릴 수 있습니다. 이 입자가 정말 힉스 입자인지 아니면 또 다른 무엇인지를 분명하게 확인하기 위해 정밀 측정을 할 겁니다. 그래야 하고요. 저는 한 쌍의 바닥 쿼크 붕괴와 관련된 실험 부서에서 일하는데 여기서는 수집 채널이 너무 민감해지기 전에 데이터 수집을 완료해야 해요. 부지런히 작업하고 분석하며, 최상의 결과를 얻도록 여러 가지를 잘 조정해야 한다는 의미입니다.

새로 발견된 입자가 힉스 입자인지를 알려면 더 많은 데이터 측정을 통해서 결과에 변화가 없음을 확인해야 돼요. 그리고 예상되는 모든 붕괴 과정에서 이 입자가 관측되는지, 예상했던 속도로 붕괴하는지도 확인해야죠. 제가 일하는 분야가 바로 이쪽입니다. 바닥 쿼크 2개로 붕괴하는 경우가 관측 가능한 유일한 붕괴이고, 그 입자가 힉스 입자라면 모든 입자들과 연관이 있어야 합니다. 올해 말 혹은 내년 초까지 데이터를 수집할 예정이고, 그러면 적어도 첫 질문에 대한 답을 내기에는 충분한 데이터가 얻어질 것입니다.

O 데이비드 그로스(David Gross)의 매스터 클래스에 참석하셨죠. 어떠셨나
요?

- 이 회의에서 매스터 클래스는 제가 좋아하는 행사 중 하나입니다. 발표 바
로 다음날만큼이나 힉스 입자에 대해 이야기하기 좋은 기회였죠. 참가자
들 모두 매우 수준이 높았습니다. 훌륭한 토론이었어요. 실험물리학자라면
실험 결과를 공식적으로 발표할 때 어떻게 결과에 대한 확신을 가져야 하
는지에 대해서 데이비드 그로스와 이야기를 나눈 것도 즐거운 경험이었습
니다.

O 이번 회의에서의 소득은 무엇인지요?

- 훌륭한 경험, 훌륭한 친구들, 새로운 생각을 얻었고, 무엇보다도 노벨상 수
상자들이 훌륭한 과학자일 뿐만 아니라 동시에 사람이라는 것을 알게 된
점이 큰 수확이라고 생각합니다.

5

힉스 입자를 넘어서

글렌 스타크먼

표준 모형을 완성하는 마지막 조각인 힉스 보손을 찾는 일은 드디어 성공적 결말을 향해 달려가고 있으며, 이제 그다음을 준비하는 단계에 들어섰다.

최근 스탠퍼드 대학교에서는 사바스 디모풀로스(Savas Dimopoulos)의 60회 생일을 축하하는 작은 모임이 열렸다. 참석자들은 하나같이 그가 지난 30년간 입자물리학 분야에서 이론적 모형을 세우는 데 가장 큰 기여를 한 사람(적어도 그중 하나)이라고 입을 모았다. 아마 누구라도 그런 모임에서 가장 화제가 된 주제는 여전히 진행 중인 힉스 입자 탐사라고 생각할 것이다. 대체 힉스 입자는 발견된 것일까, 아닐까? 유럽 입자물리 연구소(CERN)의 대형 강입자 충돌기(LHC)에 있는 두 검출기 ATLAS와 CMS에서 얻어낸 비슷한 결과는 새로운 입자의 존재를 의미하는 것일까? 페르미 연구소의 테바트론 충돌기에서 얻은, 이를 뒷받침하는 결과는 어떻게 봐야 하나?

(외부인들에게는) 놀랍게 들리겠지만, 이런 건 이미 모두 지난 이야기들이다. CERN의 실험물리학자들은 물론 아니겠지만, 이론물리학자들은 이미 125기가전자볼트의 질량을 가진 힉스 입자가 발견되었다고 웃으며 이야기한다.(물론 확실하진 않지만, 거의 그렇다.) 분명한 사실은 이거다. "힉스 입자가 발견될 것이라는 사실은 이미 몇 년 전부터 알았다. 그러니 이제 샴페인을 터뜨리고 축하해야 마땅하다. 문제는 그저 물리학에서 표준 모형 이후의 새로운 모형은

무엇이 될 것인가일 뿐이다." 한때 주목을 받았던, 추가적인 차원을 여럿 필요로 하는 모형(디모풀로스, 동료 A와 D 그리고 필자의 아이디어) 그리고 테크니컬러 모형(디모풀로스가 기여한 또 다른 모형) 등은 이제 설 자리를 잃고, 관심은 초대칭 입자(역시 디모풀로스가 크게 기여한 모형)로 옮겨졌다.

초대칭, 즉 알려진 모든 입자에 하나(혹은 그 이상)의 아직 발견되지 않은 대응 입자가 존재한다는 이론은 표준 모형 이후를 장식할 가장 강력한 후보다. 초대칭은 끈 이론(초끈 이론이라고도 한다)의 핵심이고, 게이지 커플링(gauge coupling) 통합(아래 참조)에도 필요하고, 힉스 미세 조정 문제(아래 참조)를 푸는 데도 유용하며, 암흑 물질의 구성 물질로도 유력한 최경량 초대칭 입자 (Lightest Supersymmetric Particle, LSP)도 이끌어낸다.

여기서 더 나아가보자. 특히 필자와 동료들은 표준 모형의 문제점을 확신하므로, 거의 반강제적으로 쓰이는 용어인 표준 모형 이후 모형(Beyond the Standard Model, BSM)에 대해서 좀 의심을 품고 있다. 동료 중 하나가 이야기했듯, 이건 정말 잘못된 방향이다. 면밀히 검토하면 할수록 초대칭이 필요한 근거가 사라진다.

그렇다면 표준 모형 이후의 모형을 다루는 물리학은 무엇이고, 왜 사람들이 그것이 머지않다고 생각하는 것이며, 왜 그래야만 하는 걸까?

적어도 CERN에서 W 입자와 Z 입자가 발견된 1983년 이래, 물리학자들은 1960년대 후반에서 1970년대 초반에 탄생한 표준 모형이 기본 물리학을 표현하는 정확한 모형이라고 상당히 확신하였다. 최소한 소위 약한 수준(수백 기가전자볼트 이하)의 에너지나 이의 몇 배 정도 수준에서는 그렇다. 그러나 입자 물리학자들은 높은 에너지 상태에서는 표준 모형만으로는 부족하다는 것, 나아가 보다 근본적인 이론이 필요하다는 것도 알고 있었다.

표준 모형은 두 측면에서 완벽하지 않다. 미학적(철학적)인 측면과 수학적 측면이다.

미학적 측면의 첫 번째 문제는, 물리학자들이 단순함을 숭상한다는 데 있다. 숫자도 0과 1을 가장 사랑한다. 2만 되어도 환영받지 못한다. 같은 것이 2개, 3개 있을 때는 특별한 대접을 해주지만, 보통 2보다 크면 '너무 큰 수' 취급을 받는다. 그런데 표준 모형에는 '너무 큰 수'가 너무 많이 들어 있다. 3개의 기본 힘(게이지 그룹이라고도 부른다.), 너무 많은 기본 페르미온(물질을 구성하는 입자로, 3가지 족이 있으며 족마다 적어도 5개의 그룹이 들어 있다.)에 더해서 3종류의 게이지 보손과 힉스 보손이 포함된 입자들의 그룹이 있다. 또한 많아도 너무 많은(20개가 넘는) 독립 변수가 들어 있다.

두 번째 미학적 문제. 약력의 범위가 우리가 기본적인 에너지 규모라고 생각하는 플랑크 수준(약 10^{19}기가전자볼트)보다 특별한 이유 없이 너무(10^{16}배나) 작다. 플랑크 수준은 중력(표준 모형에 중력은 들어 있지 않다)의 강도에 의해서 정해진다. 이 문제를 계층 문제라고 부른다. 표준 모형에 들어 있는 3가지 힘이 미세 수준의 거리가 떨어진 기본 입자들 사이에서 작용하는 중력에 비해 그야말로 엄청나게 강하다는 의미다.

사람들로 하여금 표준 모형 이후의 새로운 물리학이 존재해야 함을 가장 확신하도록 만드는 것은 기술적 문제다. 바로 우리가 후손에게 들려줄 이야기다. 양자 역학은 표준 모형을 불안정하게 만들었다. 양자 역학에 의하면 힉스 보손 같은 입자는 단독으로 움직이고, 다른 입자를 흡수하거나 방출한다. 이 과정을 그림(파인먼 다이어그램)으로 나타내면 힉스 보손에 고리가 붙은 모양이 되고, 힉스 보손의 질량에 대한 '고리 모양 기여(loop contribution)'가 일어난다.

그런데 안타깝게도 힉스 보손의 질량에 고리 모양 기여가 가능한 모든 입자의 모든 가능한 에너지와 운동량을 더하면 그 값이 무한대가 되거나, 적어도 가질 수 있는 최대 운동량 값에 비례해서 커진다. 2차 발산이라고 불리는 이 현상은 물리학자들 사이에서는 웃음거리다. 실제 힉스 보손의 질량이 유한한 값을 가지려면 이 고리 모양 기여 효과와 '나뭇가지 모양'(고리 모양이 아닌) 질량 사이에서 아주 정확한 상쇄가 일어나야 한다. 이 힉스 미세 조정 문제는 어떻게든 해결되어야 할 문제다.

표준 모형 이후의 물리학 이론들은 이에 대한 해결책을 갖고 있다. 초대칭 이론은 모든 알려진 입자의 고리와 아직 발견되지 않은 입자의 고리를 상쇄시킨다. 테크니컬러 이론은 힉스 보손이 테크니쿼크라고 불리는 입자의 구조체라고 함으로써 힉스 보손은 더 이상 기본 입자가 아닌 것으로 만들어버린다. 아주 큰 추가적 차원이 존재한다는 이론에서는, 고리에서 순환되는 최대 운동량이 약력의 수준보다 약간만 커질 뿐이다. 표준 모형 이후의 이론은 단지 효과적이기만 한 것이 아니라 반드시 필요한 이론인 것이다.

필자의 동료 브라이언 린은 케이티 프리스(Katie Freese), 드미트리 포돌스키 (Dmitry Podolsky)와 함께 표준 모형에 어떤 수정을 가하면 될지를 제안했다.

힉스 보손은 표준 모형의 네쌍둥이 입자 중 하나다. 약력 수준 이하의 에너 지에서, 나머지 셋은 사라져서 W 보손과 Z 보손으로 통합된다. 매사추세츠 공과대학 제프리 골드스톤(Jeffrey Goldstone)의 유명한 정리(골드스톤 정리라고 불림)에 의해, 이 세쌍둥이의 질량은 정확히 0이 되어야 한다. 특히 2차 발산 하는 질량에 관련된 값이 0이 된다.

이로 인해 힉스 보손의 질량이 0이 되지는 않지만(질량이 125기가전자볼트 근처인 것으로 보이니 다행이다), 표준 모형에서 수십 년 간 골칫거리였던 힉스 입자의 2차 발산 문제는 더 이상 문제가 안 된다.

우리 이론을 모두가 받아들이는 건 아니다. 일부는 계층 문제의 미학적 결 함에 더 집중하고, 일부는 힉스 미세 조정 문제를 피할 수 없음에도 양자 중력 을 표준 모형에 추가하는 것 외에는 방법이 없다고 생각한다.

우리는 표준 모형에서 힉스 미세 조정 문제가 사라지는 것이 엄청난 장점 이라고 생각하며, 표준 모형 이후의 어떤 모형도 표준 모형의 골드스톤 정리 를 만족시켜야만 한다고 본다.

이것이 의미하는 바는 분명하다. 현재 아무런 문제가 없다면 새로운 대안 을 찾을 이유가 없다. 힉스 미세 조정 문제가 사라진다고 해서 표준 모형 이후 의 모형이 필요 없는 건 아니다. 오히려 표준 모형이 LHC에서 만들어낼 수 있 는 에너지 수준에서는 맞는 모형일 수도 있을 뿐이다. 한마디로 힉스 입자가

LHC에서 발견될 마지막 입자는 아니라고 하겠다. 이론물리학자들은 표준 모형 이후의 모형을 찾아내려고 애쓰겠지만, 자연은 그런 것 없이도 아무런 문제가 없으니까.

5-2 힉스 입자 소동에 질린 분들에게

드디어, 어쩌면, 아마도 그 일이 일어났다. 아직 조심스럽긴 하지만, 유럽 입자물리 연구소(CERN)의 물리학자들은 7월, 그토록 오랫동안 찾던 힉스 보손을 드디어 발견했다고 발표했다. 피터 힉스(CERN의 발표에 그도 참석했다)가 다른 학자들과 함께 쿼크와 전자 등 이 세상을 구성하는 입자의 질량을 부여하는 입자가 있을 것이라고 예견한 때는 거의 반세기 전이었다.

〈인디펜던트(The Independent)〉의 보도에 의하면, CERN의 대형 강입자 충돌기(LHC)에서 얻은 두 종류의 데이터가 발표된 후, CERN의 사무총장 롤프 디터 호이어는 "비전문가 입장에서 볼 때, 드디어 그 입자를 찾은 것 같습니다. 여러분도 동의하시나요?"라고 말했다고 한다. 청중이 모두 일어나서 박수를 치자 호이어는 "발견이 이루어졌습니다. 힉스 보손으로 보이는 새 입자를 관측했는데…… 확실치는 않습니다." 하고 말을 이었다. 〈뉴욕 타임즈(The New York Times)〉에 실린 글에서 데니스 오버바이(Dennis Overbye)는 이렇게 적었다. "이 발견은 우주가 어떻게 시작되었는지에 대해 새로운 이해를 가져다준다."

부정적인 보도도 있다. 물리학자이자 기자인 에이드리언 조(Adrian Cho)는 《사이언스(Science)》에 실린 기사에서 이야기했다. "물리학자들이 환호하고 있지만, 일부에서는 입자가속기로 발견할 것이 더는 없는 상황이 될 수 있다

310

고 우려하고 있다." 그는 노벨상 수상자인 스티븐 와인버그의 발언을 덧붙였다. "악몽이다. 나뿐 아니라 많은 다른 (입자물리)학자들이 대형 강입자 충돌기에서 힉스 보손 이외에 다른 입자를 전혀 발견하지 못했다는 것에 대해 심히 우려한다. 이건 마치 이제 더는 아무것도 남지 않았다는 이야기와 다름없다."

LHC에서 힉스 보손의 '희미한 증거'가 발표된 이후인 지난 12월, 필자는 힉스 입자와 물리학의 미래에 대한 우려를 표명했다. 특히 물리학자인 미치오 카쿠(Michio Kaku)가 〈월스트리트 저널(Wall Street Journal)〉에 기고한 칼럼에서 너무나 기쁜 어조로 "올 크리스마스에는 전 세계의 모든 물리학자들이 즐거울 것이다."라고 쓴 것이 아주 불쾌했다. 필자가 쓴 칼럼에 대한 답으로 카쿠는 필자를 "누군가가 불을 내주기를 바라면서 사방에 불을 던지는 선동가"라고 불렀다. 그러나 그도 필자가 "실질적이고 생각해볼 만한 과학적 질문"을 던졌다는 사실은 인정했다. 필자의 시각은 지금도 바뀌지 않았으므로 (그리고 여전히 관련이 있다고 생각하므로) 필자가 12월에 썼던 칼럼을 여기에 옮겨보겠다.

입자물리학 분야는 힉스 입자를 오랫동안 복잡한 마음으로 대했다. 결국 실패로 끝났지만, 물리학자들이 의회에게 블랙홀보다도 더 강한 힘으로 예산을 잡아먹던 초전도 초대형 충돌기 건설 계획을 취소하지 말아 달라고 애원하던 1990년대 초반, 노벨 물리학상 수상자 리언 레더먼(Leon Lederman)이 힉스 입자에 "신의 입자(God's Particle)"라는 이름을 붙였다. 이건 과학 사상 가장 말도 안 되는 선전 문구다. 힉스 입자가 "신의 입자"라면, 이보다 더 근본적인, 예를 들어 만약 끈 입자 같은 것이 발견되면 그때는 뭐라고 할 것인가? 신의 머리 입자? 신의 어머니의 입자?

이 입자를 발견하기가 얼마나 힘들고 '비용이 얼마나 드는지'를 생각한다면 '망할 놈의 입자(Goddamn Particle)'라고 부르는 편이 더 어울린다고 나중에 레더먼 스스로도 이야기했을 정도다. 더 근본적인 문제는 힉스 입자를 발견하는 일이 이론물리학자들의 거대한 야망에 비한다면 새발의 피에 불과하다는 데 있다. 힉스 입자는 입자물리학에서 단지 전자기력과 강력, 약력을 표현하는 표준 모형의 대미를 장식하는 것에 불과하다. 그러나 표준 모형에는 중력이 빠져 있으므로 표준 모형만으로는 현실을 온전히 표현하지 못한다. 마치 섹스라는 요소를 빼고 인간 세계를 묘사하는 것과 마찬가지다. 오죽하면 카쿠조차도 표준 모형이 "좀 보기에 별로"이고 "엄마의 마음에나 들 만한 이론"이라고 했겠는가.

지금도 중력에 관한 가장 뛰어난 이론은, 표준 모형을 구성하는 양자장 이론과 수학적으로 얽히지 않은 일반 상대성 이론이다. 지난 수십 년 동안, 이론물리학자들은 하나의 통일된 이론인, 자연의 모든 힘을 하나로 간결하게 표현할 수 있는 '만물의 이론'을 만들려고 애써왔다. 힉스 입자를 둘러싼 모든 소동을 듣고 난 일반 대중이라면 물리학이 통일된 이론에 크게 다가섰다고 느낄 것이다. 그리고 아마도 카쿠, 스티븐 호킹, 브라이언 그린을 비롯한 통일론 주창자들이 자신들 베스트셀러에서 열심히 언급한 끈, 막, 초공간, 다중 우주 같은, 허황된 유령이나 다름없는 것들이 조금이나마 입증된 것으로 오해할 만하다.

　나무 꼭대기에 기어 올라간다고 달에 도달할 수 있는 것이 아니듯, 힉스 입자로 인해서 통일 이론에 가까워지지도 않는다. 앞에서도 언급했듯이, 끈 이론, 루프-공간 이론을 비롯한 몇몇 이론은 현재의 어떤 기술로도, 심지어 상상 가능한 어떤 방법으로도(공상 과학은 제외하자) 알아낼 수 없는 현상을 가정하고 있다. 꼭대기 쿼크의 끈이나 루프 같은 것들의 존재를 확인하려면 가속기의 크기가 우리 은하의 크기 정도가 되어야 한다.

　카쿠는 힉스 입자를 발견하는 것만으로는 "불충분하다. 궁극적으로는 간결하고 우아하게 우주의 모든 힘을 하나로 설명하는 만물의 이론을 찾아야 한다. 이것이 바로 아인슈타인이 삶의 후반부 30년간 찾던 것이다." 하고 주장했다. 그는 이렇게도 말했다. "우리는 물리학의 끝이 아니라 시작점에 서 있다. 탐험은 계속될 것이다." 하지만 필자는 그렇게 생각하지 않는다. 물리학자들이 망할 놈의 입자를 찾아냈건 아니건, 지난 반세기 동안 물리학을 빛내주던, 통일 이론을 찾는 작업은 이제 막다른 길에 다다른 듯하다.

　거의 10년 전, 지금 이야기한 내용에 돈을 건 적이 있다. 장기적인 사고를 권장하는 비영리 단체인 롱 나우(Long Now) 재단이 여러 사람들에게 과학, 기술, 여타 문화 분야의 향후 전망에 대해 내기를 제안했다. 필자는 카쿠와 "2020년까지 아무도 초끈(superstring) 이론, 막(membrane) 이론 등 자연의 모든 힘을 통합하려는 어떤 이론으로도 노벨상을 수상하지 못할 것이다"에 1,000달러를 걸었다.('루프 공간'의 대표자인 리 스몰린이 필자와 반대 입장에서

내기를 하려다가 막판에 취소했다. 아깝다.)

카쿠와 필자는 각각 1,000달러씩을 냈고, 롱 나우 재단이 이를 보관하고 있다. 만약 인류 문명이(구체적으로는 롱 나우 재단이) 2020년에도 남아 있다면, 필자가 지정한 단체인 국제 자연보호 협회(the Nature Conservancy) 혹은 카쿠가 지정한 국립 평화 행동(National Peace Action)에게 2,000달러를 지급한다. 필자는 내기를 걸면서 다음과 같이 말했다.

"일부 열성 이론가들은 '만물의 이론'이라고 부르는 통일 이론의 꿈을 결코 꺾지 않을 것이다. 하지만 나는 향후 20년간 총명한 젊은 물리학자들이 실질적으로 결과를 얻어낼 수 없는 이 주제에 거의 투신하지 않으리라고 예측한다. 대부분의 물리학자들은 자연이 우리 열망에 부응해주지 않으리라는 사실을 받아들일 것이다. 물리학자들은 이미 특정 영역에서 아주 잘 들어맞는 많은 이론들(뉴턴 역학, 양자 역학, 일반 상대성 이론, 비선형 역학)을 만들어냈고, 자연의 모든 힘을 하나로 묶어서 설명하는 이론이 반드시 있어야 할 이유 같은 것은 없다. 통일 이론을 찾는 노력은 실제 세계의 모습을 알려주는 과학의 한 분야가 아니라 수학의 옷을 입은 신학 같은 모습으로 다가올 것이다."

하지만 말미에(감상적이긴 하지만 동시에 진실이다) "그렇긴 해도, 내가 내기에 진다면 오히려 기쁠 것이다." 하고 적어놓긴 했다.

출처

1-1 Scientific American 252(4), 84-95. (April 1985)

1-2 Scientific American 242(6), 104-138. (June 1980)

1-3 Scientific American 264(2), 70-75. (February 1991)

1-4 Scientific American 248(4), 53-68. (April 1983)

1-5 Scientific American 279(4), 76-81 (October 1998)

2-1 Scientific American 255(5), 76-84 (November 1986)

2-2 Scientific American 288(6), 68-75 (June 2003)

2-3 Scientific American 293(1), 40-48 (July 2005)

2-4 Scientific American 252(6), 52-60 (June 1986)

2-5 Scientific American 271(3), 40-47 (September 1994)

3-1 Scientific American 298(2), 54-59 (February 2008)

3-2 Scientific American 284(2) 17-18 (February 2001)

3-3 Scientific American 13, 52-59 (March 2003)

3-4 Scientific American 298(2), 39-45 (February 2008)

3-5 Scientific American 298(2) 46-53 (February 2008)

3-6 Scientific American online, March 13, 2009

3-7 Scientific American online August 23, 2011

3-8 Scientific American 305(4), 74-79 (October 2011)

3-9 Scientific American online December 12, 2011

3-10 Scientific American 306(5) 16-18 (May 2012)

4-1 Scientific American online July 4, 2012
4-2 Scientific American online, December 13, 2011
4-3 Scientific American online, July 11, 2012

5-1 Scientific American online, June 20, 2012
5-2 Scientific American online July 4, 2012

저자 소개

아미르 악젤 Amir Aczel, 메사추세츠 공대 교수

배리 배리시 Barry Barish, 노벨 물리학상 수상, 캘리포니아 공대 교수

크리스 르웰린 스미스 Chris Llewellyn Smith, 옥스퍼드 대학 교수

크리스 퀴그 Chris Quigg, 뉴욕주립대 교수

데이비드 클라인 David B. Cline, UCLA 교수

다비데 카스텔베키 Davide Castelvecchi, 《사이언티픽 아메리칸》 기자

게리 펠드먼 Gary J. Feldman, 과학 저술가

헤라르트 엇호프트 Gerard 't Hooft, 위트레흐트 대학 교수

글렌 스타크먼 Glenn Starkman, 케이스웨스턴리저브 대학 교수

고든 케인 Gordon Kane, 미시간 대학 교수

그레이엄 콜린스 Graham P. Collins, 《사이언티픽 아메리칸》 기자

하임 하라리 Haim Harari, 바이츠만 과학연구소 소장

헬렌 퀸 Helen R. Quinn, 스탠퍼드 대학 교수

야마모토 히토시 Yamamoto Hitoshi, 도호쿠 대학 교수

하워드 하버 Howard E. Haber, 캘리포니아 공대 교수

잭 스타인버거 Jack Steinberger, 노벨 물리학상 수상, 유럽 입자물리 연구소 소장

제시 엠스팍 Jesse Emspak, 《사이언티픽 아메리칸》 기자

존 호건 John Horgan, 과학 전문 저술가

존 맷슨 John Matson, 캘리포니아 공대 교수

켈리 옥스 Kelley Oakes, 과학 전문 저술가

마르티뉘스 펠트만 Martinus J.G. Veltman, 노벨 물리학상 수상, 미시간 대학 교수

마이클 위더렐 Michael S. Witherell, UC 버클리 대학 교수

니콜라스 워커 Nicholas Walker, 과학 전문 저술가

팀 폴저 Tim Folger, 과학 전문 저술가

옮긴이_김일선

서울대학교 공과대학 제어계측공학과를 졸업하고 같은 학교 대학원에서 석사와 박사 학위를 받았다. 삼성전자, 노키아, 이데토, 시냅틱스 등 IT 분야의 글로벌 기업에서 R&D 및 기획 업무를 했으며 현재는 IT 분야의 컨설팅과 전문 번역 및 저작 활동을 하고 있다.

한림SA **20**

신의 입자를 찾아서

힉스

2018년 4월 20일 1판 1쇄

엮은이   사이언티픽 아메리칸 편집부
옮긴이   김일선
펴낸이   임상백
기획   류형식
편집   이유나
독자감동   이호철, 김보경, 김수진, 한솔미
경영지원   남재연

ISBN 978-89-7094-891-1 (03420)
ISBN 978-89-7094-894-2 (세트)

펴낸곳   한림출판사
주소   (03190) 서울시 종로구 종로12길 15
등록   1963년 1월 18일 제 300-1963-1호
전화   02-735-7551~4
전송   02-730-5149
전자우편   info@hollym.co.kr
홈페이지   www.hollym.co.kr
페이스북   www.facebook.com/hollymbook

표지 제목은 아모레퍼시픽의 아리따글꼴을 사용하여 디자인되었습니다.